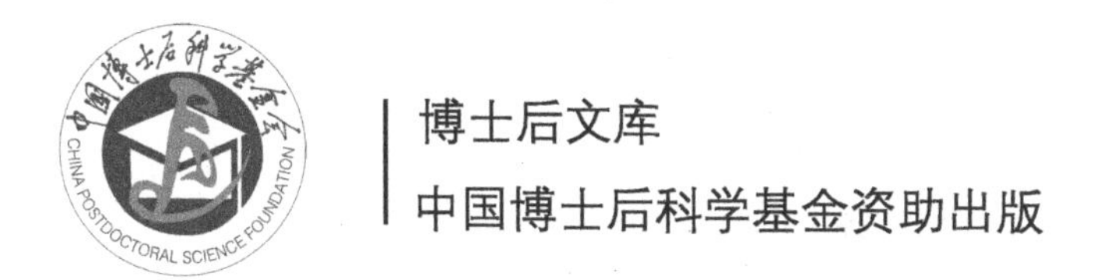

超表面电磁调控机理与功能器件应用研究

Investigations on Electromagnetic Wave Manipulations and Functional Device Applications Using Metasurfaces

许河秀 著

科学出版社
北京

内容简介

超表面的电磁调控机理，尤其是基于有源超表面的电磁波前操控，在雷达、极化控制、卫星通信、共形天线、隐身以及新多功能器件等领域都有重要应用前景。本书围绕超表面发展遇到的瓶颈问题展开研究，总结了博士后进站以来近四年在微波可调超表面与多功能超表面器件应用方面的研究工作，系统阐述了可调梯度超表面的调控机理、复杂多功能器件的设计方法、新功能器件的新机理和超表面在集成光学以及可复用、多功能器件中的应用，为新型电磁波调控与多功能阵列研究提供了新思路，是对现有微波电磁调控技术的补充。

本书可供从事超材料理论与应用研究的科技工作者、研究生以及高年级本科生阅读，也可作为从事电子科学与技术、微波天线等专业相关科研、工程技术人员的参考书。

图书在版编目(CIP)数据

超表面电磁调控机理与功能器件应用研究/许河秀著. —北京：科学出版社，2019. 6

(博士后文库)

ISBN 978-7-03-060413-2

Ⅰ. ①超…　Ⅱ. ①许…　Ⅲ. ①复合材料–表面性质–电磁波传播–阵列天线–研究　Ⅳ. ①TB33

中国版本图书馆 CIP 数据核字（2019）第 009827 号

责任编辑：周　涵　郭学雯／责任校对：彭珍珍
责任印制：吴兆东／封面设计：陈　敬

科学出版社出版
北京东黄城根北街 16 号
邮政编码：100717
http://www.sciencep.com
北京凌奇印刷有限责任公司印刷
科学出版社发行　各地新华书店经销
*
2019 年 6 月第　一　版　开本：720×1000　1/16
2024 年 4 月第四次印刷　印张：13 1/4
字数：268 000

定价：98.00 元

(如有印装质量问题，我社负责调换)

《博士后文库》编委会名单

《博士后文库》序言

1985年，在李政道先生的倡议和邓小平同志的亲自关怀下，我国建立了博士后制度，同时设立了博士后科学基金。30多年来，在党和国家的高度重视下，在社会各方面的关心和支持下，博士后制度为我国培养了一大批青年高层次创新人才。在这一过程中，博士后科学基金发挥了不可替代的独特作用。

博士后科学基金是中国特色博士后制度的重要组成部分，专门用于资助博士后研究人员开展创新探索。博士后科学基金的资助，对正处于独立科研生涯起步阶段的博士后研究人员来说，适逢其时，有利于培养他们独立的科研人格、在选题方面的竞争意识以及负责的精神，是他们独立从事科研工作的"第一桶金"。尽管博士后科学基金资助金额不大，但对博士后青年创新人才的培养和激励作用不可估量。四两拨千斤，博士后科学基金有效地推动了博士后研究人员迅速成长为高水平的研究人才，"小基金发挥了大作用"。

在博士后科学基金的资助下，博士后研究人员的优秀学术成果不断涌现。2013年，为提高博士后科学基金的资助效益，中国博士后科学基金会联合科学出版社开展了博士后优秀学术专著出版资助工作，通过专家评审遴选出优秀的博士后学术著作，收入《博士后文库》，由博士后科学基金资助、科学出版社出版。我们希望，借此打造专属于博士后学术创新的旗舰图书品牌，激励博士后研究人员潜心科研，扎实治学，提升博士后优秀学术成果的社会影响力。

2015年，国务院办公厅印发了《关于改革完善博士后制度的意见》（国办发〔2015〕87号），将"实施自然科学、人文社会科学优秀博士后论著出版支持计划"作为"十三五"期间博士后工作的重要内容和提升博士后研究人员培养质量的重要手段，这更加凸显了出版资助工作的意义。我相信，我们提供的这个出版资助平台将对博士后研究人员激发创新智慧、凝聚创新力量发挥独特的作用，促使博士后研究人员的创新成果更好地服务于创新驱动发展战略和创新型国家的建设。

祝愿广大博士后研究人员在博士后科学基金的资助下早日成长为栋梁之材，为实现中华民族伟大复兴的中国梦做出更大的贡献。

中国博士后科学基金会理事长

序

超材料是指自然界不存在的、人们依据电磁理论设计的具有特定电磁响应的人工结构。一般来说，超材料由亚波长人工微结构作为人工原子按照某种特定宏观排列方式组合而成。因其具有自然材料不具备的对电磁波的强大调控能力，已发展成为物理学、应用电磁学、光电子学和材料科学等多个交叉学科的研究热点和前沿。作为超材料的重要分支，超表面 (即由平面型人工原子构建而成的二维超材料) 由于其结构的平面性，具有易制备、损耗低、与实际体系兼容性好等优良特性，成为该领域新的增长点，彰显重要的工程应用价值。

空军工程大学许河秀副教授在复旦大学应用表面物理国家重点实验室周磊教授课题组从事博士后研究期间，一直开展超表面的相关研究工作，取得了丰硕成果。例如，将梯度超表面技术与可调技术相结合，获得了可调梯度超表面的电磁调控机理，实现了超表面的动态相位补偿、宽频高效工作与功能切换，建立了极化串扰抑制与集成透–反射阵设计方法，开拓了基于极化控制的全空间电磁调控机制，发现了抛物相位实现漫反射隐身的新机理，在集成电磁调控以及可复用、新多功能器件应用领域做了很多有益探索，其中很多方法新颖独到，对现有电磁调控技术是一个很好的补充。

作为作者在其博士后期间的成果总结，该书内容层次清晰，逻辑严密，写作认真。其中，第 2 章介绍可调超表面的设计方法、工作机理以及极化调控应用，为第 3 章可调梯度超表面的宽频高效设计提供了理论基础；第 4 章在第 2、3 章幅度、相位调控的基础上引入极化信息，实现了复杂集成波前调控；第 5 章进一步拓展了调控空间自由度，在第 4 章极化控制基础上将调控区域从半空间拓展到全空间；第 6 章是第 2~5 章的综合和升华，将幅度、相位、极化和空间能量分布调控结合在一起，实现了极化不依赖宽频漫反射特性。

该书是当前超表面领域专著的一个补充，可作为从事微波超材料研究的科技工作者、研究生及高年级本科生的参考书，特此作序推荐。

崔铁军

2018 年 7 月于南京

前言

近年来，人们基于梯度超表面 (gradient metasurfaces，GMS) 发现了广义 Snell 折射/反射定律，开辟了控制电磁波和光的全新途径和领域，成为超材料新的分支和研究热点，正在推动新一轮技术革新。与均匀超表面不同，梯度超表面是基于相位突变思想设计的二维结构，可对电磁波的激发、传输、极化和散射进行灵活控制，从而实现高效表面波激发、奇异折射/反射、非对称传输、极化旋转、可控散射等奇异功能，具有更加强大的电磁波调控能力，在雷达隐身、共形天线、卫星通信、新多功能器件等领域具有重要应用前景，成为各国抢夺的一个学科制高点和学术前沿。尽管如此，以往 GMS 一旦工作频率改变，要想得到同样的电磁特性必须重新设计结构参数，效率低、可复用性差，且频率调控范围较窄、相位调控范围受限；另外，现有 GMS 实现的功能单一、集成度低，某种程度上对资源是一种浪费，且基于新思想设计的 GMS 功能器件比较匮乏。

本书①围绕超表面发展遇到的瓶颈问题展开研究，力图获得可调梯度超表面的调控机理，建立复杂多功能器件的设计方法，发现新功能器件的新机理、新方法，推动超表面在集成光学以及可复用、多功能器件中的应用。全书共 6 章，以超表面的电磁调控机理和多功能应用为主线，由浅入深，自然拓展。第 1 章为绪论，介绍超表面的基本概念、历史沿革、可调技术与超表面的发展瓶颈、研究进展以及可调超表面的研究背景与意义等。第 2 章介绍可调超表面调控机理与多功能极化控制器研究。主要内容包括圆极化旋向调控的概念，圆极化波旋向转换、旋向杂化和旋向保持的一般条件，圆极化旋向调控器设计与实验，基于可调技术与旋转 PB 梯度超表面的可调高效光子自旋霍尔效应 (PSHE) 方法、技术实现与验证。第 3 章介绍基于有源相位补偿的宽带新功能器件研究。介绍可调梯度超表面的概念、可调梯度超表面的电磁特性与调控机理、宽带高效奇异波束偏折器、表面波高效转换器、宽带电磁消色差透镜和多功能变焦透镜。第 4 章介绍变极化多功能微带阵的基本原理，具有宽带交叉极化反射和主极化透射恒相位差的超表面单元，集反射阵、透射阵于一体的变极化多功能微带阵天线，极化串扰抑制方法，极化不相关各向异性超表面工作机理，两种变波束多功能微带阵天线，两种基于旋向调控的 100%非对称传输 PB 超表面，新型透–反射高效圆极化超表面器件设计方法与透–反射 PB 超表面透镜和波束分离器。第 5 章介绍新型透–反射超表面全空间电磁波前调控机理

① 本书为黑白印刷，扫描封底“彩图二维码”可查看本书彩图。

与设计方法：包括透–反射全空间电磁波前调控概念、x 极化波全反射和 y 极化波全透射超表面、全空间波前调控器、全空间双功能器件、透射阵和反射阵天线集成系统。第 6 章介绍新型梯度超表面的漫反射隐身机理与应用研究，包括基于抛物梯度超表面打散电磁波的学术思想、抛物梯度数字超表面概念与设计准则、基于多谐振技术和色散工程方法实现的全极化超宽带均匀漫反射电磁隐身器件、基于凸凹混合非等焦距抛物梯度数字超表面、基于多种线性相位超单元的螺旋编码漫反射隐身方法。

本书中绝大部分研究工作是我在复旦大学应用表面物理国家重点实验室博士后流动站期间完成的，期间周磊教授给予了悉心指导，周老师严谨治学、学识渊博、追求卓越、虚怀若谷的人格魅力以及与时俱进、放眼全球的学术眼界时刻熏陶着我，让我受益终生，鞭策着我不断前进，在此对他表示由衷的感谢和崇高的敬意。感谢复旦大学物理系周磊教授课题组这个大家庭，在课题研究中给予了我很大鼓励和帮助，给予了我很多关怀。感谢孙树林、何琼教授在此期间给予的关照，同时他们也是我科研路上的榜样。感谢博士后汤世伟、凌晓辉、黄万霞。感谢复旦大学博士后办公室的各位老师，尤其是黄尔嘉老师。感谢流动站徐建军老师，课题研究期间总是在百忙之中不辞辛劳地给我们推送消息。感谢妻子彭清为家庭所做出的牺牲，使得我能全身心投入学术科研。

感谢空军工程大学校、院两级领导对青年成长的关怀和支持，尤其是马军校长在博士后期间的关心和鼓励，时刻鞭策着我不断前进。感谢博士期间导师空军工程大学王光明教授的鼓励。本书除署名作者外，空军工程大学超材料课题组已毕业的蔡通博士 (4.3 节与第 5 章)、袁方硕士 (6.3 节) 也参与了本书的部分研究工作，另外袁方硕士等对书稿进行了认真校对，在此一并对他们表示衷心感谢。

本书的研究工作得到了国家自然科学基金青年科学基金 (61501499)、第 57 批中国博士后科学基金一等面上资助 (2015M570323)、第 9 批中国博士后科学基金特别资助 (2016T90337) 等项目的资助，使得研究持续顺利开展，在此表示诚挚感谢。

有感于学海无涯，本书工作只涉及超表面很小一部分领域。另外，由于水平有限，仓促成稿，难免有欠妥之处，恳请读者和有关专家批评指正。

许河秀
于西安灞桥空军工程大学
2018 年 7 月

目　　录

第1章 绪 论

1.1 研究背景及意义

从双负特性预言 [1] 到第一个负折射率验证 [2]，超材料 (metamaterials，MTMs) 发展经历了一个从假设预想到真实存在的发展。从 “完美透镜”[3] 到波束偏折器 [4]，超材料的研究范畴得到了空前拓展，材料参数经历了由窄带双负到宽频渐变。从等效介质理论 [5] 到变换光学理论 [6]，超材料经历了一个从参数调控到功能设计的大跨越，同时两大理论的建立使得超材料设计得以形成一个闭合回路。而变换光学理论与非均匀各向异性超材料的完美结合开创了人类操控电磁波的新纪元，使人类控制电磁波的能力达到了空前的高度，一批新功能器件如完美隐身衣、电磁黑洞、电磁波控制器、场旋转器、波束偏折器、场集中器等如雨后春笋般破土而出。

所谓超材料是指自然界本身并不存在，人们采用亚波长人工微结构单元并依据电磁理论设计出来的具有某种电响应或磁响应的 “特异” 人工复合结构和复合材料，是近年来国际固体物理、材料科学、力学、应用电磁学、光电子学等多个交叉学科的研究热点和前沿。经过十余年的发展，超材料已经成为一个具有多分枝且概念非常完备的丰富体系。虽然通过三维超材料人们可以根据自己的意愿任意操控电磁波 [7,8]，但其高损耗和制作的复杂性极大地限制了它的应用，因此目前真正意义上的应用并不多。这也是科学家和工程师所面临的一个重大课题，需要众多科研机构和学者长期付诸努力。作为超材料的一种二维平面形式 [9]，超表面应运而生。由于其独特的电磁特性和平面结构，且能与飞机、导弹、火箭以及卫星等高速运行目标共形而不破坏其外形结构及空气动力学等特性，近年来受到国际研究人员的青睐和广泛关注。2011 年，Capasso 等基于梯度超表面 (gradient metasurface, GMS) 发现了广义 Snell 折射/反射定律 [10]，开辟了人们控制电磁波和光的全新途径和领域，正在推动该领域产生一场深层次的技术革新 [11]，GMS 也因此成为超材料新的分枝和研究热点。超表面按折射率/相位是否渐变可分为梯度超表面 [10] 和均匀超表面 [12]。所谓梯度超表面是指人们根据功能需要，采用一系列不同结构参数的人工亚波长单元按照特定排列方式而设计的平面结构，由于电磁波与结构相互作用产生了突变相位，所以不需要像传统材料那样靠实际传输路径来积累相位，具有独特的电磁特性和强大的电磁波调控能力，近年来受到国际研究人员的青睐和广泛关注。相对于技术较为成熟的均匀超表面，GMS 是基于相位突变思想设计的一种二维梯度结构，可对电磁波的激发、极化和传输进行灵活控制，实现奇异折射/反射、极化旋转以及非对称传输等奇异功能，具有更加强大的电磁波调控能力，在隐身表面、共形天线、数字编码、平版印刷等方面显示了巨大的潜在应用价值，成为各国抢夺的一个学科制高点和学科前沿。

尽管如此，以往超材料/GMS 一旦工作频率改变，要想得到同样的电磁特性必须重新设计材料参数，效率低、可复用性差。随着超材料研究的深入和电磁操控技术的发展，作为超材料体系中的一个重要分支，可调超材料由于通过外加调控器件即可实现对人工材料谐振频率的动态调控，进而实现对左手频段的实时控制，逐渐受到科学家的广泛关注 [13,14]。尤其是 2006 年以后，随着左手材料研制的成功，等效介质理论和变换光学理论的建立，人们对电磁波的操控能力达到了空前高度，可调超材料迅猛发展，研究范畴也得到了空前拓展，成为国际超材料的研究热点和前沿。人们开始将可控的调制技术应用于超材料设计和器件性能优化，实现对材料的电磁参数进行有效动态调控以及损耗补偿，从而达到对超材料奇异电磁特性实施操控的目的。可调超材料的可控、奇异电磁特性为新功能器件的实现和验证提供了丰富的方法和手段，给电磁波动态调制器件设计带来新的途径，为满足现代雷达系统“灵活多变”的功能需求以及未来小型化、多频段、大容量、多功能、低损耗、超宽带通信系统发展提供了一种新的解决方案，在新型可控滤波器、移相器、可重构天线、多功能器件等领域具有潜在应用价值 [15,16]。随着超表面研究的深入，研究人员受可调频率选择表面 (frequency selective surface, FSS) 的启发开始对可调表面展开研究，但目前对可调超表面的研究仅局限于均匀超表面，至今仍鲜有关于可调梯度超表面 (tunable GMS，TGMS) 的公开报道。

一方面，TGMS 单元尺寸各异且电磁特性差异很大；另一方面，变容二极管或开关对 TGMS 电磁特性的独立控制可以通过基本单元和超单元两种方式来实现，且基于基本单元的有源加载方式也可以各异，这使得 TGMS 设计的自由度更高、实现方式更为多样，不同于以往报道的任何可调 MTMs。GMS 赋予了传统可控材料 (如半导体材料、铁电体材料和铁氧体材料) 所不具备的奇异电磁特性，同时可调技术的引入为 GMS 提供了动态电磁调控能力和更高的设计自由度，使得 TGMS 可以多频、宽频工作甚至多状态工作，极大地拓展了 GMS 的使用范围，提高了 GMS 的工作效率，降低了制作成本。因此，TGMS 作为可调技术和 GMS 的交叉，集成了两者的优势，在电磁波动态调制、新功能天线、宽频隐身和大容量通信领域具有广阔的应用前景。综上，无论是从三维超材料的自身发展瓶颈，均匀超表面的电磁调控局限性还是从 GMS 的迫切应用需求来看，都亟待对 GMS 和 TGMS 专门进行研究，具有广泛的科学研究意义和可观的工程应用价值。

1.2 国内外研究现状

1.2.1 可调技术研究现状

在可调领域，Chang 等率先通过 FSS 加载微波 PIN 开关，并采用等效 RLC 电路理论分析了开关通、断两种状态下透射谱的可调特性 [17]，从此拉开了可调 FSS 设计、实验和应用的序幕。可调技术实现的本质是通过改变单元的等效电容和等效电感来调节材料的电磁参数。国内外研究人员基于这一思想提出了很多建设性的调控方法，根据调控机理来分，可调超材料研究主要集中在以下五个方面。

一是机械可调技术 [18-21]，如图 1-1(a)、(b)、(c) 所示，Qu 等通过机械旋转开口环谐振器 (SRRs) 的内环，实现了谐振频率可调的磁材料 [18]，Sanchez-Dehesa 等通过调谐加载于介质背面金属超表面上的轴向环形谐振腔长度设计了可调吸波器，实现了对吸波频率的调控 [19]，Smith 等基于弹性材料设计的隐身衣能根据形变程度获得隐身所需要的非均匀材料参数，具有很大的灵活性和潜在应用 [20]，Sheng 等将弱吸波层加载于反射表面上方，中间填充隔离气体，研制了与自由空间阻抗匹配良好的声波超表面，同时通过机械调谐反射面与弱吸波层间的距离获得频率可调吸波特性 [21]。二是基于微波开关的电可调技术，如图 1-1(d)、(e)、(f) 所示，通过加载 PIN、MEMS 以及 MESFET 等开关，获得超材料不同的工作状态，进而调控结构的谐振特性，这种方法简单、有效，被众多研究人员所采用 [22-28]。Turhan-Sayan 等在 SRRs 结构上设计多个微开口并引入 MEMS 开关，通过控制开关的通、断来改变 SRRs 结构的等效电感、电容，实现了对其电磁特性的实时控制 [22]，Schuchinsky 等通过在螺旋阵列中加载 PIN 二极管并采用外置直流电压对其进行激励，设计了极化可重构超表面 [23]，Padilla 等通过电子开关调控 4 种单元的反射与吸收特性，设计了基于可调太赫兹吸波器的空间光调制器 [24]，Lim 等通过控制加载于超表面中 PIN 二极管的通、断实现了对电磁波完全吸收、反射特性的操控 [25]，Goldflam 等在 SRRs 结构中加载离子凝胶压控开关设计了具有可重复和可逆特性的记忆超表面，在 X 波段实现了对反射和吸收特性的独立控制 [26]，Lee 等采用外置直流电压调控载有 MEMS 开关的双压电晶片悬臂的弯折角度，在太赫兹频段实现了多频可调特性 [27]，Lerosey 通过加载二极管及偏置电路，实现了电可调二进制反射相位超表面单元 [28]。

三是基于变容二极管和放大器的电可调技术，如图 1-1(g)、(h)、(i) 所示，通过加载变容二极管 [29-38] 改变 MTMs 的等效电容和等效电感，进而操控 MTMs 的电磁特性，实现多频工作或宽频连续可调工作，该方法操作简便、实用性强，是目前使用最为普遍的技术之一。Braaten 等通过在耶路撒冷十字结构单元中加载变容二极管实现了对双频超表面低端频率的连续可调 [29]，Wakatsuchi 基于变容二极管设计的非线性超表面吸波器能将高功率信号转化为静态场，然后被电阻耗散吸收，阻止了高功率信号对电路的干扰，而低功率信号的传输由于非线性电路中并联 RC 支路的作用不受影响，保持了其散射特性 [30]。基于该思想，他们还进一步提出了对高功率脉冲信号 80%吸收而对低功率信号与连续波形信号几乎无影响的波形控制吸波器 [31]，Shadrivov 通过光控二极管调谐光照强度来操控 SRRs 中变容二极管的偏置电压，实现了具有任意非均匀材料特性的可调超材料 [32]，Feng 等基于等效原理并通过在多个谐振结构中引入变容二极管设计了有源阻抗超表面，实现了电磁波反射相位 360° 的动态调控 [33]，除了相位可调之外，他们最近还实现了幅度任意可调的超表面 [34]，作者等通过在超表面单元之间加载变容二极管实现了对表面阻抗的操控，率先研制了频率可调的超薄散射对消隐身衣 [35]，Jiang 等通过在超表面上混合加载可调电阻和可调电容，实现了 FSS 吸波器在 1~5GHz 范围内的高效吸波特性与频带可调特性 [36]，Saadat 通过在超表面上加载有源器件来构建阻抗变换器，实现 non-Foster(非福斯特) 负电抗，有效缓解了剧烈的色散特性，拓展了负磁导率带宽 [37]，Cui 等采用放大器实现了对表面等离子激元 (surface plasmon polariton, SPP) 信号的有效放大 [38]。

四是基于可控材料 (铁氧体、铁电体、铁磁体、液晶材料、流体等) 的电可调技术，如图 1-1(j)、(k)、(l) 所示，通过电场、磁场调控 MTMs 中可控材料的电磁参数调节 MTMs 的电磁特性 [39-44]。Zhou 等在 SRRs 中加入铁氧体结构，实现了对磁导率的操控，研制了可调负磁导率 [39] 和可调左手超材料 [40]，Zhao 等在 Ω 型谐振器中添加液晶材料，通过外加电场或磁场调控液晶分子的朝向，从而达到对材料谐振频率和等效电磁参数的实时调控 [41]，Zhou 等通过改变外加磁场的强度来调控介质谐振和铁氧体铁磁运动间的耦合效应，实现了对介质电磁参数的可调特性 [42]，赵等实验研究表明，当电流变液缓慢填充到周期排列的树枝状左手超材料空隙时，透射通带逐步向低频偏移，当外加直流电场时，通带进一步向低频偏移 [43]，Gordon 等利用流体运动与电耦合超表面的相互作用实现了对介电常数的操控，在 S 波段获得了 150MHz 的频率调谐范围 [44]。

五是基于石墨烯等新颖材料的高频电可调技术，如图 1-1(m)、(n)、(o) 所示，通过外置可控装置 (电压、光照、热能) 实现对 MTMs 电磁特性的操控 [45−50]。Ju 等提出了基于石墨烯的可控太赫兹 MTMs，通过外加直流电压调控石墨烯的等离子体共振特性实现了对 MTMs 传输谱的连续快速调控 [45]，Capasso 等基于石墨烯结构加载光子天线的方法设计了宽频电可调超薄吸波器和高速光学调制器，通过调谐石墨烯外置门限电压大小可使电可调深度达到 100% [46]。Kats 等将有耗介质层引入超表面中，采用温控方式实现了反射率从 0.25%~80%的大范围控制和 99.8%的吸收效率 [47]，Alù等提出了基于石墨烯的隐身超表面，通过调节纳米贴片的单元尺寸和费米能可以准确操控石墨烯贴片的表面阻抗，实现了对金属、介质物体均有良好隐身效果的宽带太赫兹可调散射对消隐身衣 [48]，Averitt 等在 SRRs 的开口处加载 Si 连接桥，通过不同强度的光照激励 Si 连接桥可以操控 SRRs 的谐振频率，实现了吸波率分别为 97%和 92%的光频可调双频吸波器 [49]，Zeng 等通过在超表面上方加载单层石墨烯结构，提出了电可调石墨烯等离子超表面的概念并基于变幻光学理论设计了超表面透镜，通过调节门电压可以对透镜的电磁参数进行大范围调制，进而可以连续调控焦点的大小 [50]。

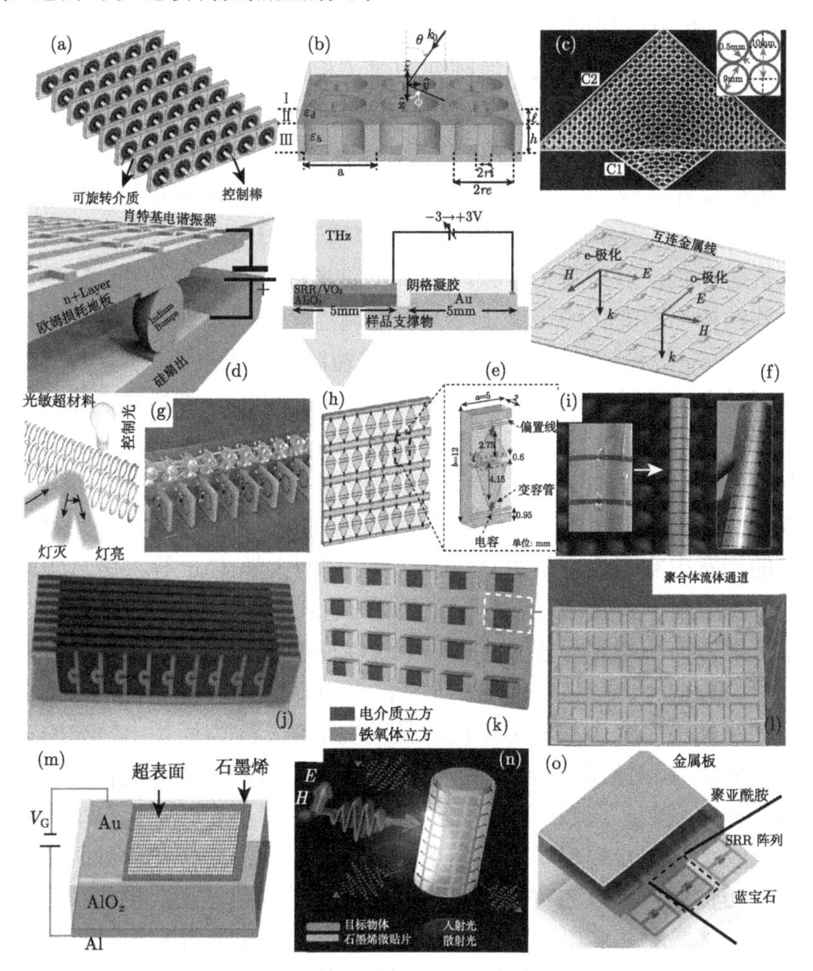

图 1-1 不同可调技术概述图

(a)，(b)，(c) 基于机械可调的可调磁材料 [18]、吸波器 [19]、弹性隐身衣 [20]；(d)，(e)，(f) 基于开关的光调制器 [24]、记忆超表面 [26]、频率调制器 [27]；(g)，(h)，(i) 基于变容管的可调超材料 [32]、阻抗超表面 [33]、散射对消隐身衣 [35]；(j)，(k)，(l) 基于可控材料的电磁参数控制器，如左手超材料 [41]、电介质超材料 [42] 和超表面 [44]；(m)，(n)，(o) 基于石墨烯等的吸波器和光调制器 [46]、 隐身衣披衣 [48]、双频吸波器 [49]

1.2.2　超表面研究现状

在超表面方面，总体来讲，实现超表面相位突变主要有两种方式，一种是基于结构参数变化应用于线极化波激励下的结构相位，另一种是基于方位角旋转变化应用于圆极化波激励下的几何贝尔 (Pancharatnam-Berry，PB) 相位。目前，国内外对超表面的研究主要集中在以下七个方面。

(1) 基于线性相位梯度的奇异波束偏折与高效表面波转换研究：如图 1-2 所示，Capasso 等基于 V 形纳米天线阵列构建了相位差从 0 到 2π 不断变化且工作于 5~10μm 波段的 GMS，实现了对散射电磁波的相位调控，研究表明该 GMS 可以对反射波和折射波进行任意操控，从而可实现负折射、负反射、异面折射和异面反射等一系列奇异效应 [10]，他们还推导了三维广义折射定律并利用各向异性超表面实现了光的异面折射和反射 [51]，Shalaev 等基于 V 形纳米天线阵列验证了 GMS 的宽带负折射和负反射并将工作频段进一步向光频段 (1~2μm) 推进 [52]，研究表明采用一些结构不断变化的等离子 GMS 能调控光子的流动，产生奇异的光束弯折现象 [53]。Zhou 等设计的 GMS 能使入射传输波转变成表面波，且转化效率非常高 [54]，随后他们还将该思想拓展到光波段，在 750~900nm 波段实现转化效率大于 80%的异常反射超表面 [55]。英国伯明翰大学 Zhang 等在圆极化波激励下采用不同旋转角度的纳米金属条阵实现了具有反常反射和折射效应的 GMS，由于 GMS 的突变相位特性不依赖于偶极子天线的色散响应，GMS 的相位梯度色散非常弱，可以在很宽的带宽内实现反常折射和反射 [56]。东南大学 Cui 等将信息领域的数字信号处理思想应用于超表面，提出了数字编码超表面的概念 [57]，基于数学卷积理论提出了散射方向图搬移思想，并将两个线性梯度合并实现了大角度奇异波束偏折 [58]。加利福尼亚大学 Zhang 等的研究表明，GMS 中突变相位引入的非线性动量使得光的路径不完全由费马定律决定且发生了偏折，为满足出射波的极化方向与传播方向垂直，出射波势必会产生一个极化旋转，打破了系统的轴向对称性和极化的旋向对称性，验证了光的旋转霍尔效应 [59]。作者所在的课题组率先将可调技术和梯度超表面相结合提出了可调梯度超表面的学术思想，发现可调超表面单元的本地实时相位调控可以在宽频范围内连续补偿单元色散引起的相位误差，从而恢复了完美线性梯度并实现了宽带高效奇异波束偏折和表面波高效转换 [60]；他们进一步将可调技术与 PB 相位相结合率先提出了可调高效光子自旋霍尔效应方法，实现了对 PB 相位的动态调控以及器件工作频率、功能的切换，两种状态下 PB 超表面的 PSHE 效率均大于 89% [61]。Pors 等设计了能任意调控不同极化光反射角的 GMS [62]。Qu 等采用渐变开口环谐振器设计的 GMS 实现了垂直入射电磁波到 SPP 波的高效耦合 [63]。Tang 等基于交指结构研究了声波段能产生奇异折射的超薄 GMS [64]。Tian 等基于 C 形环设计的 GMS 首次在宽频太赫兹频段实现了奇异

折射 [65]，Li 等基于圆环结构设计的 GMS 实现了 X 波段的波束弯折 [66]。Goldflam 等基于变化的电压脉冲实现了可重构记忆 GMS，并基于此研究了光的奇异偏折特性 [67]。

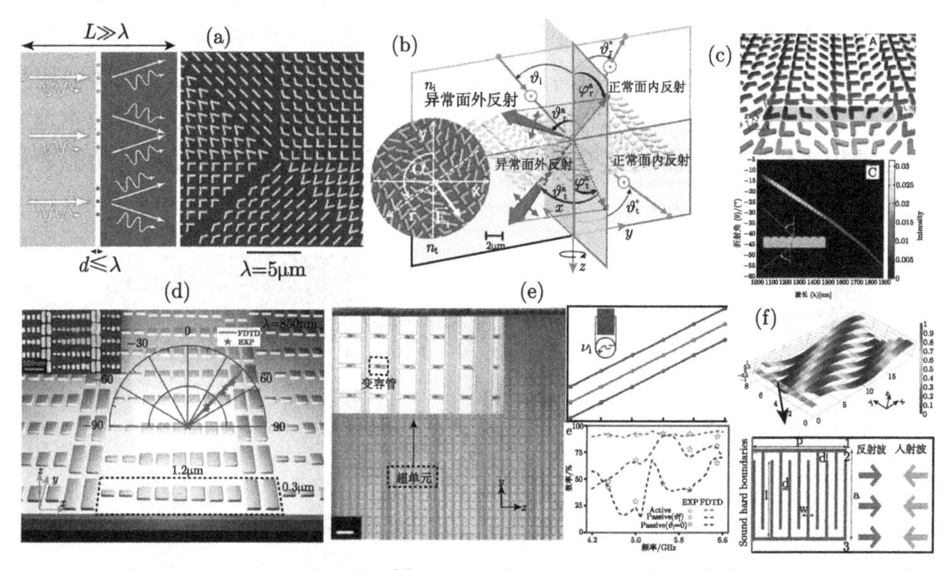

图 1-2 基于超表面的 (a) 天线导光 [9]，(b) 三维奇异反射和折射 [51]，(c) 宽带折射 [52]，(d) 高效反射 [55]，(e) 宽频可调消色差波束偏折器和表面波转换器 [60] 和 (f) 声波段反射波控制器 [64]

(2) 基于抛物相位梯度的聚焦透镜 [68] 研究：主要集中在有色差和消色差两方面。如图 1-3 所示，Capasso 等通过在 GMS 径向引入相位梯度分别设计了平面透镜和轴锥透镜 [69]。Shalaev 等设计了在可见光波段能实现短焦距的超薄平面透镜 [70]。Zhou 等的研究还表明采用反射相位呈抛物分布的 GMS 能够聚焦电磁波，与传统光学器件相比，该透镜超薄并能克服能量损耗问题等 [71]，随后类似的反射聚焦 GMS 在光波段也得到了验证 [72]。Zhang 等在可见光波段实现了双极化透镜 [73]。南京大学 Feng 等将有源元素融入电磁超表面的设计中，提出了有源惠更斯超表面的设计方案，并成功设计研制了可重构有源惠更斯超透镜，实现了电磁波的动态聚焦 [74]。Liang 等基于交指结构设计了声波 GMS 并基于对反射波前的操控实现了聚焦透镜以及轴椎体 [75]。Cui 等基于 U 型谐振单元设计的各向异性 GMS 实现了宽带透镜 [76]。Dianmin 等基于电介质 GMS 实现了超薄轴锥体、透镜等光学器件 [77]，Liu 等基于变换光学理论和 graphene 超表面设计了超薄平面透镜 [50]。

在消色差方面，Capasso 等通过平面多个耦合谐振在特定 3 个离散频率处实现无色差透镜，形成基于色散工程方法的多模衍射消色差透镜，开创了消色差透镜的先河 [78]。后来多模消色差的方法被广泛推广 [79−81]，包括平面不同单元耦合和三维堆叠多层单元两种形式。最近 Capasso 等还提出基于负色散在 490~550nm 范围内实现连续消色差 [82]。Wang 等将 PB 相位和结构相位结合，其中 PB 相位实现特定参考频率下的某功能所需固定相位，而离散化的不同结构相位实现随频率变化的色散相位差 [83]。作者所在的课题组提出利用可调超表面单元的本地实时相位调控来恢复超表面的完美抛物梯度，实现了宽带消色差透镜和多功能变焦透镜 [84]。

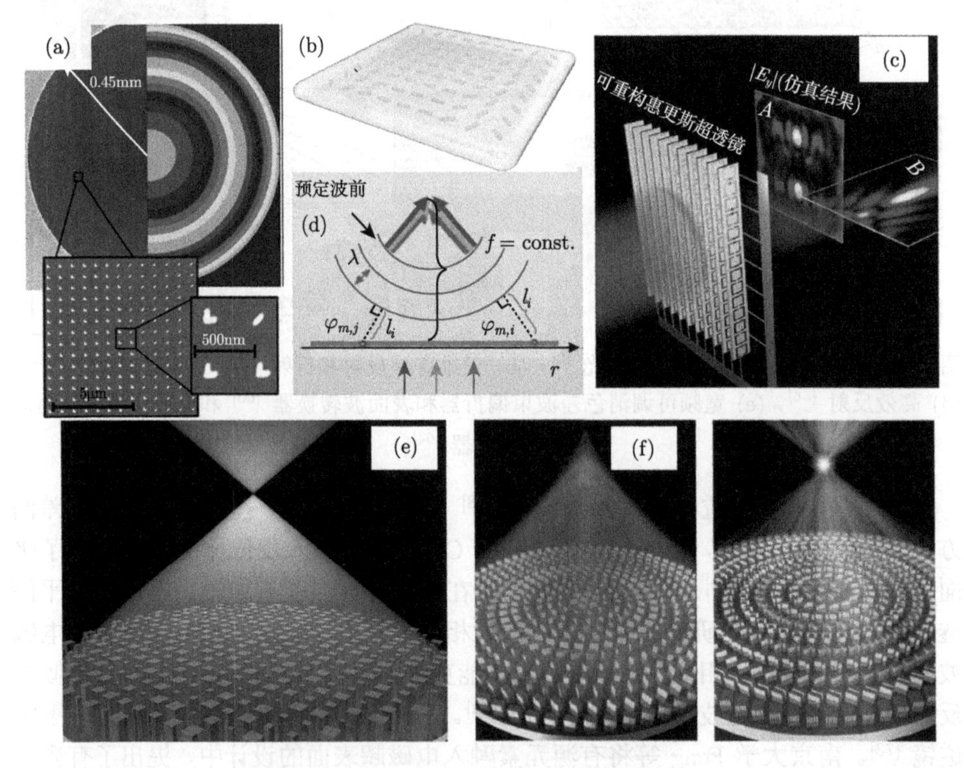

图 1-3　基于超表面的透镜与新功能器件

(a) 轴锥透镜 [69]；(b) 双极化透镜 [73]；(c) 可调透镜 [74]；(d) 特定频率消色差透镜 [78]；(e) 负色散消色差透镜 [82] 和 (f) 宽带连续消色差透镜 [83]

(3) 基于螺旋相位的涡旋与轨道角动量研究：如图 1-4 所示，Capasso 等通过在方位角方向引入相位梯度提出了不依赖于螺旋相位板的光学涡旋片，其厚度仅为波长的百分之一 [85]。Karimi 等基于等离子 GMS 在可见光波段实现了光学角动量 [86]。共享孔径概念和自旋轨道相互作用所产生的几何相位现象之间的联系提供了一个合成光子自旋控制多功能超材料表面的方法，揭示了多功能波前控制的自旋的方式。Hasman 等基于自旋和轨道角动量的相互作用，共享孔径合成、交叉稀疏纳米天线矩阵、自旋非对称谐波响应实现了旋向控制的多个结构化波阵面，如携带轨道角动量的涡旋光束，为新型纳米光子功能化开辟了一条路径 [87]。Qiu 等将 SPP 耦合器、抛物相位 (透镜)、螺旋相位 (几何相位) 进行集成，通过操控径向和圆周方向上的单元的旋转角度在不同半径的同心圆环上实现了不同的聚焦面，每个聚焦面能产生不同模式的涡旋波束，具有高度的集成性和灵活性 [88]。Zhang 等基于几何相位超表面叉形光栅不仅产生了涡旋波束，还实现了不用耦合涡旋模式的分离和操控 [89]，Cui 等基于傅里叶变换将二维几何线性相位和螺旋相位相结合，在一块板子上实现了四个涡旋波束，该工作有两个方面的优势，一是基于卷积理论两个线极化梯度可以合成角度更大的波束偏折，二是利用 PB 相位可以实现多个波束 [90]。Luo 等基于级联 GMS 实现了柱面向量涡旋片 [91]。在微波段，Grbic 等利用误差校正超表面透镜实现了矢量贝塞尔波束，并且径向极化贝塞尔波束和方位极化贝塞尔波束之间可以互相转化 [92]，Li 等利用各向异性超表面在不同极化下实现了不同阶数的涡旋波束 [93]，作者所在的课题组基于色散工程方法并通过引入多模谐振，在宽频范围内实现了高效率涡旋波束 [94]。

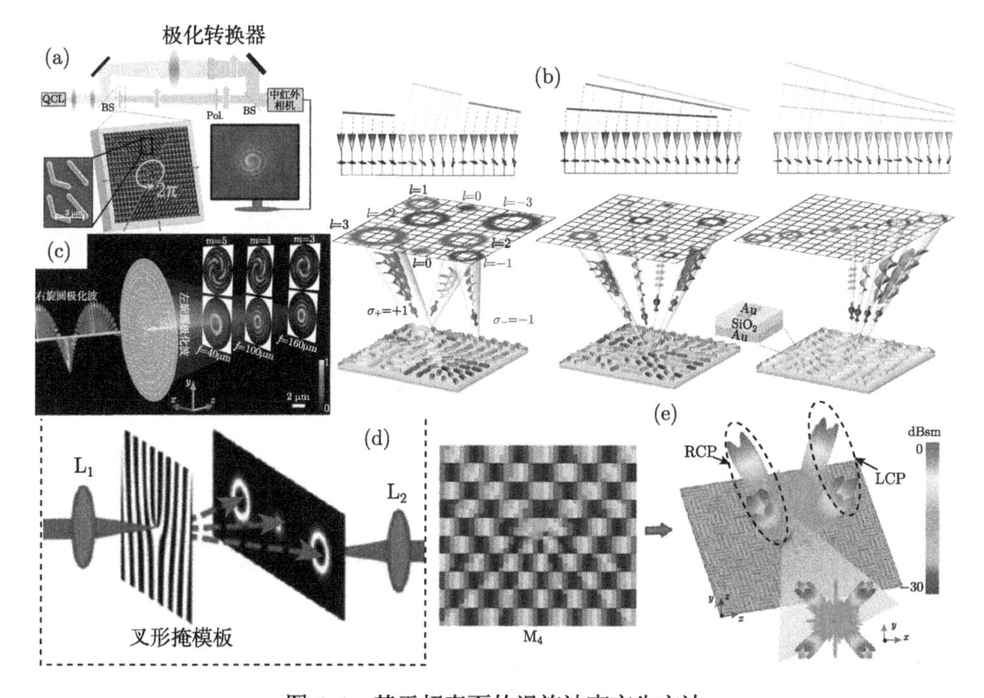

图 1-4 基于超表面的涡旋波束产生方法

(a) 光学涡旋片 [85]；(b) 三维奇异反射和折射 [87]；(c) 不等焦距多模涡旋波束 [88]；(d) 超表面叉形光栅 [89]；(e) 四涡旋波束 [90]

(4) 基于超表面的幅度、极化与相位操控研究：传统光学同时实现相位、幅度和极化调控往往需要多个透镜、空间光调制器、电介质波片以及其他大体积元件。各向异性超表面为灵活操控幅度、极化和相位提供了一种新的技术途径。如图 1-5 所示，Capasso 等提出了将线极化波转化为圆极化波的 1/4 波长 GMS 波片，解决了常规波片对双折射晶体的依赖性，与传统方法相比，GMS 波片具有很宽的带宽和极化转换纯度 [95]。Zhang 等在交叉极化转化下通过同时旋转超表面单元和改变结构尺寸参数同时实现了对幅度和相位的连续操控，其根本在于寻找一种单元使得改变结构参数时对其透射/反射幅度影响很小，却能对相位进行连续实时调控，同时旋转单元方位角度对其相位没有影响但能对透射/反射幅度进行连续实时

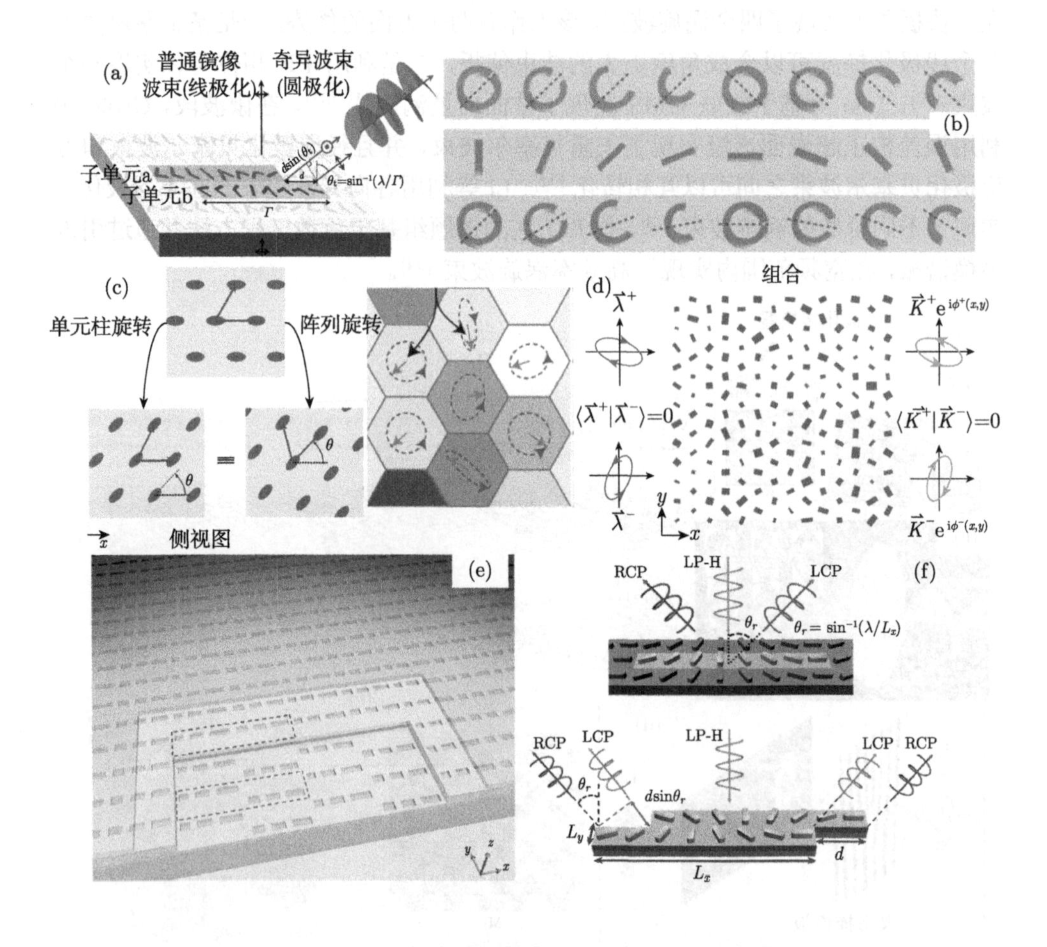

图 1-5　基于超表面的幅度、相位和极化复合操控

(a) 1/4 波长 GMS 波片 [95]；(b) 幅度和相位同时操控 [96]；(c) 基于椭圆柱的极化和相位同时操控 [97]；(d) 任意极化下的独立相位操控 [98]；(e) 基于双层孔径结构的极化和相位同时操控 [99]；(f) 多极化操控 [100]

调控 [96]。Faraon 等通过分别调整六边形方格中椭圆柱的长轴和短轴长度以及旋转椭圆柱可以同时对相位和极化进行调控 [97]，Capasso 等进一步提出通过引入几何相位，可以实现任意极化下独立的相位调控，包括线极化、圆极化和最一般形式的椭圆极化 [98]，Tian 等通过双层孔径结构单元的尺寸变化、结构侧偏移以及单元的旋转实现了极化和相位的同时操控，核心思想是几何相位与结构相位共轭，互相补偿 [99]。Tsai 等通过相邻超表面超单元的侧位移产生了一个补偿相位，使得左旋圆极化波和右旋圆极化波在相同散射角上重新叠加，通过调整侧位移的大小实现了 4 个线极化波和 2 个圆极化波 [100]。

(5) 基于外形补偿和漫反射的超表面隐身研究：如图 1-6 所示，2015 年 Zhang 等基于相位调控技术实现了超薄地毯隐身衣，基于该方法可以对任意曲面形状的目标进行完美隐身 [101]，Chen 等基于方形环超表面单元提出了一种三维曲面地毯隐身衣，其各向同性使得电磁波打到隐身衣之后能完美保持和理想金属地板一样的极化、幅度和相位信息 [102]。Luo 等基于可调梯度超表面实现了一种可调地毯隐身衣，通过调控变容二极管的电压改变超表面的相位分布，不仅可以实现对平面金

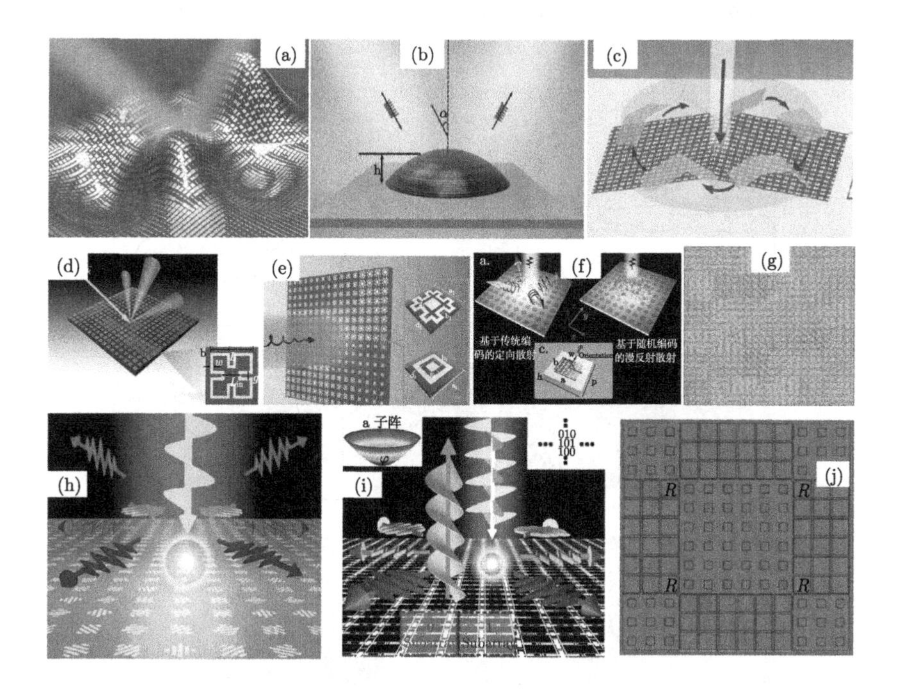

图 1-6 基于超表面的隐身器件

(a) 超薄地毯隐身衣 [101]；(b) 三维地毯隐身衣 [102]；(c) 可调地毯隐身衣 [103]；(d) 编码超表面 [104]；(e) 优化超表面 [105]；(f)PB 随机编码超表面 [106]；(g) 旋转编码超表面 [107]；(h)PB 抛物梯度超表面 [108]；(i) 多功能超表面 [109] 和 (j) 吸波棋盘超表面 [110]

属板的隐身，还可以获得其他预设目标的散射信号，实现幻觉隐身 [103]。Cui 等提出了信息编码超表面打散电磁波从而实现漫反射隐身的新方法，由于引入了多种超表面单元，相比于棋盘格超表面的散射电磁波，均一化更好 [104]，他们还基于两种超表面单元和优化算法实现宽频大角度 RCS (radar cross section) 减缩 [105]。Feng 等基于分形结构和 PB 相位设计了随机编码超表面，实现了宽带漫反射 [106]，Zhao 等在交叉极化转化下利用 3 位数字编码和随机旋转单元角度实现了极化不依赖宽频 RCS 减缩 [107]。作者所在的课题组率先提出基于抛物梯度超表面打散电磁波的学术思想，从傅里叶变换、阵列理论、数值仿真和实验验证了抛物梯度超表面能打散电磁波的固有属性，通过多模谐振、色散工程与 PB 相位技术最终实现了大角度全极化超宽带漫反射电磁隐身器件 [108]，在此基础上他们还基于各向异性超表面实现了散射波束的操控，在不同极化和不同频段等多个通道同时实现了涡旋波束和均匀漫反射波束 [109]。Luo 等基于吸波技术和棋盘格超表面实现了双频、宽频 RCS 减缩 [110]。

(6) 基于超表面的高性能天线与全息器件应用研究：主要集中在以下三个方面，如图 1-7 所示。一是集中于基于反射阵、透射阵以及 FP 谐振腔的高定向天

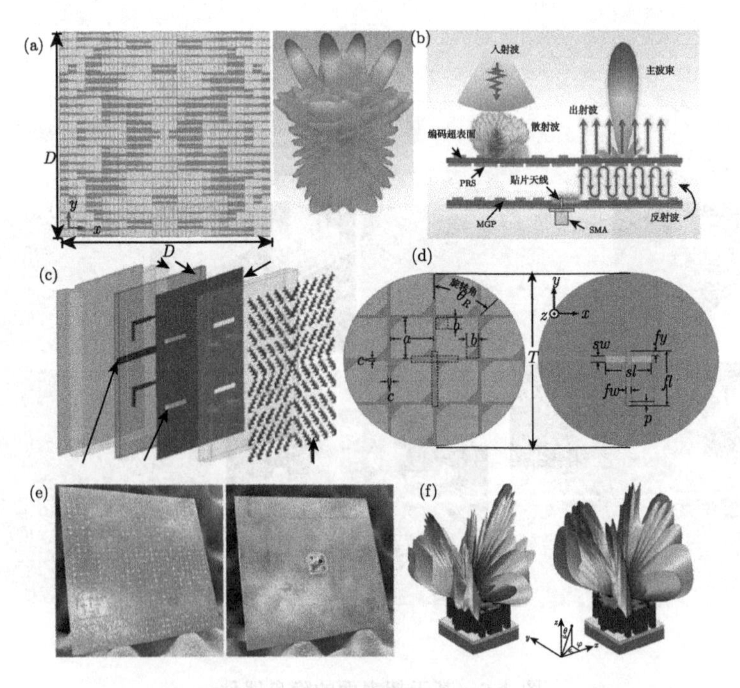

图 1-7　基于超表面的高性能天线

(a) 高定向四波束天线 [111]；(b)FP 高定向天线 [112]；(c)RCS 减缩隐身天线 [113]；(d) 极化可重构天线 [115]；(e) 全息多波束天线 [117] 和 (f) 任意波束指向天线 [118]

线 [111,112]；二是基于 RCS 减缩的隐身天线 [113,114]；三是基于极化控制的极化可重构天线和多功能天线 [115]。Germain 等基于相位补偿原理设计了 FP 谐振腔体 GMS，抵消了弯曲表面的非一致相位，实现了某预定面上一致的相位分布，从而实现了微波共形天线的同相定向辐射 [116]。Smith 等基于全息实现了双极化印刷多波束漏波天线 [117]。Werner 等基于遗传算法合成了峰值辐射方向任意可控的超表面 [118]，他们还基于超表面提高了混合模喇叭天线的带宽 [119]。

(7) 高效率超表面研究：如图 1-8 所示，Alu 等通过调控超表面单元的色散特性使工作频段远离谐振区域，提高了 1/4 波长 GMS 波片的带宽和转换效率 [120]，他们的理论研究结果表明单层超表面具有固有的低交叉极化耦合效率 [121]，为克服以上缺陷，他们引进切向磁流并通过堆叠三层精心设计的 GMS 来操控一维光传输 [121]，极大地提高了设计自由度并实现了完美相位控制，最近他们基于等离子金属银、电介质以及金属背板的复合材料设计了反射阵 GMS，通过调节电小单元各部分的比例可以对表面电抗进行调控并保持很高的转换效率 [122]。Yu 等基于三层六边形单元分别实现了圆极化光波的一维线聚焦和二维点聚焦，研究表明圆

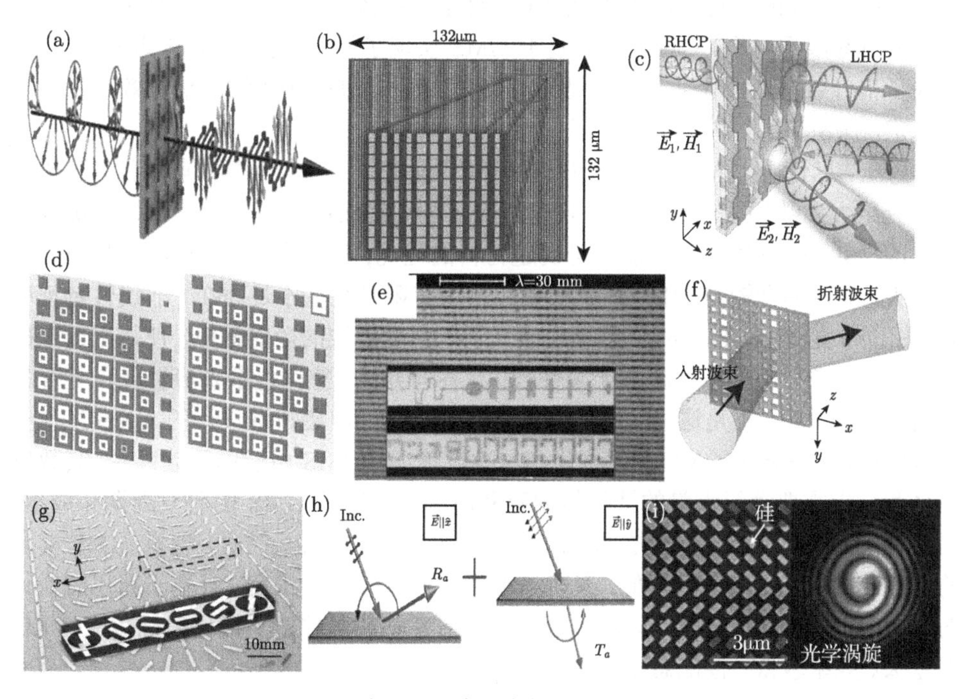

图 1-8 高效率超表面

(a) 宽带 1/4 波片 [120]；(b) 双折射透镜 [124]；(c) 非对称传输圆极化器 [126]；(d) 三维聚焦透镜 [125]；(e) 惠更斯超表面 [127]；(f) 级联超表面 [128]；(g) 透射 PB 超表面 [129]；(h) 全空间透–反射超表面 [130] 和 (i) 电介质光学螺旋片 [131]

极化波向其反向圆极化波的转换效率得到了显著提高 [123]。Mosallaei 对具有双折射效应的反射阵 GMS 聚焦展开研究，结果表明 GMS 在两种正交极化激励下均能形成线极化反射波且转换效率达到 92%[124]，随后他们还基于环形天线单元将多层 GMS 的思想推广到三维光波聚焦 [125]。Grbic 等的研究表明双各向异性超表面能实现光的极化极限控制与圆极化光的非对称传输 [126]，通过同时引入电极化和磁极化电流的惠更斯源可以使波束偏折效率达到 100%[127]，通级联三个精心设计的 GMS 可以有效降低极化和反射损耗 [128]。作者所在的课题组通过引入电、磁响应提出了高效透射 PB 超表面及其设计方法，实现了高效光子自旋霍尔效应 [129]，同时在双极化下将透、反射集成在一起实现了高效全空间奇异波束偏折 [130]。Valentine 等基于硅、银背板以及低折射率聚乙烯的复合材料设计了反射阵 GMS，极大地提高了线极化转换效率 [131]，Luo 等通过低 Q 超表面调控相位的色散特性，拓展了 GMS 的带宽 [132]，Pors 等基于 GMS 实现了单向极化控制的高效 SPP 激发 [133]，对发展集成等离子电路具有里程碑的意义。Zhang 等利用 GMS 把左旋和右旋圆极化波转换为沿反方向单向传输的表面等离子激元波 [134]。最近他们又将 GMS 的异常反射特性应用于三维全息成像中，获得了传统器件难以实现的高分辨率成像 [135]。Capasso 等基于 GMS 实现了极化可控的 SPP 定向耦合器，解决了耦合效率随极化变化比较敏感等难题，使得光向 SPP 波的耦合效率保持相对稳定，保留了入射波的极化信息 [136]。

综上，尽管研究人员在可调超材料研究方面取得了重大进展，但现有可调超材料研究绝大多数局限于实验研究且真正应用于工程实践的还很少。一方面块状超材料的损耗、带宽等因素限制了可调超材料的性能；另一方面，以往超材料单元尺寸较大，单元耦合较强，相位曲线的相移范围有限且往往不足 360°，非线性特征明显，相位带宽较窄，较大的单元尺寸增强了入射电磁波的衍射效应，使得出射电磁波波前不平整，信号起伏和不连续性较大，各向异性、空间色散效应以及单元互耦等问题极为突出。正是这些问题的存在使得基于单元电磁特性设计的 GMS 工作频率有所偏移，需要对 GMS 进行优化和二次设计。而 GMS 由于单元数目多，其数值仿真和分析需要消耗大量的计算机内存和时间，增加了 GMS 的研发周期和成本。因此，亟待提出新方法、新技术来改善可调超材料的性能。同时，现有 GMS 实现的功能相对单一、集成度较低，某种程度上对资源是一种浪费，且基于新思想设计的 GMS 功能器件比较匮乏，基于极化调制的多功能器件由于极化串扰效应，相位误差大、效率较低、性能急剧恶化。

1.3 本书的主要工作

本书在详细分析、跟踪和总结国内外可调超材料研究发展现状的基础上，结合三维超材料的发展瓶颈以及 GMS 独特的电磁特性和强大的电磁波调控能力，率先将可调技术与 GMS 相结合提出了 TGMS 的概念。围绕超表面的电磁特性、工作机理以及超表面在调控电磁波中的机理和实验展开深入研究，主要工作如下。

第 1 章 绪论：介绍超表面的基本概念、历史沿革、可调技术与超表面的发展瓶颈和研究进展以及可调超表面的研究背景与意义等。

第 2 章 可调超表面调控机理及多功能极化控制器研究：提出了圆极化旋向调控的概念，理论推导、建立了圆极化波旋向转换、旋向杂化和旋向保持的一般条件，通过控制超表面各单元中 PIN 管的通、断，实现了圆极化波旋向转换到旋向保持功能的切换，旋向杂化到旋向保持功能的切换；其次将可调技术与旋转 PB 梯度超表面相结合率先提出了一种能实现可调高效 PSHE 的方法，通过在旋转 PB 单元中引入 PIN 二极管和双谐振结构，实现了对 PB 相位的动态调控以及器件工作频率、功能的切换，PIN 管断开、导通两种状态下 PB 超表面的 PSHE 效率均大于 89%，绝大多数频率处的效率接近 100%。上述器件均具有集成度高，功能灵活多样以及频率动态可重构等诸多优点。

第 3 章 基于有源相位补偿的宽带新功能器件研究：率先将可调技术与梯度超表面相结合提出了可调梯度超表面的概念，系统研究了可调梯度超表面的电磁特性与调控机理，发现利用有源梯度超表面单元的本地实时相位调控特性可以在很宽的带宽范围内补偿和修正单元色散引起的相位误差，恢复了超单元/超表面的完美线性梯度或抛物梯度，解决了现有超表面只能在点频严格实现线性或抛物相位梯度的瓶颈以及宽频调控、大相位调控难题，实现了宽带高效的奇异波束偏折、表面波高效转换以及宽带电磁消色差透镜和多功能变焦透镜。

第 4 章 基于极化控制的多功能微带阵列天线：首先，发现并从机理上解释了一种具有宽带交叉极化反射和主极化透射恒相位差的超表面单元，利用该特性提出了一种集反射阵和透射阵于一体的变极化多功能微带阵天线，不仅实现了微带阵在反射、双向辐射以及透射之间的功能切换，同时还实现了同极化和交叉极化之间的极化状态切换；其次，提出了极化串扰抑制方法与极化不相关各向异性超表面单元，分析了其电磁特性与工作机理，基于该特性率先将抛物梯度与类双曲线相位梯度、线性梯度与类双曲线相位梯度进行合成，率先基于极化思想将多波束和单波束辐射集成在一块板子上，实现了复杂的辐射调控和多功能辐射特性，不仅波束数量可控，波束指向也可以任意设计，为高集成度、高稳定性以及低损耗复杂电磁波调控提供了非常有效的新途径；最后，建立了两种基于旋向调控的 100%非对称传输 PB 超表面的实现方案，提出了透–反射圆极化超表面器件的高效设计方法，设计了高性能新型透–反射 PB 超表面透镜和圆极化波束分离器。

第 5 章 全空间电磁调控机理与透–反射超表面：首先，在综合分析反射和透射超表面电磁调控优劣的基础上，提出了透–反射全空间电磁波前调控概念，研制的超表面同时实现了 x 极化波的全反射调控和 y 极化波的全透射调控；其次，基于设计的超表面单元设计了全空间波前调控器和全空间双功能器件，测试的反射功能效率和透射功能效率分别达到了 88%和 85%；最后，设计了透射阵和反射阵天线集成系统，且反射阵天线有效避免了馈源天线的遮挡效应，实验表明天线系统的口径效率优于 35%。

第 6 章　新型梯度超表面的漫反射隐身机理与应用研究：首先，提出了基于抛物梯度超表面打散电磁波的学术思想，率先将 PB 相位、抛物梯度模块和数字超表面相结合创建了旋转抛物梯度数字超表面概念与设计准则，通过多谐振技术和色散工程方法最终实现了电磁隐身器件的全极化超宽带均匀漫反射特性；其次，在抛物梯度超表面固有电磁漫反射的基础上，提出了基于凸凹混合非等焦距抛物梯度数字超表面方法，进一步提升了工作带宽，10dB RCS 减缩带宽达 102.7%；最后，为解决双站 RCS 检测下的电磁隐身难题，还提出了基于多种线性相位梯度超单元螺旋编码的漫反射隐身方法，同样使得入射电磁波被均匀打散在各个方向上。

本书在内容安排上循序渐进，其中第 2 章是基础，侧重均匀超表面的可调器件加载、设计方法与工作机理，为第 3 章可调梯度超表面设计提供方法基础；第 4 章在第 2、3 章幅度、相位调控的基础上引入极化控制，操控自由度更加灵活；第 5 章进一步拓展调控空间自由度，在第 4 章极化控制的基础上将调控区域从半空间拓展到全空间；第 6 章是第 2~5 章的综合和升华，将幅度、相位、极化和空间能量分布调控结合在一起，实现了宽频全极化均一化散射调控。

第 2 章　可调超表面调控机理及多功能极化控制器研究

极化是电磁波携带的重要信息之一 [137]，因此操控电磁波的极化状态对于光子学研究变得极为关键。传统器件诸如光栅、二向色晶体要么工作效率低，要么体积尺寸非常庞大 [138]，尤其是在低频长波长区应用时具有非常大的缺陷。超材料由于具有空前的电磁波操控能力 [139]，通过精确设计能够得到任意设想的电磁特性，近年来广泛引起了科学家和工程技术人员浓厚的研究兴趣。尤其在操控极化领域，采用各向异性或手性超材料 [140−152] 或超表面 [10,137,153−162] 技术效果更为显著，从微波段到光波段一些迷人的极化调控特性均被实现，如极化转换和极化旋转等。虽然这些器件的厚度均显著小于工作波长，也具有非常高的极化转换效率，但绝大多数极化操控器件 [10,140−162] 是无源的，这就意味着这些器件一旦被设计制作出来，它们的功能不能被改变和任意调控。然而实际应用中，人们非常期望极化控制器件的功能通过人为施加一些调制能够被任意动态切换。已公开报道的文献中已经有几种有源方法用来在不同频段调谐超材料的电磁特性，如调谐材料的谐振频率 [27,163−165]、电磁波波前 [57,166−168]、传输和反射特性 [32,34,169]，然而基于这些方法实现动态多功能极化调控还未见报道。

本章介绍作者在可调超表面调控机理及多功能极化控制器研究方面的研究成果，主要包括多功能圆极化旋向调控器与可调高效光子自旋效应器件设计与验证。

2.1　多功能圆极化旋向调控器

本节率先将有源 PIN 二极管和无源超表面相结合，基于理论和实验验证了一种有源极化控制器，能将圆极化波旋向转换，旋向杂化以及旋向保持等不同功能集成在一块可调超表面上。其原理是控制 PIN 二极管的通断可以显著改变单元的谐振频率 [34]，从而可以调制超表面的电磁特性，尤其是相位，进而达到动态切换器件功能的目的。这与基于损耗调谐欠阻尼到过阻尼切换 [169] 的工作机理有着本质区别，因为这里反射幅度几乎保持不变。本节的发现为其他任何基于相位调制的动态可调功能器件设计与开发奠定了基础，如可调亚波长谐振腔、奇异偏折器以及动画全息。

2.1.1 圆极化旋向调控理论

圆极化波入射到 PEC 和金属良导体时，由于反射电磁波的传输方向反向，旋向会发生逆转，即入射波为左旋圆极化 (LCP) 时，反射波变为右旋圆极化 (RCP)，反之则右旋变左旋。虽然多数应用场合，这种旋向逆转不会引起器件或系统的功能发挥，但在诸如卫星通信、雷达探测等某些要求较为苛刻的应用场合会引起天线接收的极化损失，需要进行旋向纠正，因此迫切需要一种可调器件能实现对圆极化波旋向的动态控制。

本节提出的反射式超表面圆极化旋向调控器如图 2-1 所示。超表面具有两个工作状态 On 和 Off，两种状态下超表面具有两个公共工作频段。On 状态下超表面在频段 I 内能将 R/LCP 波完全转化成交叉极化 L/RCP 波，具有圆极化旋向转换功能，而在频段 II 内超表面能将 R/LCP 同时转化成主极化和交叉极化分量 L||RCP 波，通过调整可以使它们的幅度相等，具有圆极化旋向杂化功能；Off 状态下超表面在频段 I 和 II 内能将 R/LCP 波高效反射出去，圆极化波的旋向不发生改变，具有圆极化旋向保持功能。这里将实现圆极化旋向转换和旋向保持的器件分别称为圆极化旋向转换器和旋向保持器，将同时实现圆极化主、交叉极化转换的器件称为旋向杂化器，而将实现上述功能动态切换的器件称为圆极化旋向调控器。上述两种状态可以通过控制 PIN 管开关的通、断来实现。基于电磁学相关知识，不难发现上述圆极化旋向转换和保持器也可称为线极化器，而圆极化旋转杂化器也可用作圆极化器，只需要把入射圆极化激励变成 45° 极化的线极化激励。因此本节超表面不仅具有圆极化旋向操控功能还能实现线极化器和圆极化器的集成。下面将给出反射体系下圆极化旋向调控的基本理论，建立上述功能所需的条件和准则，形成相关设计方法。

笛卡儿坐标系下，任意一束沿 z 方向入射的圆极化波 (LCP 或 RCP)E_{i} 可分解为电场沿 x、y 方向极化的两个正交线极化波分量 $E_{\mathrm{i}x}$ 和 $E_{\mathrm{i}y}$，即 $E_{\mathrm{i}}=E_{\mathrm{i}x}\widehat{x}+E_{\mathrm{i}y}\widehat{y}$，这里 $|E_{\mathrm{i}x}|=|E_{\mathrm{i}y}|=1/\sqrt{2}|E_{\mathrm{i}}|$ 且 $E_{\mathrm{i}x}$ 和 $E_{\mathrm{i}y}$ 的初始相位相差为 90°，即 $\varphi_y=\varphi_x\pm(2n+1)\pi/2$。为不失一般性，假设入射波的交界面为各向异性超表面，则 $E_{\mathrm{i}x}$ 和 $E_{\mathrm{i}y}$ 分量遇到超表面后会产生反射交叉极化分量，因此可得正交方向上总反射波 $E_{\mathrm{r}x}=E_{\mathrm{i}x}|r_{xx}|\mathrm{e}^{\mathrm{i}\varphi_{xx}}\widehat{x}+E_{\mathrm{i}y}|r_{xy}|\mathrm{e}^{\mathrm{i}\varphi_{xy}}\widehat{y}$ 和 $E_{\mathrm{r}y}=E_{\mathrm{i}y}|r_{yy}|\mathrm{e}^{\mathrm{i}\varphi_{yy}}\widehat{y}+E_{\mathrm{i}x}|r_{yx}|\mathrm{e}^{\mathrm{i}\varphi_{yx}}\widehat{x}$。上述关系式可用线极化反射琼斯矩阵表示为

$$\begin{pmatrix} E_{\mathrm{r}x} \\ E_{\mathrm{r}y} \end{pmatrix}=\begin{bmatrix} r_{xx} & r_{xy} \\ r_{yx} & r_{yy} \end{bmatrix}\begin{pmatrix} E_{\mathrm{i}x} \\ E_{\mathrm{i}y} \end{pmatrix} \tag{2-1}$$

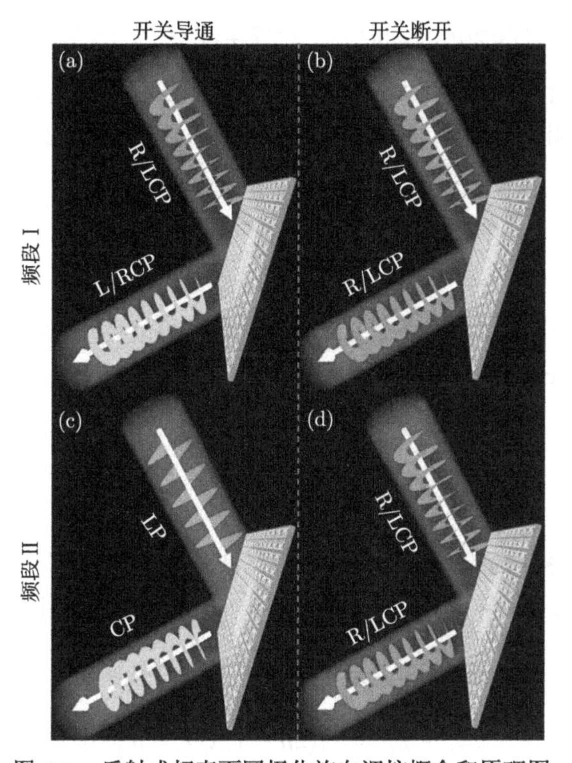

图 2-1 反射式超表面圆极化旋向调控概念和原理图

在频段 I 内 ((a), (b)) 超表面能实现圆极化旋向转换和圆极化旋向保持之间的切换；而在频段 II 内 ((c), (d)) 能实现线极化器和圆极化保持之间的切换

圆极化基下，圆极化转换系数可通过圆极化基与线极化基之间的关系 $\widehat{e}_{\pm}=(\widehat{x}\pm \mathrm{i}\widehat{y})/\sqrt{2}$ 进行确定，且可通过线极化基下琼斯矩阵的四个系数进行表示：

$$r_{\mathrm{cp}}=\begin{pmatrix} r_{\mathrm{RR}} & r_{\mathrm{RL}} \\ r_{\mathrm{LR}} & r_{\mathrm{LL}} \end{pmatrix}=\frac{1}{2}\begin{pmatrix} r_{xx}+r_{yy}+\mathrm{i}(r_{xy}-r_{yx}) & r_{xx}-r_{yy}-\mathrm{i}(r_{xy}+r_{yx}) \\ r_{xx}-r_{yy}+\mathrm{i}(r_{xy}+r_{yx}) & r_{xx}+r_{yy}-\mathrm{i}(r_{xy}-r_{yx}) \end{pmatrix} \tag{2-2}$$

根据正交方向上的场分量可得反射波的总场 E_{r}：

$$E_{\mathrm{r}}=E_{\mathrm{r}x}+E_{\mathrm{r}y}=E_{\mathrm{i}x}|r_{xx}|\mathrm{e}^{\mathrm{i}\varphi_{xx}}\widehat{x}+E_{\mathrm{i}y}|r_{xy}|\mathrm{e}^{\mathrm{i}\varphi_{xy}}\widehat{y}+E_{\mathrm{i}y}|r_{yy}|\mathrm{e}^{\mathrm{i}\varphi_{yy}}\widehat{y}+E_{\mathrm{i}x}|r_{yx}|\mathrm{e}^{\mathrm{i}\varphi_{yx}}\widehat{x} \tag{2-3}$$

这些电磁波分量相互干涉，可以产生任意旋向的圆极化波。为简化设计和实现高效率，线极化系数必须满足 $r_{xy}=r_{yx}\approx 0$，$r_{yy}=r_{xx}\approx 1$ 或者 $r_{xx}=r_{yy}\approx 0$，$r_{xy}=r_{yx}\approx 1$，因此公式 (2-3) 可化简为

$$E_{\mathrm{r}}=1/\sqrt{2}|E_{\mathrm{i}}||r_{xx}|[\mathrm{e}^{\mathrm{i}(\varphi_{xx}+\varphi_{x})}\widehat{x}+\mathrm{e}^{\mathrm{i}(\varphi_{x}\pm(2n+1)\pi/2+\varphi_{yy})}\widehat{y}] \tag{2-4a}$$

$$E_{\mathrm{r}} = 1/\sqrt{2}|E_{\mathrm{i}}||r_{xy}|[\mathrm{e}^{\mathrm{i}(\varphi_{yx}+\varphi_{x})}\widehat{x} + \mathrm{e}^{\mathrm{i}(\varphi_{x}\pm(2n+1)\pi/2+\varphi_{xy})}\widehat{y}] \tag{2-4b}$$

由于反射波的传输方向发生 180° 改变，若要保持反射圆极化波的旋向，则上述正交线极化分量的相位必须满足 $\varphi'_y = \varphi'_x \mp (2n+1)\pi/2$，可得两种情形下圆极化旋向保持的条件：

$$\varphi_{\mathrm{diff}} = \varphi_{xx} - \varphi_{yy} = \pm(2n+1)\pi, \quad n \geqslant 0 \tag{2-5a}$$

$$\varphi_{\mathrm{diff}} = \varphi_{xy} - \varphi_{yx} = \pm(2n+1)\pi, \quad n \geqslant 0 \tag{2-5b}$$

若要实现圆极化旋向转换，两个正交线极化分量的相位必须满足 $\varphi'_y = \varphi'_x \pm (2n+1)\pi/2$，可得两种情形下圆极化旋向转换的条件：

$$\varphi_{xx} - \varphi_{yy} = \pm 2n\pi, \quad n \geqslant 0 \tag{2-6a}$$

$$\varphi_{xy} - \varphi_{yx} = \pm 2n\pi, \quad n \geqslant 0 \tag{2-6b}$$

某些情形下为获得等幅的左旋和右旋圆极化波分量 (旋向杂化)，两个正交线极化波的相位必须满足 $\varphi'_y = \varphi'_x \pm 2n\pi$，可得两种情形下圆极化旋向杂化的条件：

$$\varphi_{xx} - \varphi_{yy} = \pm(2n-1)\pi/2, \quad n \geqslant 0 \tag{2-7a}$$

$$\varphi_{xy} - \varphi_{yx} = \pm(2n-1)\pi/2, \quad n \geqslant 0 \tag{2-7b}$$

式 (2-5a)~ 式 (2-7a) 以及式 (2-5b)~ 式 (2-7b) 分别代表主极化、交叉极化体系下旋向调控的条件。当 TMS 受 45° 极化的线极化波激励时，式 (2-5)~ 式 (2-7) 也是实现线极化器和圆极化器的条件。因此，本节实现旋向调控的思路也可用于设计多功能极化器。这里选择主极化体系来实现圆极化旋向调控功能。为避免交叉极化 ($r_{xy} = r_{yx} \approx 0$)，需要 TMS 单元具有某个主轴上的镜像对称性，而反射体系下只要 TMS 的吸收损耗较小，可以很容易地实现近 1 的主极化反射幅度 ($r_{yy} = r_{xx} \approx 1$)，这使得上述相位条件 (0，π/2 和 π 相位差跳变) 成为旋向调控超表面设计的唯一条件。

2.1.2 超表面设计与实验

根据前面的理论分析，要实现上述功能单元必须具有某个主轴方向上的镜像对称性且两个反射正交线极化分量的相位必须能单独控制，同时为满足最优工作带宽，正交分量的相位在某特定频率处具有相同斜率。为获得可调旋向功能，本节通过在超表面中引入 PIN 二极管 SMP1345-079LF 来动态操控其反射相位，即可调超表面 (TMS)。图 2-2 给出了反射 TMS 单元的拓扑结构和不同谐振频率下单元的等效电路模型。单元由三层结构组成：上层微带导带层、中层电介质板以及下层金属接地板。由于金属背板的作用，电磁波入射到 TMS 平板上没有透射只有反射。导带层为电刷结构，由圆形 ELC(electric inductive-capacitive resonator) 结构、偏置电路以及 PIN 二极管组成。其中 ELC 结构由上下两个半圆弧臂、圆弧中间的开口、中心垂直臂以及缝隙组成。偏置电路由上下两根均加载集总电感的高阻抗细微带线组成，与 ELC 结构保持良好的电接触，分别提供零偏置和正向偏置电压。由于 PIN 管的导通和断开状态由正偏压和零偏压决定，因此通过改变直流电压的大小可有效控制 TMS 单元的电磁特性。集总电感采用 MUTATA 公司生产的 LQW04AN10NH00，自谐振频率大于 7GHz，其主要有两个功能，一是获得宽带相位调制从而获得宽频圆极化旋向调控特性，二是提供高电抗值，发挥直流偏置的功能，防止高频微波信号进入直流源而对直流偏压没有影响，从而提高电路的稳定性。介质板采用聚四氟乙烯玻璃布板，介电常数 $\varepsilon_{\mathrm{r}}=2.65$，厚度 h=6mm，电正切损耗 $\tan\sigma$=0.001，铜箔的厚度为 0.036mm。

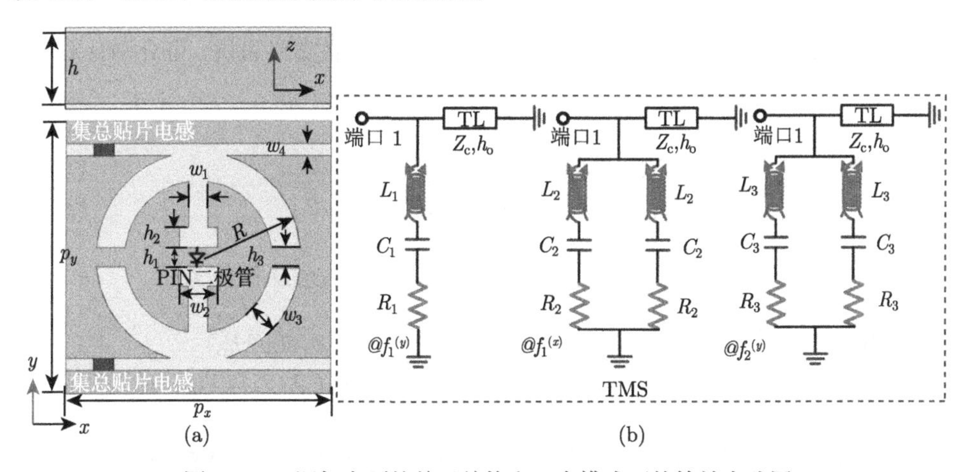

图 2-2 可调超表面的单元结构和三个模式下的等效电路图

(a) 单元的侧视图和俯视图；(b) y 极化和 x 极化下谐振频率 $f_1^{(y)}$、$f_2^{(y)}$ 和 $f_1^{(x)}$ 处单元的等效电路图；单元的结构参数为 $p_x=p_y$=14mm，w_1=1mm，w_2=2mm，w_3=1.5mm，w_4=0.6mm，R=5.4mm，h=6mm，h_1=1mm，h_2=1mm，h_3=1mm 和 L_j=10nH

工作时电磁波沿 $-z$ 轴垂直入射，当电场沿 y 轴极化且磁场沿 x 轴激励时，ELC 结构工作，电场将驱动 ELC 结构产生电响应和谐振，这时可得主反射系数 r_{yy}，同时由于 ELC 结构关于 y 轴对称，交叉极化 r_{xy} 很小且满足 $r_{xy}\approx 0$ 。这里 ELC 结构的电响应包含两部分，一是通过垂直臂和缝隙产生的电响应，二是圆弧臂和开口产生的电响应，其谐振频率分别由 $f_1^{(y)}$、$f_2^{(y)}$ 表示。当电场沿 x 轴极化激励时，同理由于 ELC 结构关于 x 轴对称，因此交叉极化 r_{yx} 很小且满足 $r_{yx}\approx 0$，电场将驱动细微带线电感、集总电感和 x 方向相邻单元圆弧臂开口之间的耦合电容产生电谐振，此时可得反射系数 r_{xx} 和电谐振频率 $f_1^{(x)}$。二极管导通时，缝隙被短路，而二极管断开时，缝隙仍开路，产生具有不同电感和电容的谐振回路，这是本节 TMS

控制谐振从而控制反射相位的基础。由于只有 $f_1^{(y)}$ 与缝隙相关，所以二极管的工作状态只会影响 $f_1^{(y)}$ 而对 $f_2^{(y)}$ 和 $f_1^{(x)}$ 几乎没有影响，从而可以实现对 $f_1^{(y)}$ 的单独调控。

为使圆极化旋向调控器具有最优的旋向保持带宽，下面基于传输线理论分析得到相关准则。首先，TMS 单元的电谐振效应和等效传输线的传输效应可通过 $ABCD$ 矩阵分别进行表征

$$\begin{bmatrix} A_{\mathrm{T}} & B_{\mathrm{T}} \\ C_{\mathrm{T}} & D_{\mathrm{T}} \end{bmatrix} = \begin{bmatrix} 1 & 0 \\ 1/Z_{yi} & 1 \end{bmatrix} \tag{2-8a}$$

$$\begin{bmatrix} A_{\mathrm{EqTL}} & B_{\mathrm{EqTL}} \\ C_{\mathrm{EqTL}} & D_{\mathrm{EqTL}} \end{bmatrix} = \begin{bmatrix} \cos(kh_{\mathrm{o}}) & \mathrm{j}Z_{\mathrm{c}}\sin(kh_{\mathrm{o}}) \\ \mathrm{j}\sin(kh_{\mathrm{o}})/Z_{\mathrm{c}} & \cos(kh_{\mathrm{o}}) \end{bmatrix} \tag{2-8b}$$

其中 k 是 TEM 波的波矢；Z_{yi} 为谐振频率 f_i 处的并联支路阻抗，可分别计算为

$$Z_{y1} = \mathrm{j}\omega L_1 + 1/\mathrm{j}\omega C_1 + R_1 \tag{2-9a}$$

$$Z_{y2} = \mathrm{j}\omega L_2/2 + 1/2\mathrm{j}\omega C_2 + R_2/2 \tag{2-9b}$$

$$Z_{y3} = \mathrm{j}\omega L_3/2 + 1/2\mathrm{j}\omega C_3 + R_3/2 \tag{2-9c}$$

将上述两个 $ABCD$ 矩阵进行级联可计算整个单元的 $ABCD$ 矩阵为

$$\begin{bmatrix} A & B \\ C & D \end{bmatrix} = \begin{bmatrix} \cos(kh_{\mathrm{o}}) & \mathrm{j}Z_{\mathrm{c}}\sin(kh_{\mathrm{o}}) \\ \cos(kh_{\mathrm{o}})/Z_{yi} + \mathrm{j}\sin(kh_{\mathrm{o}})/Z_{\mathrm{c}} & \mathrm{j}Z_{\mathrm{c}}\sin(kh_{\mathrm{o}})/Z_{yi} + \cos(kh_{\mathrm{o}}) \end{bmatrix} \tag{2-10}$$

通过 $ABCD$ 矩阵变换，可得到携带相位信息的 S 参数。为获得旋向转换和旋向保持特性的最优工作带宽，正交线极化分量的相位在两个特定频率 $f = (f_1^{(y)} + f_1^{(x)})/2$ 和 $(f_2^{(y)} + f_1^{(x)})/2$ 处具有相同变化率，可得

$$\frac{\partial \varphi_{xx}(f)}{\partial f} = \frac{\partial \varphi_{yy}(f)}{\partial f} \tag{2-11}$$

图 2-3 给出了圆极化旋向调控器的实物和在线极化波激励下的测试结果，可以看出，PIN 开关导通时圆极化旋向调控器在频段 I (3.11~5.01GHz) 内 φ_{yy} 和 φ_{xx} 的相位差保持在 0° 而在频段 II (5.51~6.94 GHz) 内保持在 90°；PIN 开关断开时，圆极化旋向调控器 φ_{yy} 和 φ_{xx} 的相位差在一个很宽的带宽范围内 (4.21~7.01GHz) 保持在 180°。因此，开关导通时圆极化旋向调控器在频段 I 和频段 II 分别能实现旋向转换功能和旋向杂化功能，而在开关断开时旋向调控器在很宽的频段范围内能实现旋向保持功能。

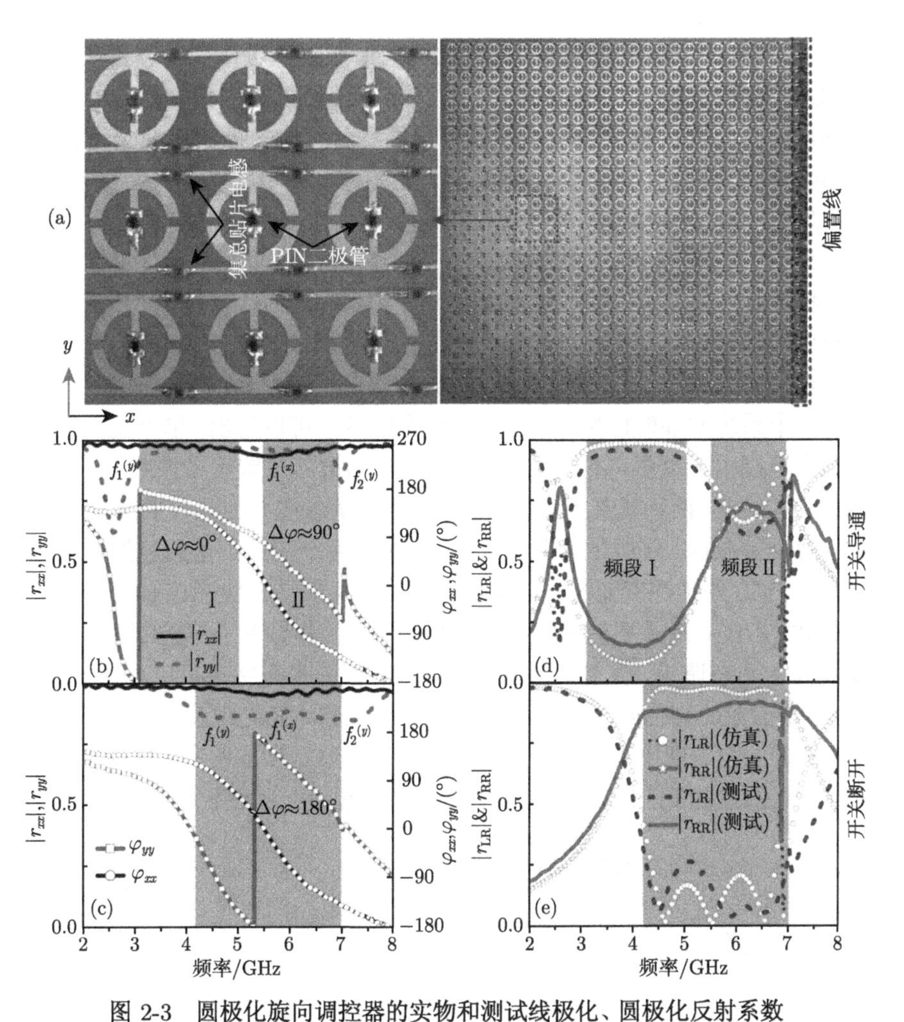

图 2-3 圆极化旋向调控器的实物和测试线极化、圆极化反射系数

(a) 实物样品，超表面沿 x 方向的馈线上串联 SMT 电感，用于对中心 PIN 二极管提供偏置电压；(b)，(c) 线极化基下 φ_{yy} 和 φ_{xx} 的反射相位差异；(d)，(e) 圆极化基下 φ_{yy} 和 φ_{xx} 的反射相位差异

前面我们通过控制 φ_{yy} 和 φ_{xx} 的相位差 $\Delta\varphi$ 获得了极化调制，事实上单独操控 φ_{yy} 和 φ_{xx} 更具有潜在应用。通过研究我们发现利用单独调控相位旋向调控器还可以应用于可调高定向性谐振器领域，如图 2-4 所示。可调谐振腔由无源反射超表面和可调超表面组成，当 TMS 的反射相位 φ_1 和无源超表面的反射相位 φ_2 满足下式时谐振腔发生共振，且共振频率由下式决定。

$$\varphi_1+\varphi_2-4\pi fd/c=2n\pi \tag{2-12}$$

这里 d 是两个平板之间的距离；n 为任意整数。不同于传统谐振腔，这里 φ_1 可以通过 PIN 开关进行动态调控，因此谐振腔的谐振频率可以被动态控制。同时由于 φ_1 可以覆盖整个 2π 相位范围，因此可调谐振腔可以打破传统谐振器半波长谐振的限制。为验证所提想法的正确性和可行性，对设计的可调亚波长谐振腔进行 FDTD (finite-difference time-domain) 仿真。无源超表面单元结构采用互补 ELC 结构 (CELC)，介质板采用 F4B 介质板且厚度为 h=1.5mm，介电常数为 ε_r=2.65，电正切损耗为 0.001，谐振腔的厚度为 d = 4mm。反射超表面在 y 极化波激励下具有高反低透特性且反射相位在整个观察频率范围内 (2~7GHz) 保持 180°，表明具有传统的电反射器的特性。为获得亚波长谐振腔的谐振模式，将一个 6mm 长且沿 y 方向极化的偶极子天线置于谐振腔中心 (构成高定向性辐射系统)，并通过 FDTD 仿真来评估整个系统的辐射特性。从回波损耗频谱 S_{11} 可以看出，单个短偶极子天线在观察频率范围内无谐振，不能形成有效辐射。当把其放置于谐振腔后，其回波损耗在 "On" 和 "Off" 两种状态下急剧变化，且两种状态在 2.62GHz 和 4.86GHz 能明显观察到两个谐振谷，分别对应于两个共振模式，两个模式下谐振腔的厚度分别为 $\lambda_0/30$ 和 $\lambda_0/15$，处于深度亚波长的水平，而传统双板谐振腔在该厚度下的最低谐振模式是 37.5GHz。最重要的是，亚波长谐振腔的工作频率通过控制 PIN 管的通、断可以被任意动态调控，其物理在于切换 PIN 管的工作状态可以动态改变 TMS 的 φ_{yy}，根据前面的相位匹配公式可知腔体的谐振频率随之改变。在两个谐振模式下，亚波长谐振腔显现出高定向单向辐射特性，波瓣宽度非常窄，与单个偶极子天线相比，方向系数提高了 10.3dB，而在其他非共振频率下观察不到高定向性辐射。

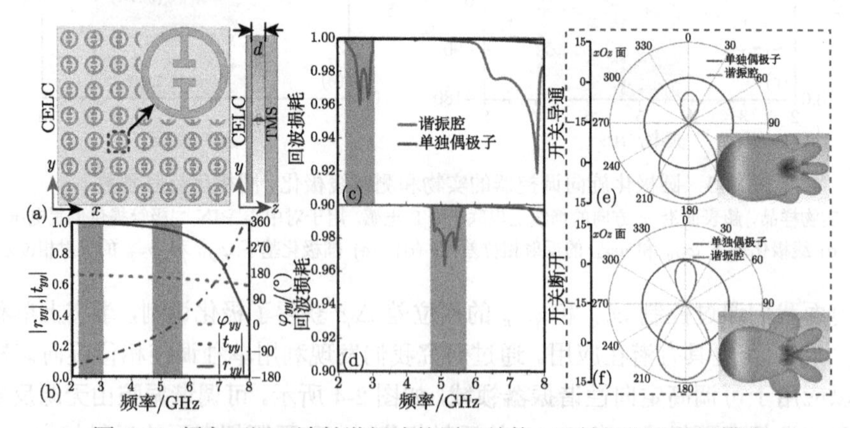

图 2-4 频率可调亚波长谐振腔的原理结构、反射相位和谐振模式

(a) 由 CELC 和 TMS 构成的谐振腔的结构；CELC 的反射与传输系数 (b)；谐振腔在 PIN 开关通、断两种状态下的 (c)，(d) 回波损耗频谱与 (e)，(f) 辐射方向图。CELC 和 TMS 平板在开关导通时的横向尺寸均为 182mm×182mm，而在断开时为 98mm×98mm。CELC 平板的结构参数为 $p_x = p_y$=14mm，$w_1 = w_3 = h_2$=1mm，w_2=3mm，R=5mm 和 $h = h_1$=1.5mm

2.2 可调高效光子自旋效应器件设计与验证

几何相位，也称 PB 相位，是一种在圆极化波激励下由结构晶轴旋转产生的相位 [160,162,170−181]。自从人们基于 PB 相位实现了奇异反射后 [170]，由于其宽频工作和功能灵活多样的特性，大量新功能器件应用不断报道，如 PSHE[59,160]、超薄平板透镜 [73,171]、涡旋片 [85,131]、轨道角动量产生器 [86]、全息 [135,162]、轮廓波束 [172,173]、波束偏折天线 [175]、高增益透镜阵列 [176−181] 等。尽管实现的相位是非色散的且器件均有一定的工作带宽，但上述 PB 相位超表面和器件实现的功能非常有限，一旦设计完成，其性能和功能基本确定且不能被动态调制，自由度、复用性以及集成度都非常受限，在一定程度上是资源的浪费。这些致命缺陷将会极大限制 PB 超表面的应用和推广。虽然可调方法被广泛用来在各个频段控制超表面的电磁特性，但现有方法均局限于均匀超表面和非旋转结构。由于缺乏对旋转结构有效的馈电技术，至今，具有频率/功能可重构的可调梯度 PB 超表面鲜有报道。另外，现有可调超表面均遇到一个普遍瓶颈问题：谐振频率附件反射幅度谷非常尖锐，幅度一致性差，反射相位在很窄的频率范围内完成跳变且相位积累非常有限，小于 180°，而在带外为渐近行为，相位调控范围和频率调控范围均较小。这是由于可调器件通常会引入 LC 元件和不必要的损耗，这些均会导致品质因数和吸收的增加。

本节实现了一种高度集成且频率可调的高效光子自旋霍尔效应器件，当超表面工作于 “Off” 状态时，具有两个工作频段，而工作于 “On” 状态时具有一个宽频响应，而在两个频段之间，超表面的功能可以实现由 “Off” 状态下的完美反射到 “On” 状态下 100%效率光子自旋效应的切换。为解决上述瓶颈问题，本节通过在旋转单元中引入 PIN 二极管和双谐振结构，同时为在灵活多样的功能特性和动态相位控制之间搭建一座桥梁，本节提出了一种基于开口环电刷结构的有效馈电方法，使得每个旋转单元上的 PIN 二极管得到有效直流偏置。

2.2.1 可调机理与单元设计

根据光子自旋霍尔效应理论，当可调 PB 单元的主轴方向 u、v 与单元二维周期延拓所在平面的坐标 x、y 重合时，在圆极化基下可调 PB 单元的反射矩阵 $R(0)$ 可以表示为三个 Pauli 矩阵 $\{\hat{\sigma}_1, \hat{\sigma}_2, \hat{\sigma}_3\}$ 和一个单位矩阵的线性组合

$$\begin{aligned}R(0) =& \frac{1}{2}(r_{yy}+r_{xx})\hat{I}+\frac{\mathrm{i}}{2}(r_{yx}-r_{xy})\hat{\sigma}_3+\frac{1}{2}(r_{yy}-r_{xx})\hat{\sigma}_1 \\ &+\frac{1}{2}(r_{yx}+r_{xy})\hat{\sigma}_2\end{aligned} \tag{2-13}$$

其中 $\{r_{xx}, r_{xy}, r_{yx}, r_{yy}\}$ 为线极化基下的反射琼斯矩阵。经绕 z 轴旋转 φ 后的反射

矩阵 $R(\varphi) = M^{+}(\varphi)R(0)M(\varphi)$ 可表示为

$$\begin{aligned}R(\varphi) =&\frac{1}{2}(r_{yy}+r_{xx})\hat{I}+\frac{\mathrm{i}}{2}(r_{yx}-r_{xy})\hat{\sigma}_3\\&+\frac{1}{2}(r_{yy}-r_{xx})(\mathrm{e}^{-\mathrm{i}2\varphi}\hat{\sigma}_{+}+\mathrm{e}^{\mathrm{i}2\varphi}\hat{\sigma}_{-})\\&+\frac{\mathrm{i}}{2}(r_{yx}+r_{xy})(\mathrm{e}^{-\mathrm{i}2\varphi}\hat{\sigma}_{+}+\mathrm{e}^{\mathrm{i}2\varphi}\hat{\sigma}_{-})\end{aligned} \tag{2-14}$$

这里旋转矩阵 $M(\varphi) = \mathrm{e}^{\mathrm{i}\varphi\hat{\sigma}_3}$，$\hat{\sigma}_{\pm} = (\hat{\sigma}_1 \pm \mathrm{i}\hat{\sigma}_2)/2$ 为自旋转换算子且当入射波为右旋 $|+\rangle$(或左旋 $|-\rangle$) 圆极化波时，满足 $\hat{\sigma}_{\pm}|\pm\rangle = 0$ 和 $\hat{\sigma}_{\pm}|\mp\rangle = \hat{\sigma}_{\pm}$。由于中间层金属地板的作用，下层金属结构的不对称性产生的电磁响应被屏蔽掉，不会对上层结构的电磁特性产生任何影响。由于上层结构的二重对称特性，$r_{xy} = r_{yx} \approx 0$，同时 $r_{xx} + r_{yy} = 0$，因此反射矩阵 $R(\varphi)$ 可以化简为

$$R(\varphi) = \frac{1}{2}(r_{yy}-r_{xx})(\mathrm{e}^{-\mathrm{i}2\varphi}\hat{\sigma}_{+}+\mathrm{e}^{\mathrm{i}2\varphi}\hat{\sigma}_{-}) \tag{2-15}$$

根据式 (2-15) 可知，反射幅度 $|(r_{yy}-r_{xx})/2| \approx 1$，达到了近 100%的转换效率，而反射相位 (PB 相位) 会有 -2φ 或 2φ 的变化。因此当入射波为单一圆极化波时，反射波为一同极化且携带 -2φ 或 2φ 的相位，且由于左旋和右旋圆极化波产生的 PB 相位相差 180°，因此左旋和右旋圆极化入射波经可调 PB 超表面反射后将被反射到两个相反方向上。如果能够实现对单元某个极化相位的单独调控，则可以实现可调 PSHE，提高器件的复用率和集成度。如何在不改变晶轴情形下实现对顺序旋转结构的有源馈电问题，成为实现可调 PSHE 的首要问题。

针对这一难题，我们基于三层电刷馈电结构提出了一种实现方法，如图 2-5 所示，可调 PB 单元由三层金属结构、两层介质板以及连接三层金属结构的金属化过孔组成，其中上层金属结构由一对金属贴片和开口 I 结构组成，I 结构中间的开口用于加载 PIN 二极管。中层为金属地板且中心由两层金属圆柱和包裹上层圆柱的圆环槽组成，圆柱与金属化过孔完全电连接，圆环槽用于隔离圆柱和地板。下层为电刷结构，由对称开口的圆环结构 (SRR) 以及上下对称且加载集总电感的两根高阻抗细微带线组成。集总电感的加载主要有两个功能，一是提供一个高电抗值，发挥直流偏置的功能，防止高频微波信号进入直流源而对直流偏压没有影响，从而可提高电路的稳定性；二是阻止上层微带结构产生的电流经金属化过孔沿导轨流动，从而引起分离圆极化波束幅度的不一致性。工作时，通过上层结构的旋转产生光子自旋效应需要的 PB 相位，下层 SRR 结构保持同步旋转并通过金属化过孔对上层 PIN 管进行直流偏置。通过给偏置电路提供不同的直流电压，正偏或者零偏，PIN 二极管可以在 “On” 和 “Off” 两个状态之间进行切换。

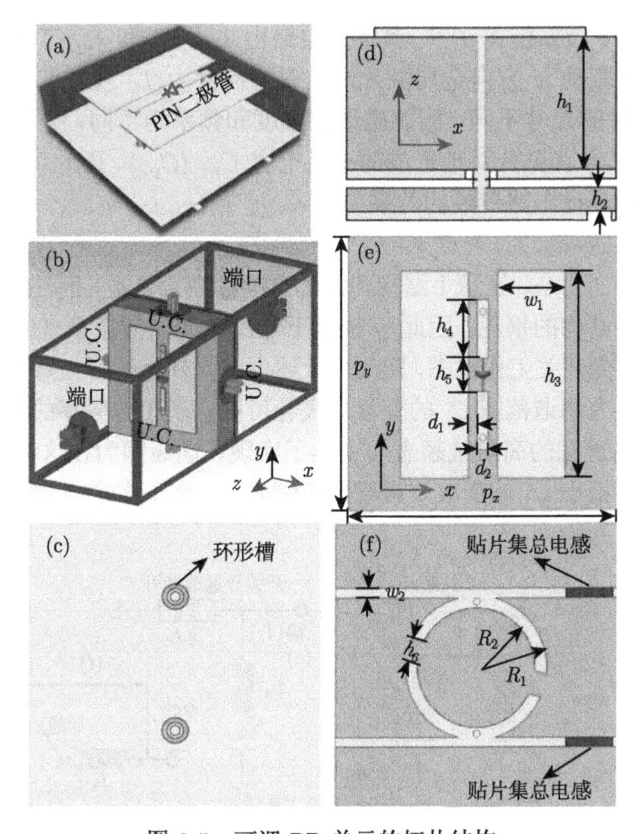

图 2-5 可调 PB 单元的拓扑结构

(a) 全视图；(b) 仿真设置，为模拟无限大阵列，单元沿 x、y 的四个边界采用周期边界条件；(c) 中层结构；(d) 侧视图；(e) 上层结构；(f) 底层电刷结构。上/下层介质板均采用聚四氟乙烯玻璃布板，介电常数 $\varepsilon_r=2.65$，电正切损耗 $\tan\sigma=0.001$，铜箔的厚度为 0.036mm，其中上、下层介质板的厚度分别为 $h_1=3$mm 和 $h_2=0.5$mm

图 2-6 给出了 TGMS 单元和 PIN 二极管的等效电路模型，其中 R_s、L_s 和 C_s 分别代表 PIN 管的寄生电阻、封装引线电感和管壳电容，C_j 代表管芯的结电容。电磁波在介质板中的传输由阻抗为 Z_c，长度为 h_o 的传输线等效，金属地板由接地等效。当开关闭合也即电压正向导通时，$C_j=0$，此时二极管的等效电路模型可用很小的串联电阻 R_s 和电感 L_s 来等效，当开关断开也即电压反向偏置时，二极管的等效电路模型可用串联电感 L_s 和 C_j 来等效，这里 C_1 既包含 C_j 又包含 C_s。PIN 二极管采用 MA4PBL027，其中 $L_s=0.11$nH，$C_j=0.03$pF，当漏电流为 10mA 时，R_s 约为 2.8Ω。电场沿 y 轴极化且开关断开时，金属地板与上层金属结构之间的耦合形成两个局部磁谐振 $f_1^{(y)}$ 和 $f_2^{(y)}$，产生两个谐振模式，分别对应于 I 结构和贴片的谐振，其中开口短 I 结构产生的磁响应由第一个串联支路 L_1、C_1 和 R_1 来等效，而两边对称金属贴片产生的磁响应由两个串联支路 L_2、C_2 和 R_2 并联等效；开关

导通时，只有一个谐振模式 $f^{(y)}$，其等效电路由 L_2、C_2' 和 R_2' 等效。电场沿 x 轴极化时，电场将驱动 x 方向金属贴片产生磁响应并由 L_3、C_3 和 R_3 等效，由于 x、y 极化时贴片的尺寸不同，因此磁谐振强度和频率均不同，分别对应于不同的贴片电感 $L_{\rm p1}(L_{\rm p2})$ 和贴片对地形成的平板电容 $C_{\rm p1}$ $(C_{\rm p2})$。因此可得 x、y 极化时等效电路元件与具体电路参数的关系：$L_1 \approx L_{\rm w}+L_{\rm s}$，$L_2 \approx L_{\rm p1}$，$L_3 \approx L_{\rm p2}$，$R_2' = R_2+R_{\rm s}$，$C_1 = C_{\rm s}+C_{\rm j}$，$C_2 \approx C_{\rm p1}+k_\alpha \times (C_{\rm s}+C_{\rm j})$，$C_2' = C_{\rm p2}$ 和 $C_3 \approx C_{\rm p2}$，这里 I 结构的线电感为 $L_{\rm w}$，k_α 表示 I 结构和贴片之间的耦合系数，而 R_1 和 R_2 分别用来表征两个谐振结构的损耗。因此 y 极化下 PB 单元的谐振频率或固定频率处的相位可以通过改变开关工作状态，即改变上述电路元件值进行任意调谐。需要说明的是通过具有较大调谐范围 $C_{\rm j}$ 的变容二极管可以实现工作频率的连续调控，然而这在具有金属化过孔的高阻抗超表面上难于实现，这是因为在这种单元拓扑结构下需要一个具有极小 $C_{\rm j}$ 的变容二极管，这在实际中难于实现。

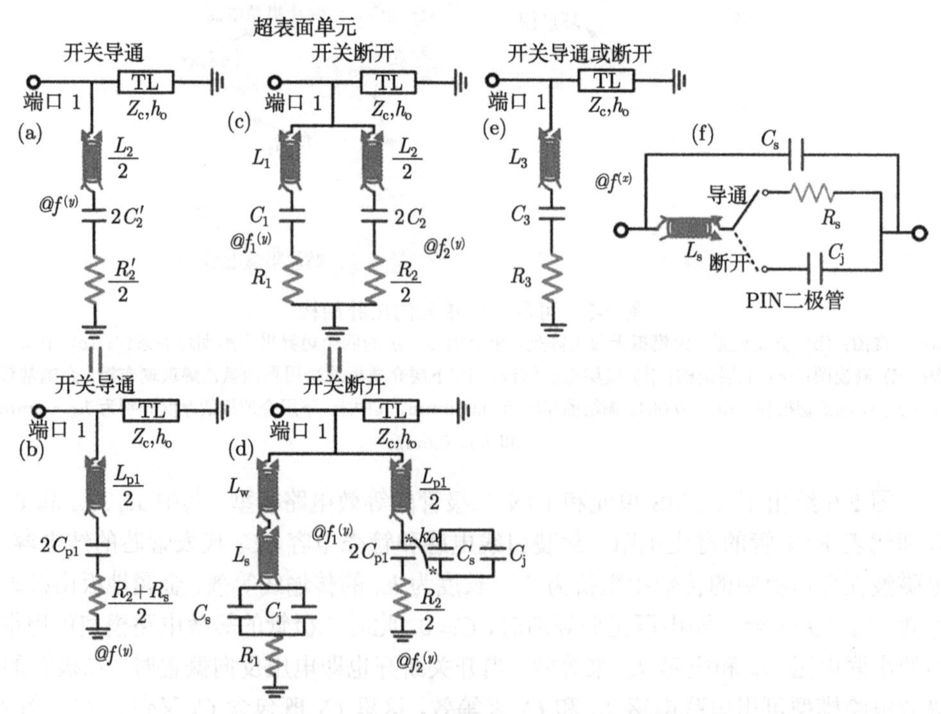

图 2-6　(a)~(e)TGMS 单元和 (f)PIN 二极管的等效电路

(a)~(d) y 极化波激励下；(e) x 极化波激励下谐振频率 $f^{(x)}$ 处；(a)，(c) 整体等效电路图；(b)，(d) 具体元件等效电路图；(a)，(b) “On” 状态下 $f^{(y)}$ 频率处；(c)，(d) “Off” 状态下 $f_1^{(y)}$ 和 $f_2^{(y)}$ 频率处

为全面探索可调 PB 单元的相位调控机理，图 2-7 给出了五种不同情形下单元的反射特性。从图 2-7(a) 可以看出当没有贴片和没有 I 结构时，从幅度和相位响应曲线中均可以明显观测到一个剧烈变化的谐振模式，没有贴片时单元的谐振频率 7.46GHz 处存在一个反射谷，幅度为 S_{11}=0.8，相位变化剧烈且远离谐振时相位呈现一个渐近行为，相位调控的频率范围非常窄，Q 值很高。相反，当贴片和 I 结构同时存在且 h_3=9mm 时，单元在 $f_1^{(y)}$=5.8GHz 和 $f_2^{(y)}$=8.7GHz 附近的相位趋于 0°，为两个磁谐振响应，电路和电磁仿真结果吻合良好，验证了等效电路的正确性。当 h_3 减小时，$f_2^{(y)}$ 往高频移动，因此当 h_3=3mm 或 6mm 时，在有限的观测频率范围内我们并未观测到高频谐振，而只有当 h_3 足够大时，两个谐振频率 $f_1^{(y)}$ 和 $f_2^{(y)}$ 靠得非常近，此时单元的谐振强度明显变弱且随 h_3 增大继续减弱，双模工作打破了边缘频率处的相位渐近行为，具有较大的相位调控范围和近 1 的反射幅度。因此，通过调整贴片和 I 结构的尺寸可以极大扩大 TGMS 单元相位调控范围，从而展宽 TGMS 单元的工作带宽。而且由于 I 结构和贴片之间的耦合使得 $f_1^{(y)}$ 和 $f_2^{(y)}$ 较单独存在时均有所偏移。从图 2-7(b) 中的电流分布可以看出，$f_1^{(y)}$ 处强电流分布在 I 结构上，而 $f_2^{(y)}$ 处强电流主要分布在贴片上(I 结构上的反向电流由贴片与 I 结构的寄生耦合引起)，再次证明 $f_1^{(y)}$ 源于 I 结构谐振而 $f_2^{(y)}$ 源自贴片谐振。

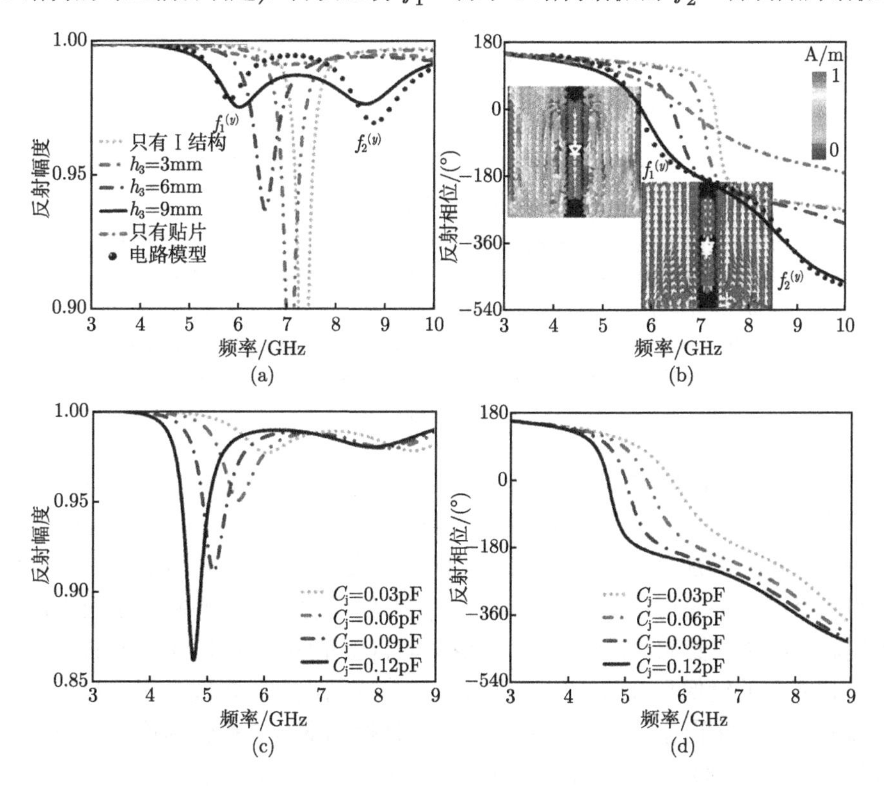

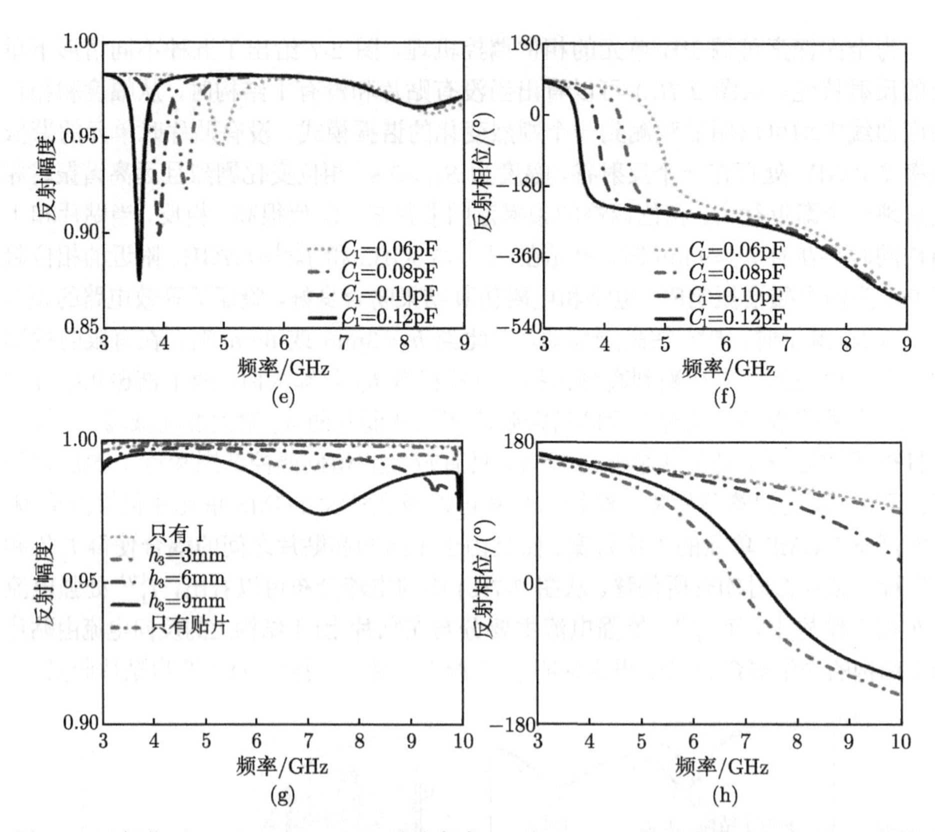

图 2-7　y 极化下 (a), (b), (g), (h) 贴片高度 h_3 和 (c)~(f) 管芯电容 C_j 对可调 PB 单元反射特性的影响

(a)~(d)"Off" 和 (g), (h) "On" 状态下电磁计算的反射特性；(e), (f) "Off" 状态下电路计算的反射特性；(a), (c), (e), (g) 反射幅度；(b), (d), (f), (h) 反射相位。在只有贴片情形下选取 h_3=9mm；单元的结构参数为 (单位：mm)：$p_x = p_y$=12，d_1=0.4,d_2=0.5，d_3=0.3，w_1=3，w_2=0.4，R_1=3，R_2=2.5，h_1=3, h_2=0.5, h_3=9，h_4=2.5，h_5=1 和 h_6=1。全波仿真中，L_s=0.115nH，C_j=0.03pF 和 R_s=2.8Ω。提取的电路参数为 L_1=13nH，C_1=0.04pF, L_2=1nH，C_2=0.081pF，R_1=0.9Ω，R_2=0.8Ω，Z_c=109.3Ω 和 h_o=60.5°

从图 2-7(c)~ 图 2-7(f) 可以看出，电路模型计算的反射响应随 C_j 变化的趋势与电磁计算得到的反射特性变化趋势完全一致，均显示当 C_j 由 0.03pF 增加到 0.12pF 或 C_1 由 0.06pF 增加至 0.12pF 时，$f_1^{(y)}$ 和 $f_2^{(y)}$ 发生红移，I 结构和贴片之间的耦合使得两个谐振频率可以同时得到调控。$f_1^{(y)}$ 处反射幅度急剧减小是由于增加的电容提高了电路的储能，减小了 PB 超表面向自由空间的反射。非一致性幅度将导致 PB 超表面的镜像和高阶衍射等多种散射模式的出现，降低了光子自旋霍尔效应的效率，这使得采用 PIN 二极管两个状态调控比变容二极管的连续调控更合适和有效。为进一步验证上述结论，我们进一步计算了 "On" (L_s=0.11nH，R_s=2.8Ω)

状态下超表面的反射频谱，见图 2-7(g)～ 图 2-7(h)。可以看出，I 结构的谐振响应消失，且在 $f_1^{(y)}$ 和 $f_2^{(y)}$ 之间产生一个新的谐振模式 $f^{(y)}$，该模式由贴片产生，可以通过随 h_3 增大而连续红移的反射频谱以及只有在贴片情形下几乎不变的 $f^{(y)}$ 进行验证。上述 “On” 和 “Off” 两种状态下显著变化的谐振模式和频率提供了很大的相位变化，这是实现相位依赖型动态多功能可调器件的关键。

如图 2-8(a) 和 (b) 所示，“Off” 状态下从最终设计 PB 单元的幅度 $|r_{yy}|$ 曲线上可以观察到两个弱谐振点 $f_2^{(y)}$ ≈5.62GHz 和 $f_1^{(y)}$=8.45GHz，I 结构通过馈电网络在 10.5GHz 处产生了寄生谐振，除该频率外，$|r_{yy}|$ 在 5～12.5 GHz 范围内均大于 0.97。“On” 状态下，$|r_{yy}|$ 曲线显示在 $f^{(y)}$=7.01GHz 附近仅可观察到一个谐振，5～12GHz 范围内均有 $|r_{yy}| > 0.9$，单元在 10GHz 附近产生的三个弱谐振谷由集总元件的自谐振和 I 结构的寄生谐振引起。而 x 极化波激励下，“On” 和 “Off” 两种状态下，从 $|r_{xx}|$ 谱线上均只能在 $f^{(x)}$=11.2GHz 附近观察到一个弱谐振。因此 “Off” 状态下，−180°±40° 相位差 ($\varphi_{\text{diff}}=\varphi_{yy}-\varphi_{xx}$) 发生在两个频段: 5.67～6.08GHz (频段 I) 和 9～10.55GHz(频段 II)，见图中绿色标注的工作区域，6GHz 处相位差

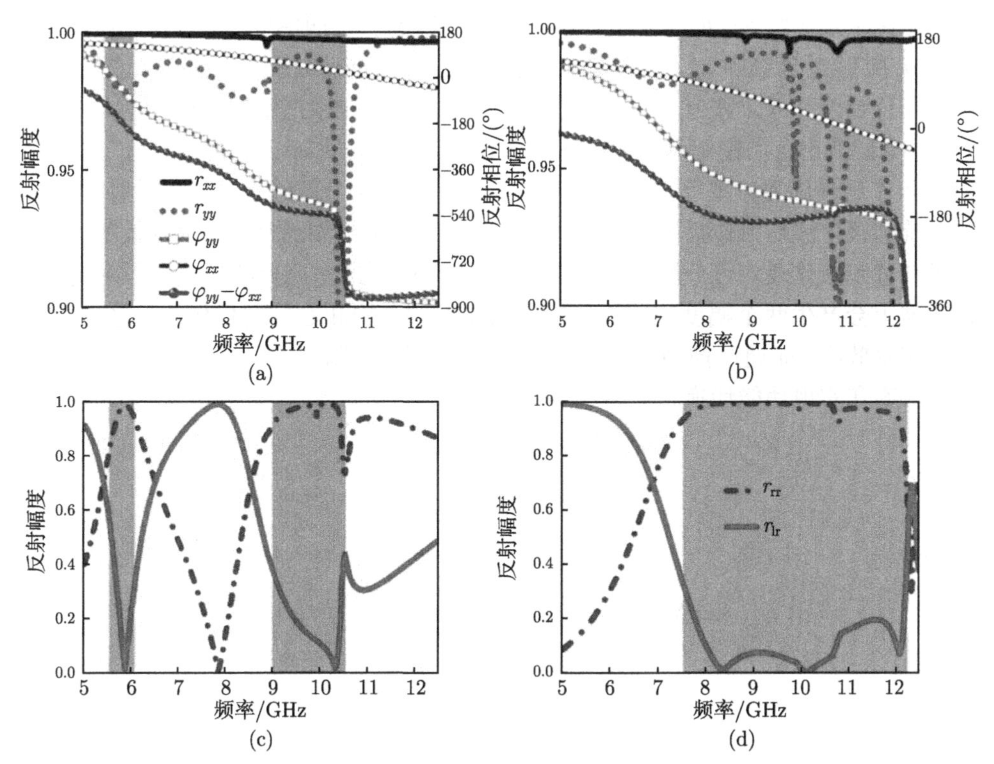

图 2-8 (a), (b) 线极化波和 (c), (d) 圆极化波激励下所设计可调 PB 单元的反射特性曲线
(a), (c)“Off” 状态; (b), (d)“On” 状态。$|r_{\text{lr}}|$ 中下标 l 表示左旋圆极化波分量，r 表示右旋圆极化波分量

为 $-180°$，两个频段范围内均有 $|r_{xx}| \approx |r_{yy}| \approx 1$。而 "On" 状态下在 7.5~12.2GHz 范围内相位差满足 $-180°\pm40°$，$|r_{xx}| \approx |r_{yy}|$，且 8.6GHz 处相位差为 $-180°$。如图 2-8(c) 和 (d) 所示，寄生谐振和自谐振引起的幅度不一致性在 $|r_{\rm rr}|$ 和 $|r_{\rm lr}|$ 频谱的高频处产生了一些波纹扰动，但这些扰动均在合适的范围之内，并未使效率显著降低。"On" 状态下，7.6~12.1 范围内满足 $|r_{\rm lr}|$ <0.3 (−10dB) 和 $|r_{\rm rr}|$ >0.9；"Off" 状态下，5.7~6.05GHz 和 9.15~10.5GHz 范围内满足上述指标。因此基于该 PB 单元设计的 PB 超表面在 "Off" 和 "On" 状态下分别具有双频和宽频高效光子自旋霍尔效应，且两种状态下工作频率可重构。

2.2.2 器件设计与结果

将 6 个具有不同旋转角度的上述可调 PB 单元按旋转角度大小顺序排列合成具有线性相位梯度的 PB 超单元，超单元中相邻 2 个子单元之间的旋转角度依次旋转 30°，因此相邻单元产生的 PB 相位差为 $\Delta\varphi = \pm 60°$ 且超单元能完整覆盖 360° 相位变化。对 PB 超单元在 xy 平面内进行二维周期延拓并对每个超单元进行直流偏置，通过直流对开关状态进行控制则可设计出具有功能和频率可重构的高效光子自旋霍尔效应器件，如图 2-9 所示。根据广义反射、折射率定律，当电磁波以入射角 $\theta_{\rm i}$ 照射到 TGMS 时，反射角 $\theta_{\rm r}$ 满足 $\theta_{\rm r} = \arcsin(\lambda\xi/2\pi n_{\rm i} + \sin\theta_{\rm i})$，这里 ξ 为线性相位梯度，可计算为 $\xi = 2\pi/np_x$，λ 为电磁波在自由空间中的波长，$n_{\rm i}$ 为折射率。电磁波由自由空间垂直入射时，偏折角可计算为 $\theta_{\rm r} = \arcsin(\lambda\xi/2\pi)$，通过合理设计 ξ 可使临界频率 $f_{\rm c}$ 处有 $\xi = k_0$，当 $f_0 > f_{\rm c}$ 时，此时 $\xi < k_0$，反射的左旋和右旋圆极化波均为传播波模式，通过合理设计 ξ 可控制圆极化波束的偏折方向。由于任意线极化波均可分解为两个旋向相反的圆极化波，因此线极化波入射到 PB 超表面上会产生两个幅度相同但偏折方向相反的左旋和右旋圆极化波，也称光子自旋霍尔效应。而通过控制 PIN 管的工作状态可以控制光子自旋霍尔效应发生的工作频率和实现功能切换。

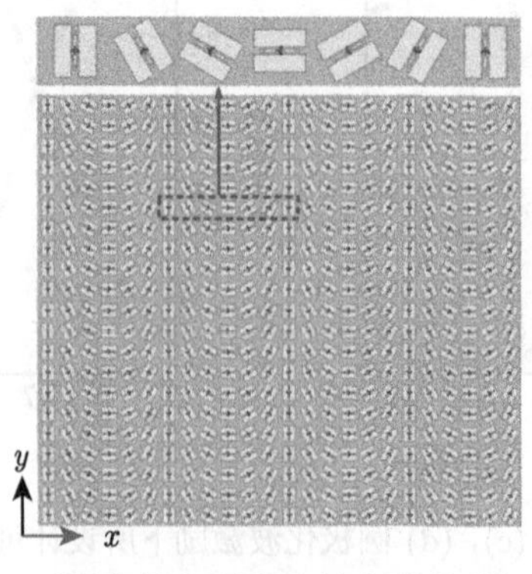

图 2-9 可调高效光子自旋效应器件的拓扑结构

如图 2-10 所示，“On” 和 “Off” 两种状态下超表面在工作频率范围内能很好地将线极化入射波分裂成两个沿相反方向传播的 LCP 和 RCP 波分量，且镜像散射被完全压制，LCP 和 RCP 反射波分量幅度相等。但两种状态下的工作频段发生了明显变化，由 “On” 状态下的宽频工作 (8.1～12.2GHz，相对带宽达 40.4%) 切换到 “Off” 状态下的双频工作 (5.7～6.05GHz，9.15～10.5GHz)，而在这些工作频段范围之外，镜像散射显著增加，效率急剧恶化。从图 2-10(c) 和 (f) 还可以看出 PB 超表面的功能切换，“On” 状态下 PB 超表面在 8GHz 实现的是高效光子自旋霍尔效应，两束等幅波束被均匀散射到 ±30.8° 上，而在 “Off” 状态下实现的则是完美反射功能。所有情形下，仿真偏折角度与理论计算值吻合良好，“On” 和 “Off” 状态下 10.6GHz 处较弱的反射功率密度由单元结构的寄生谐振强吸收引起。

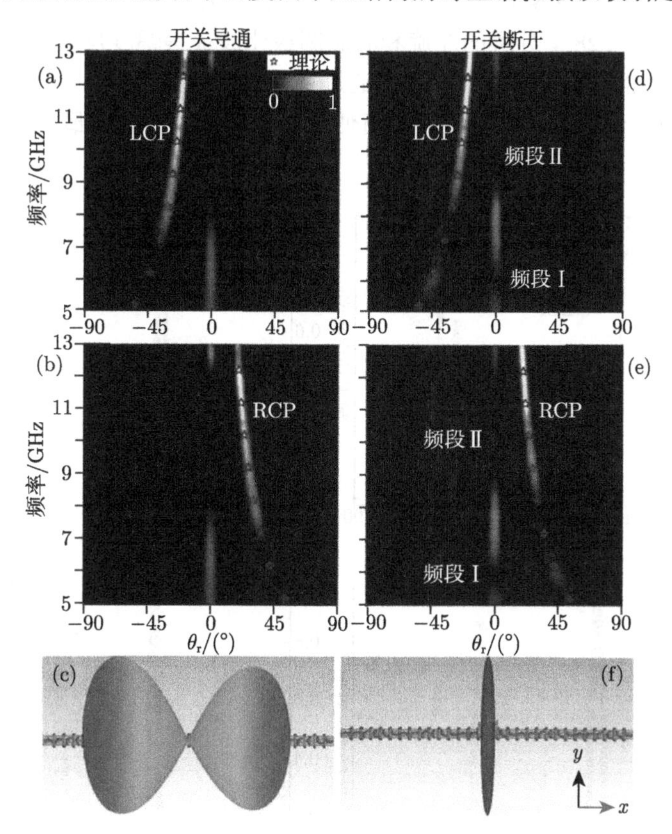

图 2-10 y 极化电磁波垂直入射到 PB 超表面情形下数值仿真与理论计算的归一化远场散射功率密度 $P(\theta_r,\lambda)$，$P(\theta_r,\lambda)$ 均按最大值进行归一化

(a)～(c)“On” 和 (d)～(f) “Off” 状态下的 LCP((a)，(d)) 和 RCP((b)，(e)) 波分量；(c) “On” 和 (f) “Off” 状态下 8GHz 时超表面的三维远场散射方向图

如图 2-11(a)～(f) 所示，当底层馈线上未加载片状电感时，两种状态下线极化

波经 PB 超表面后均产生了两个幅度不相等的非对称波束。然而，当底层馈线上加载了片状电感后，线极化波经超表面后产生了两个等大对称波束。底层馈线上流动的电流引起了非对称 LCP 和 RCP 波，见图 2-12。当加载片状电感后，其射频上的大电阻抑制了开口环电刷结构上的电流，使得在馈线上泄露的高频信号被抑制。为衡量奇异波束偏折的效率，我们计算了奇异偏折波束的能量与空间总散射能量的比值。“Off” 状态下效率均大于 89%，部分频率处虽然镜像散射得到一定程度压制，但由于 $\varphi_{\mathrm{diff}}=140°$ 并未达到所需要的完美 $\varphi_{\mathrm{diff}}=180°$，根据理论可知其他分量并未压制干净，如 5.95GHz 处效率为 89.1%，偏折角度接近于 $\theta_{\mathrm{r}}=\pm 44°$。“On” 状态下工作频率范围内效率均大于 93%。绝大多数频率处的效率甚至接近于 100%，如 8.7GHz 和 10.8GHz 处的效率为 98%，见图 2-11(c) 和 (d)，8.7GHz 附近计算偏折角度为 $\theta_r=\pm 28°$，分解的左旋和右旋圆极化波被等幅度反射到两个相反方向上，且具有较宽的工作带宽。研究表明通过在 PB 超表面沿梯度方向上引入非对称损耗可以做到完全压制一个波束分量而使另一个正交波束分量最大，如图 2-11(g) 和 (h) 所示。

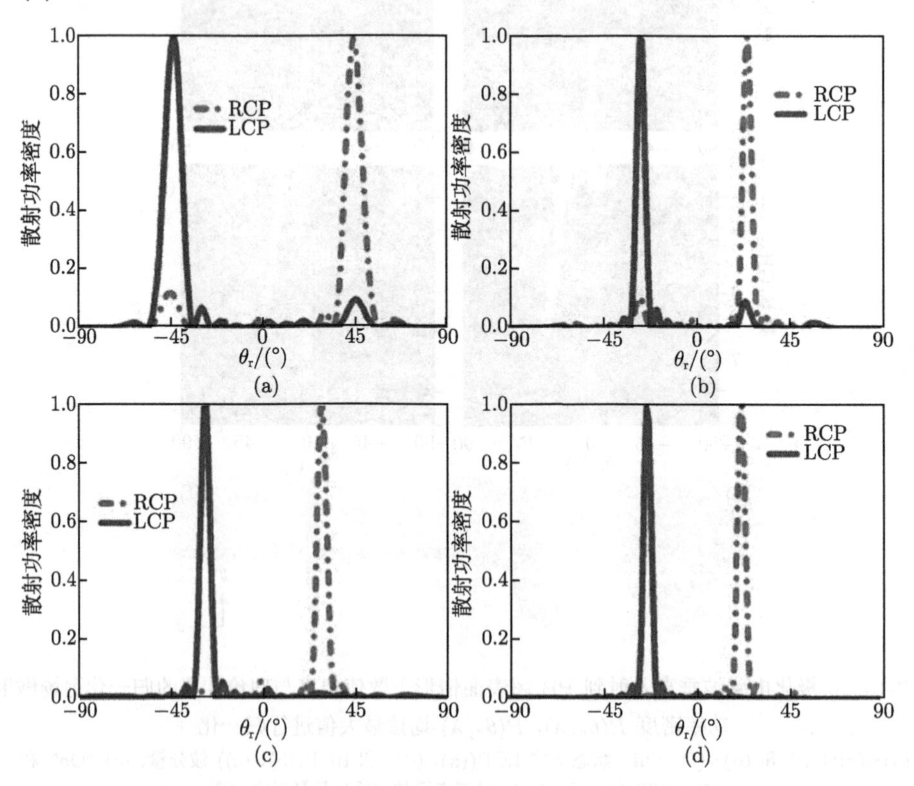

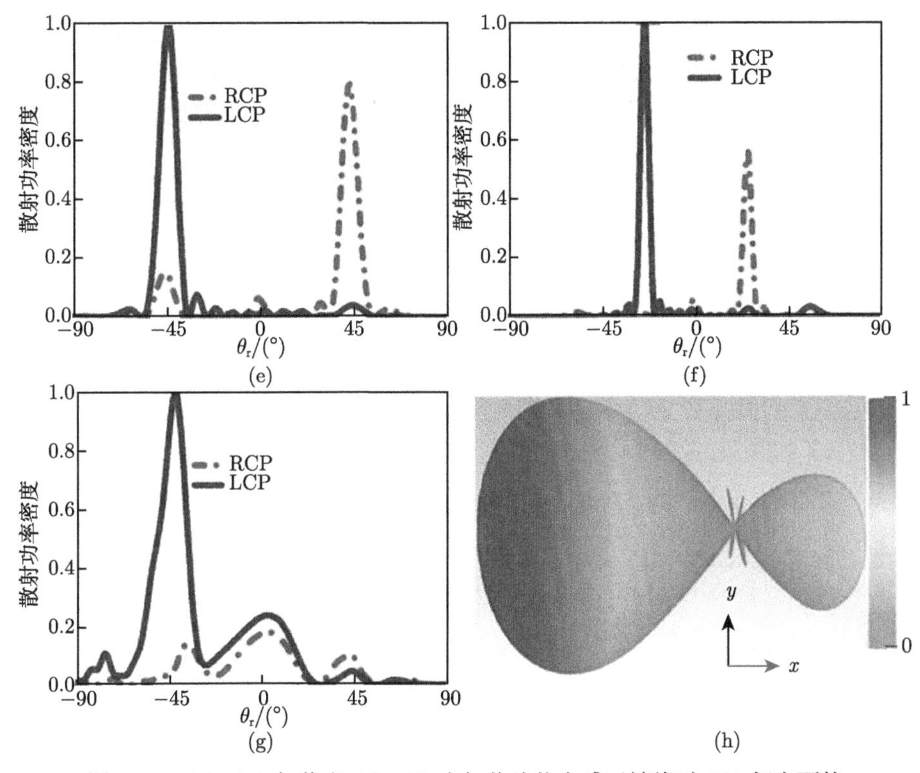

图 2-11 (a)~(d) 加载和 (e), (f) 未加载片状电感于馈线时 PB 超表面的归一化散射功率分布

"Off" 状态下 (a) 5.95GHz, (b) 9.6GHz, (e) 6GHz 和 (f) 10GHz 处的结果; "On" 状态下 (c) 8.7GHz, (d) 10.8GHz 处的结果; "On" 状态下在 8GHz 处有耗 PB 超表面的 (g) 散射功率分布与 (h) 远场方向图, 该情形下 PB 超表面沿 $+x$ 上最后三个单元中 PIN 管上的电阻选取 R_s=200Ω, 而其他所有单元中 R_s=2Ω

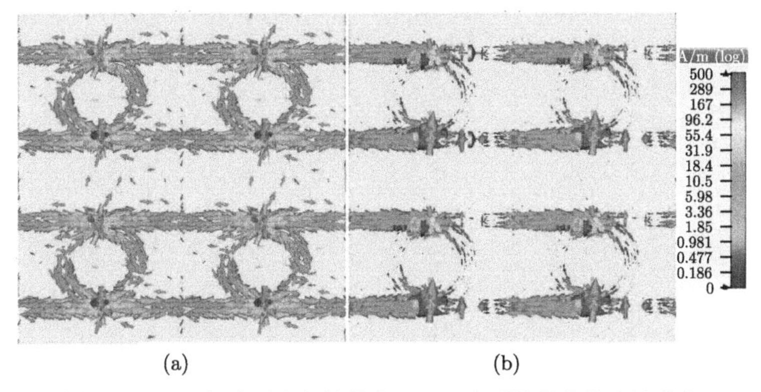

图 2-12 PB 超表面底部馈线和开口环电刷结构上的电流分布

(a) 未加载片状电感; (b) 加载片状电感

综上，PB 超表面在开关导通和断开两种情形下，不仅能调谐光子自旋霍尔效应 (高效地将线极化波等大散射到两个相反方向上) 的工作频率，还能使得某些频率处的功能被彻底切换。下一步我们将对波束偏折方向进行动态调控。

第 3 章　基于有源相位补偿的宽带新功能器件研究

一方面，控制梯度超表面的相位分布诱发了很多非常迷人的物理现象，预示了广阔应用前景，如奇异波束偏折、平板透镜、光涡旋器、全息、耦合器以及极化控制等。然而至今梯度超表面均采用无源谐振单元结构来实现，单元固有的色散效应使得基于其设计的器件只能在设计频率处具有完美功能特性，偏离工作频率时器件的性能急剧恶化，带宽较窄。PB 相位虽然在工作频率范围内没有色散，但只适用于圆极化波激励。

另一方面，现有有源可调方法均局限于均匀超表面，鲜有关于有源梯度超表面的报道，且如第 2 章所讨论，可调元件使得电路品质因数增加，导致器件的反射幅度和效率变差，频率可调范围非常受限，这对于有源梯度超表面的设计和实现是一大瓶颈和挑战。

为解决上述两大矛盾和问题，本章基于双谐振技术提出了一种具有宽带频率调控范围和大相位调控范围的可调超表面单元，基于单元的本地实时相位调控在很宽的带宽范围内补偿和修正了单元色散引起的相位误差，获得了宽带完美线性/抛物面梯度，解决了现有超表面只能在点频实现完美线性/抛物面梯度的瓶颈，实现了宽带高效的奇异波束偏折现象、宽带电磁消色差透镜以及多功能变焦透镜。

3.1　线性梯度补偿及宽频高效奇异波束偏折器

3.1.1　无源色散的瓶颈问题

如图 3-1 所示，梯度超表面超单元是由若干具有不同散射相位的谐振单元结构按照一定的规律排列形成的具有某种相位梯度的二维结构，其梯度可以是线性的也可以是抛物线或双曲线的，取决于要实现的功能。以实现奇异偏折功能的线性梯度超表面为例，由于无源谐振单元在谐振频率附近相位随频率变化剧烈，呈现固有的洛伦兹谐振响应，其完美线性梯度只能在中心频率 f_0(点频) 处实现，而当频率偏离中心工作频率时线性相位梯度被破坏且在两端边缘频率处相位差逐渐减小，最终在谐振特性消失的频率处相位差为零。非线性的相位梯度使得超表面在偏离 f_0 时除了奇异反射模式外 (+1 阶反射)，还会产生多个额外的反射模式，如镜像反射模式 (0 阶反射) 以及高阶衍射 (-1 阶反射) 模式等，梯度超表面不再具有高效单纯的工作模式，降低了入射波向奇异反射波转换的效率。而当采用有源可调超表面后，利用有源器件在各个频点处的本地实时相位调控特性可以在很宽的带宽范围内补偿和修正单元色散引起的相位误差，从而恢复了梯度超表面的完美线性梯度，实现了宽带、高效的奇异偏折现象。

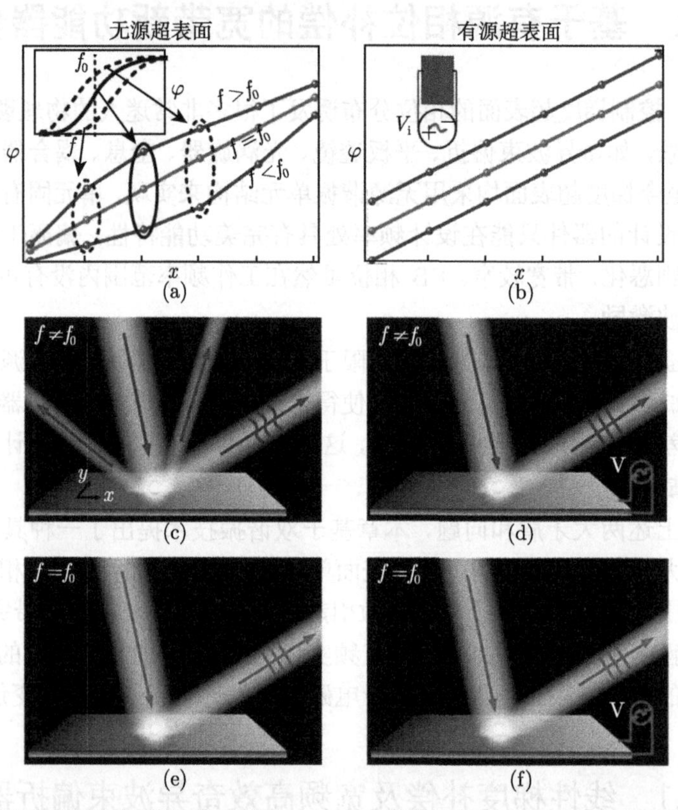

图 3-1　传统和有源可调梯度超表面的 (a)，(b) 相位特性和 (c)~(f) 奇异反射功能对比

(a)，(c)，(e) 传统梯度超表面；(b)，(d)，(f) 有源可调梯度超表面

为说明无源梯度超表面不可避免的色散特性和低效率，下面设计一种无源宽带梯度超表面并表征其散射特性。为便于和有源超表面进行公平比较，有源超表面单元仅在无源超表面单元的基础上引入有源变容二极管而保持其他结构参数不变。同时为克服有源变容二极管的电感、电容效应 (高 Q 值影响)，无源超表面单元必须具有较宽的相位变化范围和带宽 (较低 Q 值)，这样才可实现有源超表面较宽的动态相位调控范围和频率调控范围。最终设计的单元和超表面如图 3-2(a) 所示，单元由三部分组成，分别为上层主、副谐振器，中间介质板以及下层金属接地板。工作时，平面电磁波沿 $-z$ 方向垂直入射到单元和超表面上，电场沿 y 轴方向激励。其中主谐振器为 I 型金属结构，用于产生低频磁响应 f_1，副谐振器由一对相同的金属贴片组成，用于产生高频磁响应 f_2。如图 3-2(a) 所示，主、副谐振器的磁响应

分别由串联支路 L_1、C_1 和 R_1 以及 L_2、C_2 和 R_2 来等效，而电磁波在介质板中的传输由阻抗为 Z_c，长度为 h_o 的传输线等效，金属地板由接地等效，R_1 和 R_2 用来表征损耗。由于贴片的作用，I 型单元高频边缘频率处的相位渐近行为 (相位一致性) 被打破，相位和频率调控范围得到极大拓展，而贴片的引入对幅度 ($|r| \approx 1$) 的影响很小且可以忽略，因此通过两个谐振频率的级联极大拓展了超表面的相位调控范围以及相位的线性度，使得超表面具有很宽工作带宽。超单元由 6 个单元组成，工作频率设计在 f_0=5.7GHz，通过精心设计 6 个单元的结构参数使其在 f_0 处满足线性相位梯度 $\varphi(x) \sim \xi x$，$\xi \approx 0.74k_0$。

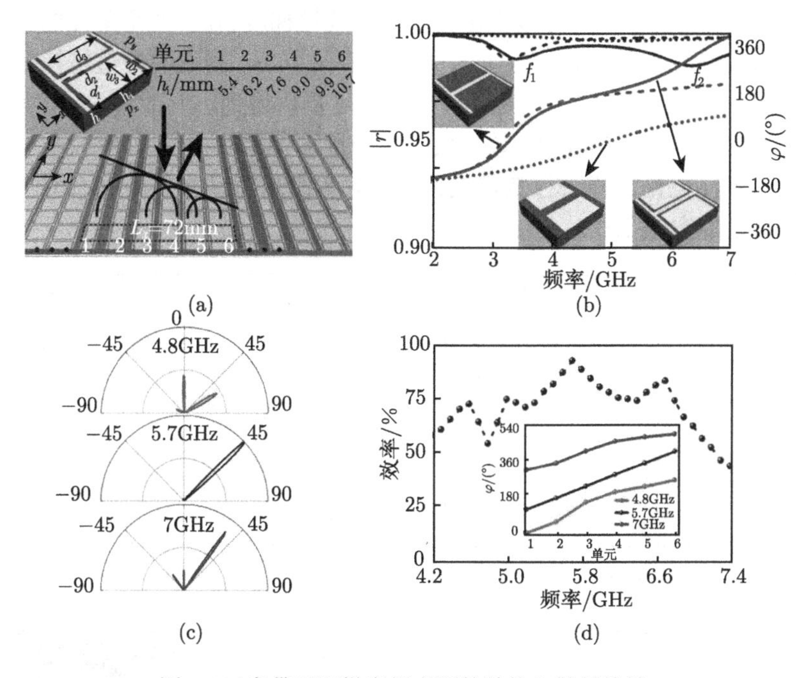

图 3-2 宽带无源梯度超表面的结构和散射特性

超单元由 6 个子单元组成且相位梯度 $\pi/3$ 设计在 f_0=5.7GHz 处，相位梯度通过调谐复合单元中 I 型结构的高度 h_i 来实现；单元具有的结构参数为 $p_x = p_y$=12mm，w_1=0.8mm，w_2=0.5mm，w_3=5.1mm，d_1=0.25mm 和 d_2=0.5mm；介质板介电常数 ε_r =2.65，厚度 h=6mm，电正切损耗 $\tan\sigma$=0.001，铜箔的厚度为 0.036mm

如图 3-3(a) 所示，无源超表面单元的反射幅度总是趋近于 1，设计时我们不需要过多考虑，但相位 φ 依赖于 h_i 和频率，见图 3-3(b)。由于有源单元的相位由 h_i 决定，这里无源梯度超表面单元设计时仅改变 h_i 而其他结构参数保持不变。设计时首先需对 h_i 进行扫描分析并根据图 3-3(b) 的扫描结果确定超单元中 6 个单元的结构参数，最终设计的 6 个单元的 h_i 如图 3-2(a) 所示。如图 3-3(c) 所示，6 个单元在 5.7GHz 处对应的相位依次为 109.3°，169.2°，229.4°，289.6°，349.5° 和 409.6°，严格

满足线性相位梯度 $\pi/3$，同时反射幅度均高于 0.97。由于各单元随频率具有不同的色散，其他频率处不再严格满足线性相位梯度，其梯度随着频率远离 f_0 逐渐减小甚至在边缘频率处由于谐振效应消失减小到零。如图 3-3(d) 所示，5.7GHz 处超表面具有纯奇异反射，m=0 阶镜像反射和 $m=-1$ 阶衍射均被完全抑制。而在其他频率处，衍射到其他通道的能量较大导致奇异反射效率急剧下降。如图 3-2(c)、(d) 所示，在 4.8GHz 和 7GHz 处，明显可以观测到三个反射模式即 0、-1 和 $+1$ 阶反射模式，且奇异反射模式的转换效率分别为 54.8%和 62.9%。而在 5.7GHz 处 0 和 -1 阶散射几乎被完全消除，奇异反射发生在 $\theta_{\mathrm{r}}\approx 47°$ 且转换效率达到 93.5%。而上、下边频处不断震荡恶化的效率由扭曲的非线性梯度引起，6 个单元的相位响应随频率不断震荡且不再平行。而在 f=5GHz 和 6.7GHz 附近的峰值转换效率由两个谐振引起，谐振使得相位变化增大，线性梯度重新得到小幅改善。尽管如此，随着频率继续远离中心工作频率，转换效率由于持续积累的相位误差终将不断恶化。因此无源超表面无论怎样进行宽带设计，其效率都是随频率偏离 f_0 急剧减小的，难以实现真正的宽频工作。

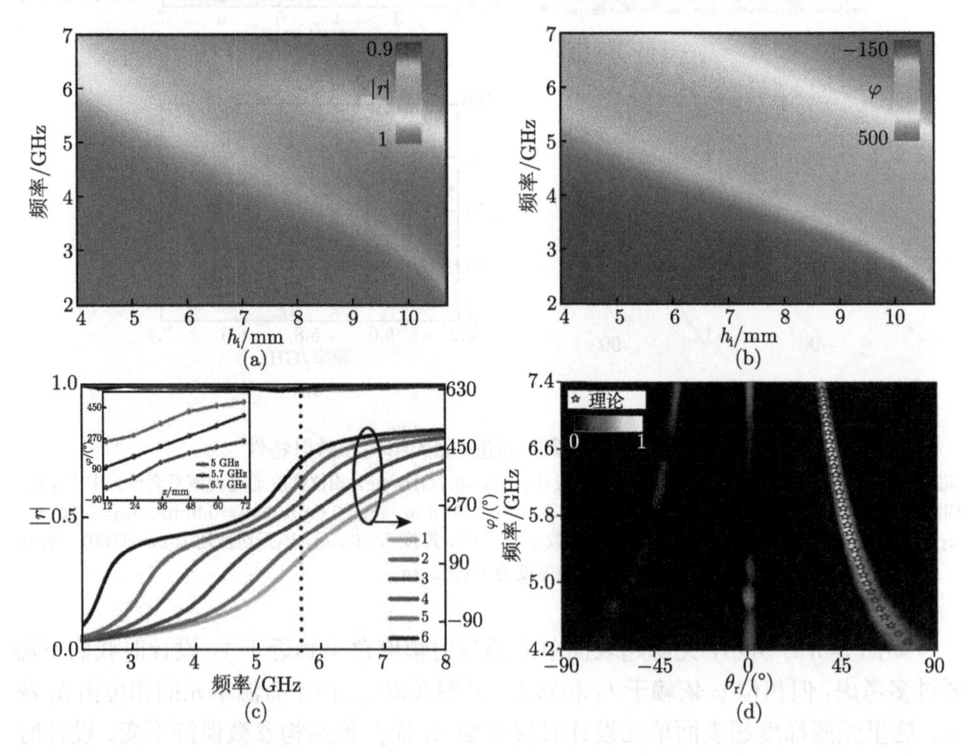

图 3-3　宽带无源超表面单元的 (a) 反射幅度 (|r|) 和 (b) 反射相位 (φ)；(c)6 个单元的反射幅度频谱 |r| 和反射相位谱 φ，插图为 5GHz，5.7GHz 和 6.7GHz 处无源超单元的相位分布 $\varphi(x)$；(d)x 极化波激励下超表面随频率和反射角 θ_{r} 变化的散射功率密度分布图

3.1.2 有源补偿与验证

下面我们通过有源设计来克服无源色散引起的低效率和窄带问题。通过在无源超表面单元 I 型结构中引入变容二极管并对其馈以反向偏置电压，则构成了有源超表面单元，I 型结构中线宽很窄的水平金属条用于提供一个高电抗值，发挥直流偏置的功能，防止高频微波信号进入直流源而对直流偏压没有影响，提高电路的稳定性。如图 3-4(b) 所示，变容管采用 Skyworks 公司的 SMV1430-079LF，$R_{\rm s}$、$L_{\rm s}$ 和 $C_{\rm s}$ 分别代表变容管的寄生电阻、封装引线电感和管壳电容，$C_{\rm j}$ 代表管芯的结电容。由于 $C_{\rm s}$ 的影响较小一般可以忽略，变容管的等效电路模型可用串联的 $R_{\rm s}$、$L_{\rm s}$ 和 $C_{\rm j}$ 来等效，其中 $L_{\rm s}$=0.7nH，$R_{\rm s}\approx$1.5Ω，$C_{\rm j}$ 随电压变化的典型曲线如图 3-4(b) 插图所示。当变容管两端加上很小的反向偏置电压时，变容管呈现很大的容值，在

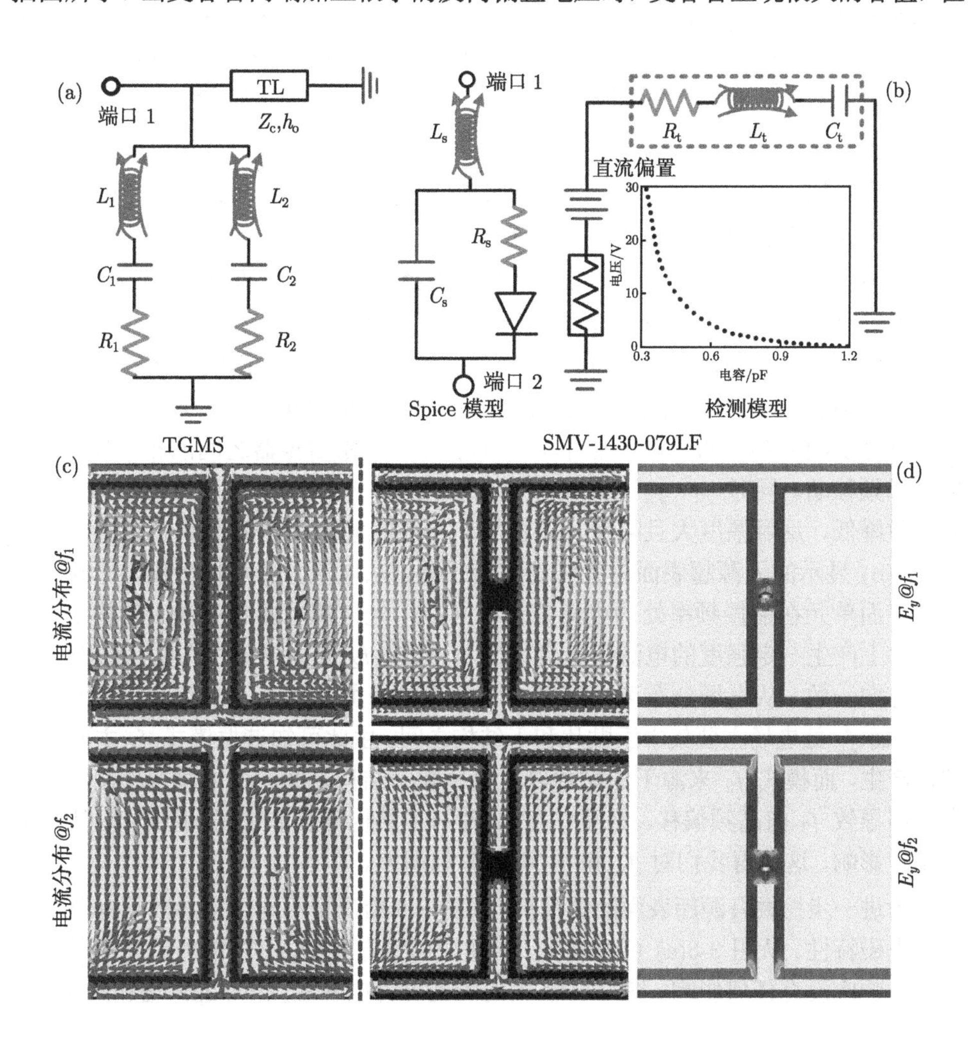

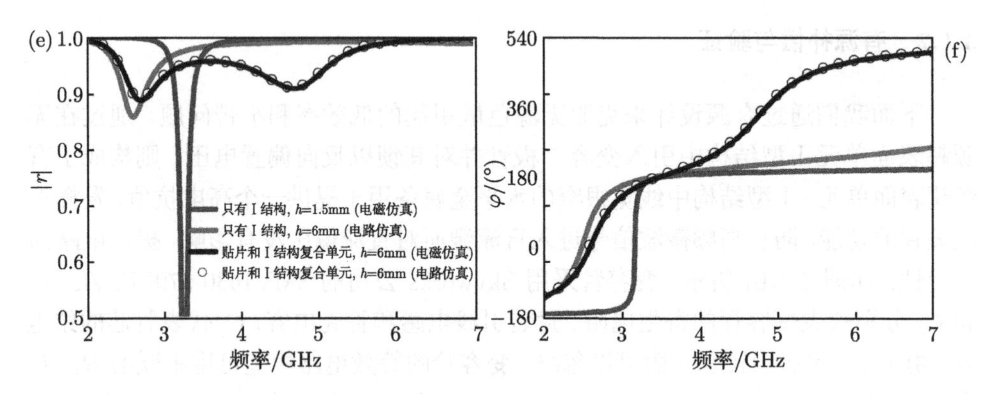

图 3-4 无源与有源超表面单元的等效电路与电磁特性

(a) 单元等效电路；(b) SMV1430-079LF 的等效电路；(c) 无源 GMS 单元的电流分布；(d) 有源超表面单元的电流、电场分布；(e) 有源超表面单元的幅度响应；(f) 有源超表面单元的相位响应；单元的结构参数为 $p_x = p_y$=12mm，w_1=0.8mm，w_2=0.5mm，w_3=5.1mm，d_1=0.25mm，d_2=0.5mm，d_3=10mm 和 h_{i}=10.5mm。提取的电路参数为 L_1=18.76nH，C_1=0.111pF，L_2=0.059nH，C_2=0.196pF，R_1=8.37Ω，R_2=0.114Ω，Z_{c}=204.9Ω 和 h_{o}=58.9°

0V 时呈现最大电容 C_{j}=1.24pF；当反向电压逐渐增大时，C_{j} 不断变小，直到门限电压 30V 时电容达到最小为 C_{j}=0.31pF。

如图 3-4(c)~(f) 所示，有源和无源超表面单元具有相同的双模工作机制和等效电路模型，只有贴片和只有 I 结构时，有源单元的频谱曲线上均显示只有一个谐振点且谐振处单元的幅度和相位变化非常剧烈且远离谐振时相位呈现一个渐近行为，相位调控的频率范围非常窄，Q 值很高。当金属贴片和 I 结构同时存在时，在幅度频谱上明显存在两个谐振点 f_1、f_2 且由于主、副谐振器之间的相互作用，f_1 稍向低频移动。同时 f_1、f_2 处的幅度谐振强度和相位变化急剧程度明显减弱，Q 值有效降低，反射幅度大且幅度一致性好，相位的频率调控范围明显展宽，这与图 3-2(b) 显示的无源超表面单元结论完全一致。从电流分布可以看出，无源和有源超表面单元在谐振频率处的电流分布相同，f_1 处电流主要集中在 I 结构上，虽然贴片上产生一定强度的电流但电流方向不一致，f_2 处主要集中在贴片结构上且电流方向一致。从电场分布可以看出，f_1 处强电场主要集中于相邻单元上下边界区域，而 f_2 处电场主要集中于贴片和 I 结构之间。由此可知谐振模式 f_1 主要由 I 结构产生，而模式 f_2 来源于由贴片以及金属和 I 结构之间产生的耦合作用，该耦合作用导致 f_2 向高频偏移。然而 f_1 处贴片与 I 结构耦合非常弱，因此 f_1 基本不受贴片影响，这使得我们对 f_1 和 f_2 可以单独调控。

为进一步挖掘有源超表面的调控机理，图 3-5 给出了不同结构参数下有源超表面的电磁特性。从图 3-5(a) 可以看出，增加变容管电阻 R_{t} 可以增加单元的吸收但对相位响应没有任何影响。图 3-5(b) 表明当变容管电容 C_{t} 由 0.2pF 增加到 1.1pF

时，f_1 和 f_2 均向低频移动，贴片和 I 结构之间的耦合使得 f_1 和 f_2 能够被 C_t 同时调谐，最重要的是反射相位可以在 2~7GHz 范围内被连续调控且相位覆盖范围达到 270°。从图 3-5(c)、(d) 可以看出，改变 w_3 只能调制 f_2，而改变 d_3 只能调制 f_1，这与前面分析得到的结论吻合。基于上述结果，我们可以得到有源超表面单元等效电路中各电路参数的构成和物理意义：$L_1 \approx L_\mathrm{w}+L_\mathrm{t}$，$L_2 \approx L_\mathrm{p}/2$，$C_1 = C_\mathrm{f}\times C_\mathrm{t}/(C_\mathrm{f}+C_\mathrm{t})$ 和 $C_2 \approx 2(C_\mathrm{p}+C_\mathrm{c})$，这里 L_w 代表 I 结构的线电感，C_f 表示相邻单元水平金属细线之间形成的边缘电容，L_p 和 C_p 表示贴片电感和贴片电容。通过改变 I 型结构、贴片的物理尺寸以及调谐变容管的结电容 (上述电路参数 L_1, C_1, L_2, C_2 等) 可以任意单独操控 f_1 和 f_2 的位置获得任意频比 f_1/f_2，利用这个性质可以在工作频率 f_0 处设计具有任意相位梯度的超单元。引入有源器件不会改变单元的双谐振特性，但会进一步增加相位调控和梯度设计的自由度，同时额外的 L、C 元件使得单元相位变化更加剧烈。

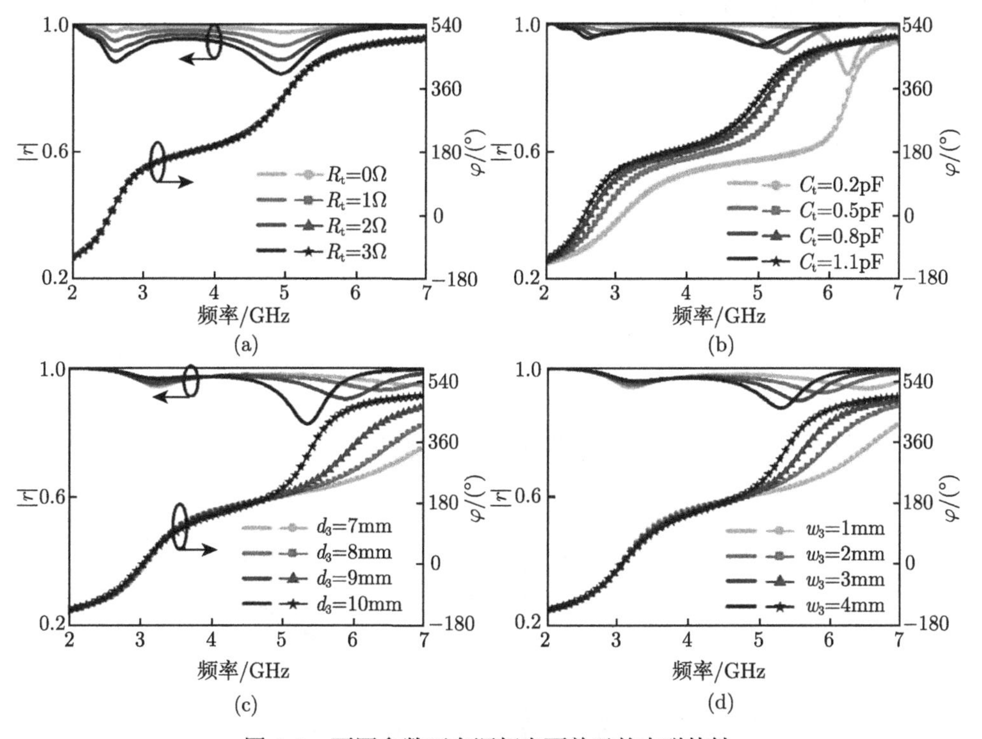

图 3-5 不同参数下有源超表面单元的电磁特性

不同 (a) R_t(d_3=10.16mm，w_3=5.1mm 和 C_t=1.2pF)，(b) 不同 C_t (d_3=10.16mm，w_3=5.1mm 和 R_t=1Ω)，(c) 不同 d_3(w_3=5.1mm，R_t=1Ω 和 C_t=0.31pF)，(d) 不同 w_3 (d_3=10mm，R_t=1Ω 和 C_t=0.31pF) 下单元的反射幅度和相位频谱；其他结构参数为 $p_x = p_y$=12mm，w_1=0.8mm，w_2=0.5mm，d_1=0.25mm 和 d_2=0.5mm

有源超表面的初始相位梯度 π/3 设计在 4.1GHz，且在 $f > 4.1$GHz 均获得完美线性相位梯度，初始线性梯度设计当变容管选取上限容值 C_{j}=1.2pF 时 (此时二极管两端的反向偏置电压接近于下限 0V)。通过依次增大 1~6 号单元的 h_{i} 而保持其他结构参数不变获得 4.1GHz 处完美相位梯度，如图 3-6 所示。可以看出，f_0=4.1GHz 处超单元的相位呈现完美线性相位梯度且它们的反射幅度均大于 0.9，最终设计的 6 个子单元结构如图 3-7(a) 所示。如图 3-7(b) 所示，在 0~30V 范围内增加 2 号单元上的反向偏置电压，由于变容管电压–电容的反比例关系，电容 C_{t} 从 1.24pF 降低到 0.3pF，f_1 和 f_2 同时向高频移动，因此任意固定频率处单元的反射相位逐渐减小。这里超元胞中 6 个子单元的频率调控范围达到 3.2~7GHz，而且最大相位调控范围为 251°，190.5°，175.3°，177.8°，189.8° 和 210° 且分别发生在 6.45GHz，5.5GHz，5.78GHz，5.8GHz，5.7GHz 和 5.4GHz 处。因此通过对 6 个子单元上的电压进行单独动态调谐，我们可以在 $f > 4.1$GHz 时很宽的频率范围内恢复 TGMS 的线性相位梯度。

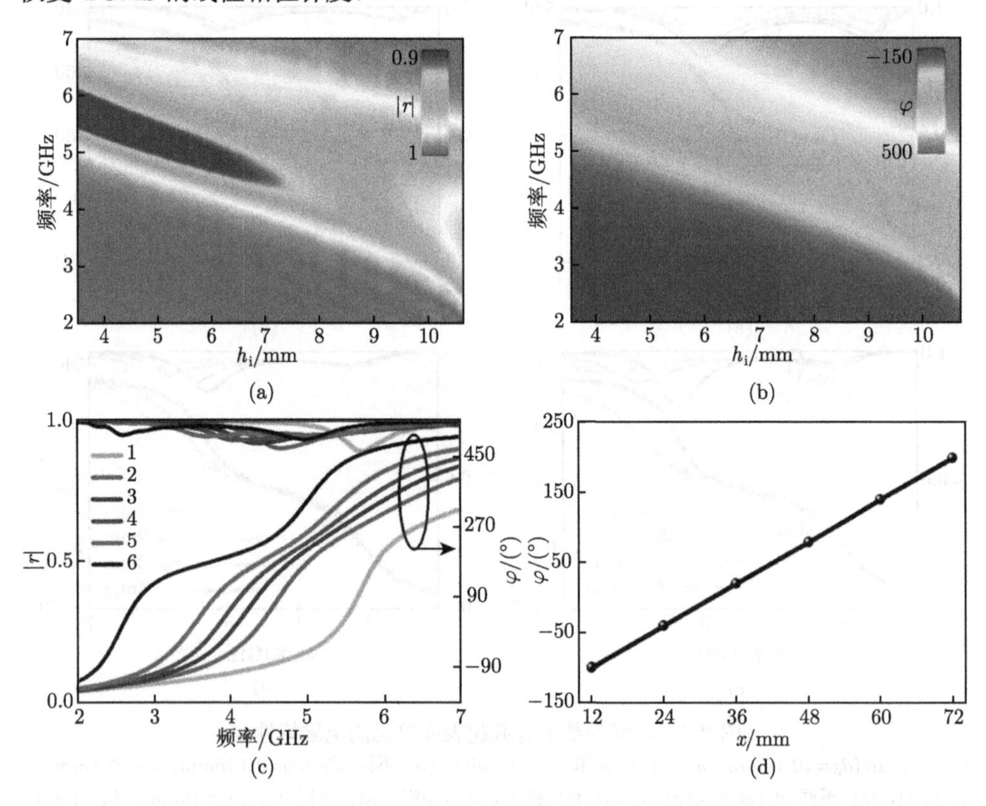

图 3-6 零偏压下有源超表面单元 FDTD 计算结果

(a) 反射幅度 $|r|$ 和 (b) 反射相位 φ 随频率和 h_{i} 的变化关系；(c) 6 个子单元的 $|r|$ 和 φ 谱；(d) 4.1GHz 处有源超单元的相位分布

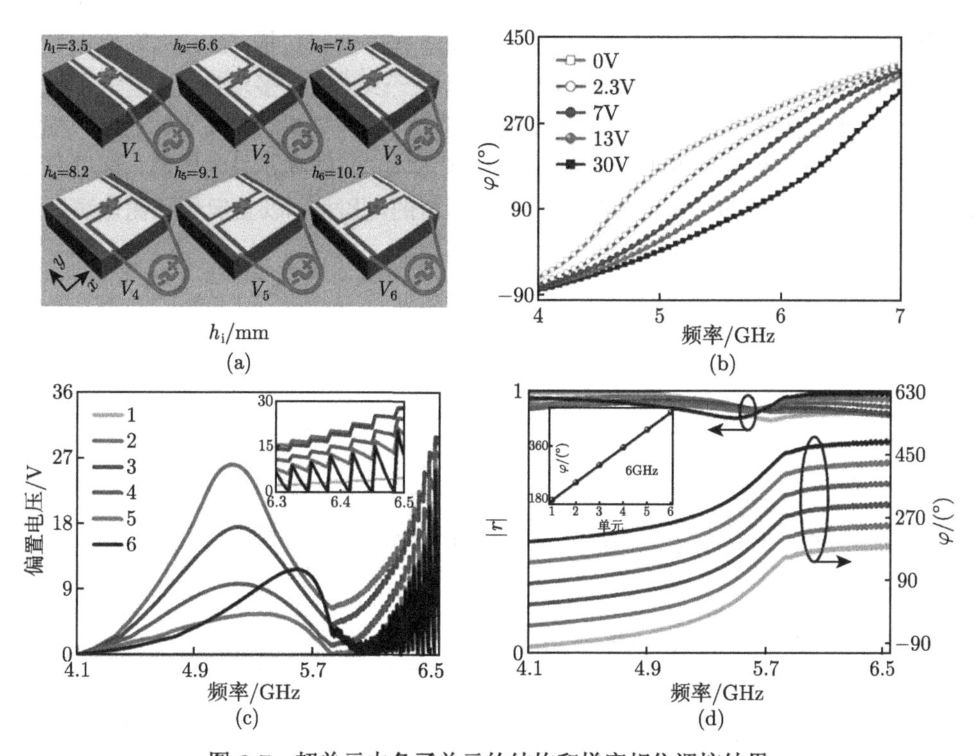

图 3-7 超单元中各子单元的结构和梯度相位调控结果

(a) 单元结构和 h_1 大小，其余结构参数相同；(b) 2#单元相位随电压调控的频率特性曲线；(c) 提取的 6 个子单元宽带电压值；(d) 6 个子单元的宽频反射幅度和相位值

由于每个频率处获得完美相位梯度的电压组合不唯一，因此出现了电压的多值性。为提取最佳电压组合使得 TGMS 具有最优带宽，这里建立了宽带线性相位梯度的 CAD 设计方法。如图 3-8 所示，宽带线性相位梯度的 CAD 设计方法主要包括四步。第一步：确定单元周期 p_i、相邻单元相位差 φ_0(本书 φ_0=60°，单元数为 6)、初始工作频率 f_0(一般 $f_0 < f_c$)、初始电容 C_0(一般选择变容管容值的下限)，并通过改变结构参数得到一组相位呈完美线性梯度的结构参数。第二步：对上述 1#~6#单元的反射相位进行仿真，扫描不同电容 C 对应的相位分布，得到不同频率下各单元的电容–相位 (C-φ) 关系，如图 3-9 所示。第三步：根据 C-φ 关系得到不同频率处各单元所需电容 C_i，以某个单元在特定频率和 C_0 情形下的反射相位为基准，并通过三次样条插值计算不同频率处严格满足均匀相位梯度时各单元 (2#~6#单元) 的精确相位，根据 C-φ 分布并通过三次样条插值得到各单元所需电容 C_i。若上一频率处各单元的 C_i 均在变容管提供的电容范围内 (这里 0.3pF< C_i <1.2pF)，则运算下一频率，否则改变基准电容 C_0，重复循环上述步骤直至得到满足相位要求的一组参数 C。若基准单元遍历电容范围内所有值都找不

到满足要求的电压组合，则认为没有合适的解，程序结束扫描，该频率则为完美相位梯度的边界。由于各频率处电容组合可能不止一组，存在多值性，这里每个频率处选择电容跨度最小的一组 V_{i} 作为最优目标值，以保证最优带宽。第四步，根据电容值和变容管的电容–电压 (C-V) 分布 (图 3-4(b)) 反推获得电压值，这里需要对 C-V 曲线进行插值计算得到每个频点处所需的电压值，以上步骤和优化遍历算法均通过数学软件 Matlab 实现。

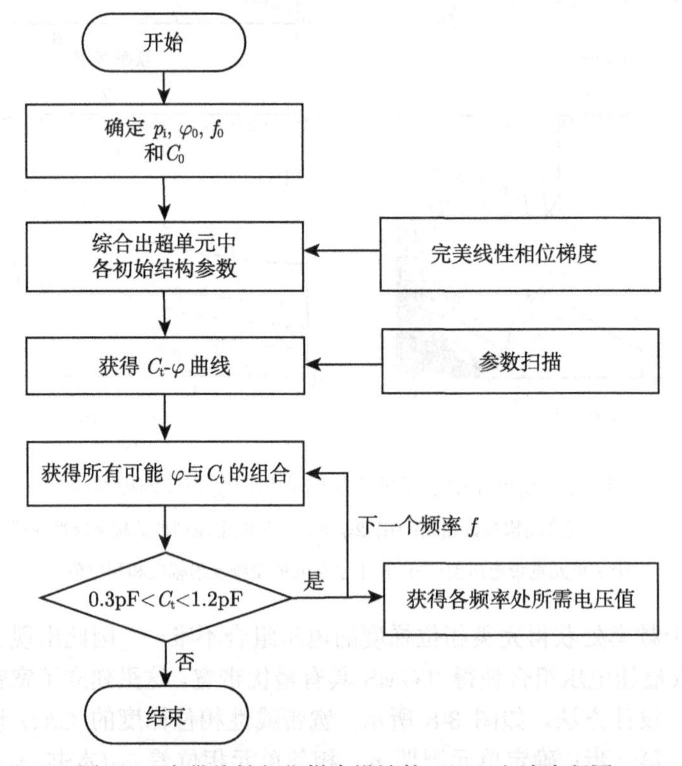

图 3-8 宽带线性相位梯度设计的 CAD 方法流程图

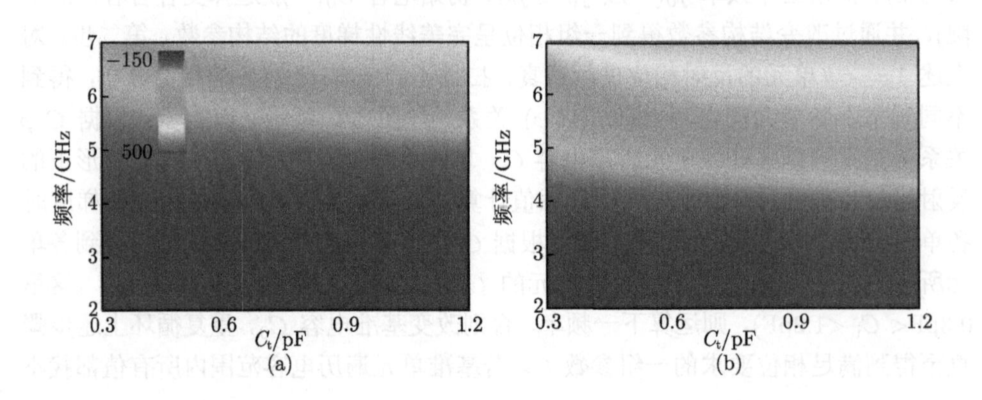

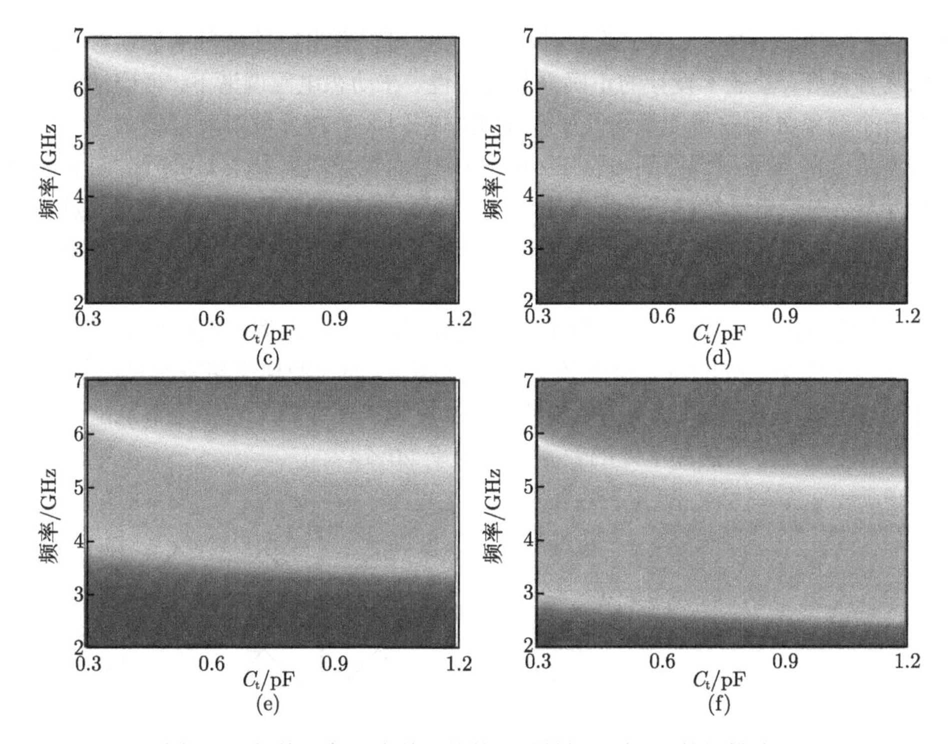

图 3-9 超单元中 6 个单元的单元反射相位随 C_t 的扫描结果

(a) h_i=3.5mm；(b) h_i=6.6mm；(c) h_i=7.5mm；(d) h_i=8.2mm；(e) h_i=9.1mm 和 (f) h_i=10.7mm

如图 3-7(c) 所示，6#单元的相位 V_6 在高频处急剧变化，这是因为该单元的谐振频率最低，高频处反射相位对电压的变化不敏感。如图 3-7(d) 所示，各子单元在 4.1~6.6GHz 频率范围内各频点处具有精确的线性相位梯度，以 6GHz 处为例，6 个单元的相位成严格直线分布且具有近 1 的反射幅度 ($|r|>0.9$)，完美线性相位梯度的相对带宽达到 46.7%。与以往报道的任何文献相比，该宽频工作具有很大的优越性，不以牺牲任何相位精度为代价，因此是真正意义上的理想宽带。这里 6 单元相位具有最大的扰动是因为其谐振频率远离工作频率，相位变化慢且调谐范围有限，需要很大电压变化才能获得很小的相位变化。而通过采用其他频率调谐范围更大的有源器件可以获得 TGMS 更宽的线性梯度带宽。

根据超单元的尺寸$np_x = 72$mm可计算超表面发生奇异偏折的临界频率f_c= 4.167GHz，根据 Snell 定律，当 $f > f_c$ 也即 $\xi < k_0$ 时，超表面将发生奇异偏折，下面首先基于该特性来验证完美线性相位梯度的纠正效果。对由 30×30 个单元组成的梯度超表面进行加工和测试，采用万用表 VICTOR VC9807A+ 来检测和保证变容二极管正、负极的正确性。为控制超表面上变容管的电压，采用两台台湾固纬产的直流电压源 GPD4303S 来提供 6 个独立调控通道。图 3-10 给出了实验样

品以及三种情形下仿真、测试的散射功率密度。可以看出三种情形下仿真与测试结果均吻合良好，验证了设计的正确性和有效性。在动态电压调谐下，可调梯度超表面在五个频率处的散射能量均几乎完全集中在 +1 阶奇异散射反射模式上，且偏折角度由 90° 被逐步调谐到 6.5GHz 的 39.9°，而镜像散射和 −1 阶衍射明显被抑制和减弱。固定电压情形下，超表面除在工作频率 5.5GHz 工作于纯奇异散射模式外，其余频率处 0 阶和 −1 阶散射均有不同程度的增加，验证了无源梯度超表面的窄带工作特性。而 0V 电压情形下，由于超表面在任何频率处的相位梯度均不满足要求，因此镜像散射非常大，占据大部分能量。因此，动态调谐电压情形下可调超表面在各工作频率处的奇异反射效率均大于 90%，而无源梯度超表面只在 5.5GHz 处达到峰值效率 93.5%，而 0V 电压情形下梯度超表面在整个观察频率范围内奇异反射效率非常低，个别频率处的效率甚至低于 20%。

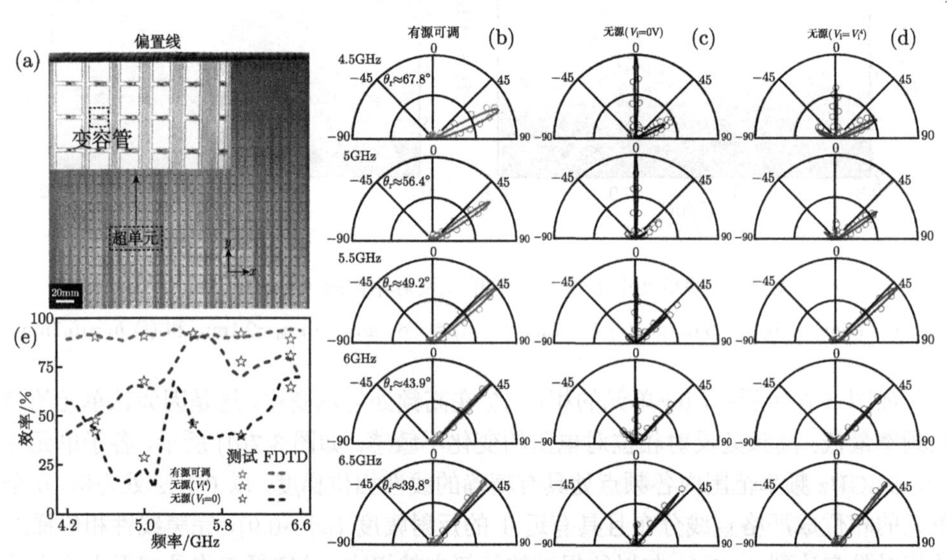

图 3-10 (a) 高效奇异反射超表面实验样品；(b) 动态调谐电压、(c) 0V 电压以及 (d) 固定电压三种情形下的散射方向图；(e) 三种情形下的奇异模式反射效率

动态调谐电压采用图 3-7(c) 提取得到的电压，固定电压为图 3-7(c) 中 5.5GHz 处的电压值

图 3-11 给出了有源梯度超表面的理论、仿真与测试 $\theta_r \sim f$ 曲线。可以看出，三者吻合得非常好，验证了广义 Snell 定律。低频处的微小差异主要由超表面的有限尺寸效应引起，这是由于低频处超表面的电尺寸更小，其效应相对于高频更加明显。

下面我们集中在 $f < f_c$ 区域来进一步验证本节可调超表面的另外一个重要应用，即动态功能切换。其工作机理是当超表面上的相位满足完美线性相位分布时，超表面在 $f < f_c$ 时能将入射传播波转换成表面波，但当完美相位分布被破坏至没

有相位梯度时，超表面成为一个镜像反射器。因此，通过动态操控超表面上的相位分布可以使得超表面具有两种功能且能任意切换。

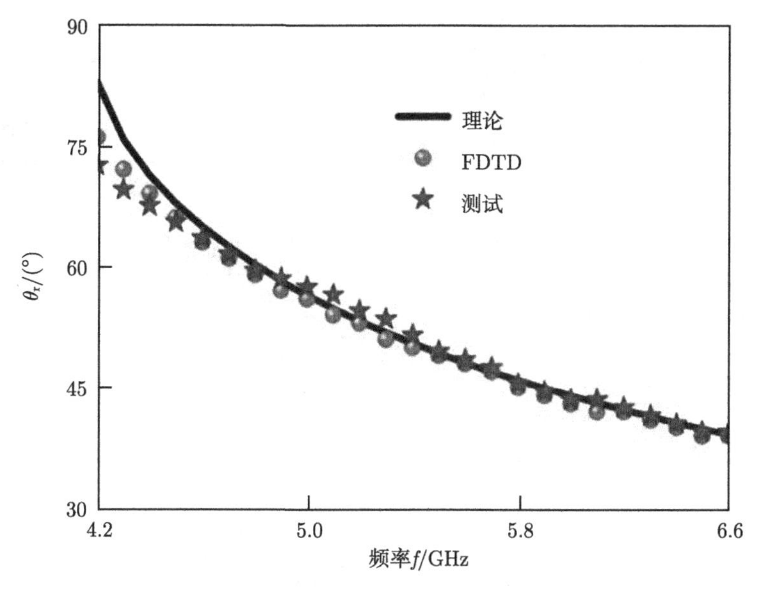

图 3-11 有源梯度超表面的理论、仿真与测试 $\theta_r \sim f$ 曲线

由于梯度超表面所耦合的表面波并非本征态，它是在入射电磁波驱动下的受激态，不能自由传输，必须设计一个本征表面波结构才能引导其自由传输。为验证 4.1GHz 处可调超表面的表面波特性，这里设计了一个将表面波转化为传播波的装置，用于定量描述其性能和计算表面波波长。如图 3-12(a)、(b) 所示，仿真装置由超表面平板、表面波导波结构以及吸波材料组成。入射电磁波垂直照射到系统左侧的梯度超表面首先被转变成受激表面波，该受激表面波会耦合系统右侧的高阻抗表面上的本征表面等离激元，从而将能量导引出去。工作时，x 极化的电磁波垂直照射到超表面上，采用单极子探头同时测试产生在超表面和蘑菇结构上 $\mathrm{Re}(E_z)$ 的近场分布。为防止传输表面波在末端被反射从而影响表面波的传播，这里在导波结构的末端额外加载了一段渐变吸收的结构抑制其反射。同时为达到受激表面波到本征表面波的高效转化，这里导波结构设计的关键是其波矢必须与超单元的梯度相等，即 $k = \xi = 1.02k_c$，从而达到波矢匹配，这里 k_0 为临界频率处的波矢。本征表面波结构采用贴片结构，其结构参数可通过商业电磁仿真软件扫描色散曲线获得，使得其在 4.1GHz 处的波矢 $k = 1.02k_c$。最终设计的蘑菇表面波本征结构的色散曲线如图 3-13 所示，很好地满足了所需条件。

从图 3-12(c)~(h) 可以看出，当超表面各变容管上加上第一组电压 V_i^1 时，超表面上呈现完美线性相位梯度，4.1GHz 处入射波经超表面后散射到自由空间的场

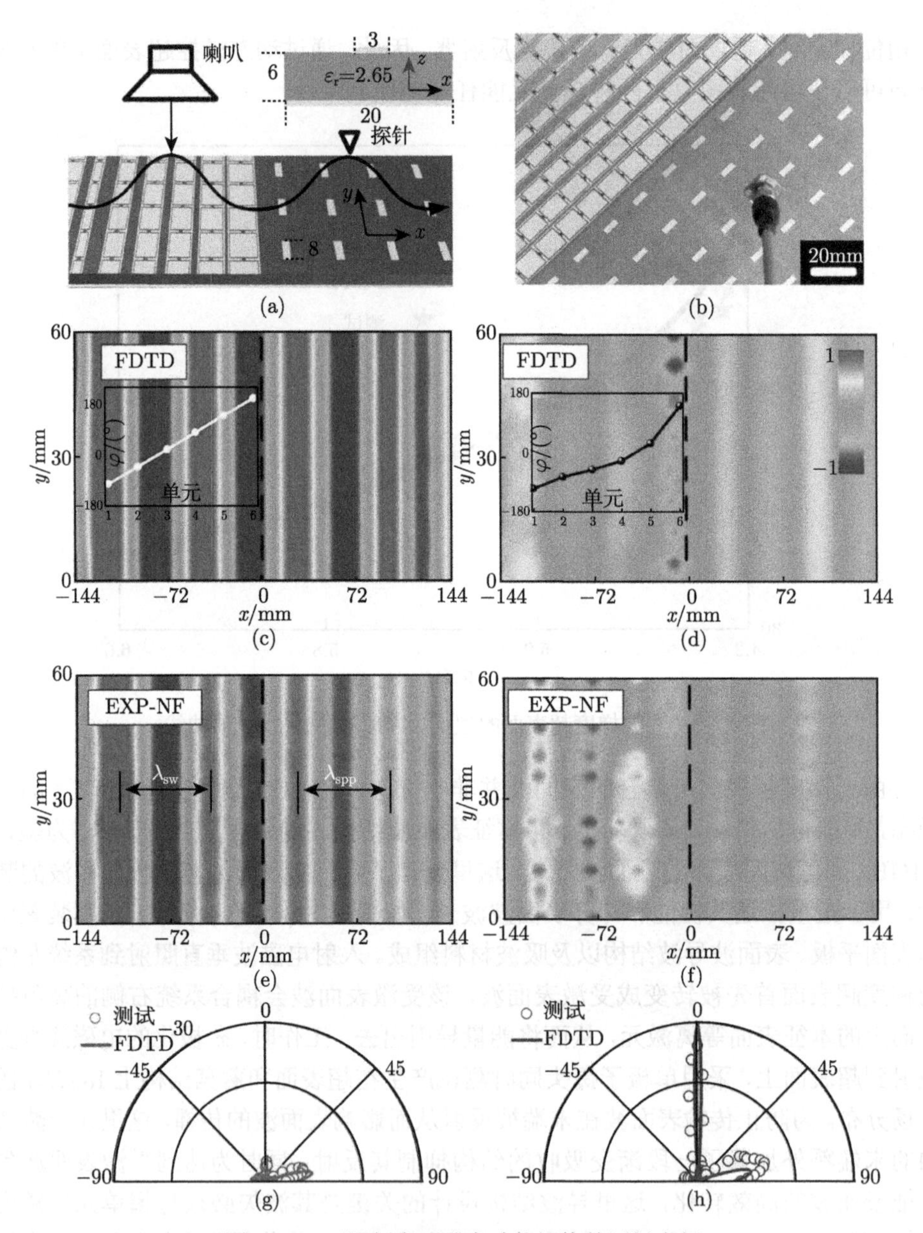

图 3-12　可调超表面动态功能切换的近场表征

(a) 传输波-表面波转换装置的原理图，插图为蘑菇单元结构，由尺寸为 3mm×8mm 的金属贴片，6mm 厚且 $\varepsilon_r = 2.65$ 的介质板以及地板组成；(b) 制作的样品照片与近场扫描探测图；(c)，(e)图 3-7(c) 中 4.1GHz 处对应提取电压下与(d)，(f)V_i=30V 电压下 (c)，(d)FDTD 仿真和(e)，(f)实验测试的 Re(E_z) 近场分布；在图 (c) 和 (d) 的插图里面给出了上述不同外加电压下的相位分布；(g) 4.1GHz 处提取电压下与 (h)V_i=30V 下 FDTD 计算和测试的超表面远场散射方向图

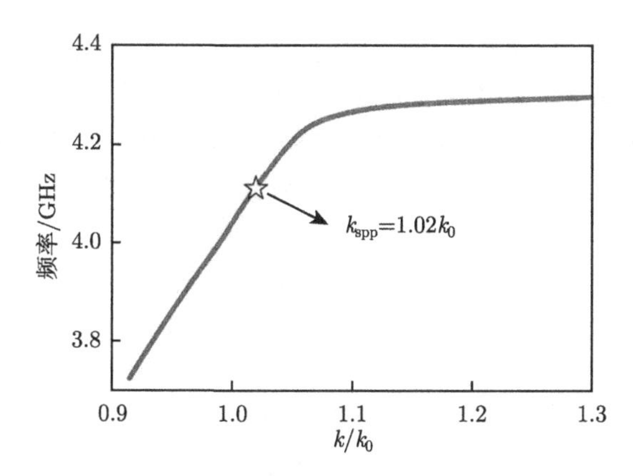

图 3-13 基于 FDTD 计算的蘑菇结构的 SPP 本征色散曲线

很弱，而是高效转换为受激表面波，且受激表面波非常平滑地传输到蘑菇表面波本征结构上，成为传输表面波。超表面和表面波本征结构上的电磁波波长相等，为 $\lambda \approx$70.6mm，换算可得 $k \approx 1.02k_0$，实现了波矢匹配。相反，当超表面各变容管上加上电压 30V 时，超表面的线性相位梯度遭到破坏，在很大区域相位不再具有梯度相位，我们在蘑菇结构上测试到的 SPP 信号非常弱，两种状态下探测到的 SPP 信号功率比达 22.1，该情形下超表面不再是传输波–表面波转换器，而是将入射波能量几乎完全散射到自由空间中，是一个反射器。

因此本节可调梯度超表面不仅能在 4.2~6.5GHz 范围内修正各单元的相位，达到宽频完美线性梯度和高效奇异反射，还能在 4.1GHz 处实现传输波到表面波的高效转换，集波束偏折器、反射器和表面波转换器于一体。

3.2 抛物梯度补偿及宽带多功能透镜

3.2.1 抛物梯度修正方法

3.1 节我们探索了利用有源相位调控来纠正和补偿线性相位梯度以及相关应用，本节我们将基于同一原理继续探索抛物相位梯度的纠正与相关应用。微带反射阵/透射阵天线由于其剖面低、质量轻、体积小、增益高而广泛应用于卫星通信，然而微带阵天线有两大瓶颈亟待解决和突破。一是无源微带阵单元工作于谐振频率附近，相位随频率变化剧烈，呈现强色散关系，在偏离中心工作频率时，抛物梯度遭到破坏，微带阵焦距随频率偏移不断变化，天线增益急剧下降，天线工作频率较窄；二是特定频率处，微带阵的结构参数一旦固定，其焦距和辐射性能不能被任意调控。本节利用有源器件的相位调控作用对工作频段范围内各频率处各超表面单元的相位进行实时补偿和修正，从而一方面可以恢复超表面在各工作频率处的完美抛物线性相位梯度 (定焦距)，另一方面可以在特定频率处实现超表面不同的抛物线相位梯度 (变焦距)。前者超表面具有很宽的工作带宽，具有消色差功能；后者超表面具有很大的功能灵活性和多样性。本节实现了单元谐振频率和相位的实时调控，获得了超表面的奇异动态电磁特性，为宽带、多功能透镜提供了新的方法和手段，解决了微带阵天线两大瓶颈。

如图 3-14(a) 所示，所采用的可调超表面单元结构同图 3-7，但为实现宽带抛物梯度纠正，结构重新进行了设计。如图 3-14(b) 所示，单元具有双模工作、宽带频率调控范围和大相位调控范围等诸多优点，同时电路仿真结果与电磁仿真结果再次吻合得非常好。有源单元调控的机理是改变外加电压 V 可以改变变容管的电容 C_{t}，从而改变了两个模式的谐振频率，尤其是 f_1，进而可以连续调谐特定频率处的反射相位。如图 3-14(d) 所示，当外加电压 V 从 0 增加至 30V 时，2#单元的 f_1 和相位均发生显著变化，且反射幅度均保持在 0.9 以上，如图 3-14(e) 所示，在 4~7GHz 范围内 2#单元具有很大的相位调控范围，5.7GHz 处相位调控范围大于 175°，这给单元色散纠正提供了很大的自由度。

理解了可调超表面单元的电磁特性和调控机理，下面我们基于这些单元来设计有源透镜。由于二维可调透镜需要各向同性单元结构和复杂的外围控制电路，为便于验证我们的想法，这里仅以一维可调透镜的设计和实验为例，每列单元由相同电压控制。为不失一般性，这里形成了具有宽带抛物线相位梯度的相位纠正方法，主要包括四步，如图 3-15 所示。第一步：确定透镜焦距 F、口径 D、单元周期 p_i、初始工作频率 f_0 和波长 λ_0，根据 $\varphi(x,f_i)=2\pi(\sqrt{x^2+F^2}-F)/\lambda_i$ 并通过 F、D、p_i 和 f_0 确定单元数目 N 和透镜的初始抛物相位梯度 $\varphi_i^{j_0}$，根据实际结构确定初始电容 $C_i^{j_0}$，这里 x 表示单元的位置，$\varphi(0,f)$ 表示透镜中心的反射相位。第二步：对 N 个单元的反射相位依次进行扫描仿真，保持其他参数不变，扫描不同电容 C_{t} 对应的相位分布，得到 N 个单元在不同频率下的电容–相位 (C-φ) 分布。第三步：根据 C-φ 并通过寻根算法得到不同频率处 N 单元所需电容 C_i^j，以某单元在特定频率和 $C_i^{j_0}$ 情形下的反射相位为基准点，通过对 C-φ 分布进行三次样条插值得到该情形下满足抛物相位梯度时其余 $N-1$ 个单元的实际 φ_i^j/C_i^j 组合，这里 i 表示单元数，j 表示组号 (观察频率数)。若各单元得到的 C_i^j 均在变容管可达到的电容范围内，则记录该组电容值 C_i^j。改变初始电容 $C_i^{j_0}$，重复循环上述步骤直至 $C_i^{j_0}$ 遍历电容范围内所有值，记录所有可能的 C_i^j 组合 (不唯一)，选择电容跨越范围最小的一组以保证最优梯度工作带宽。若 $C_i^{j_0}$ 遍历所有值后均不能找到满足要求的一组参数，则结束扫描且该频率为满足抛物梯度的边界工作频率，若该频率处找到一组最优解，则重复循环上述步骤运算下一频率 $j+1$，找到所有频率处满足要求的 φ_i^j/C_i^j 组合。第四步，根据获得的电容 C_i^j 组合并通过变容管的电容–电压 (C-V) 分布反推获得电压组合 V_i^j，这里需要对 C-V 曲线进行插值计算，精确获得

各频率处所需的电压组合 V_i^j，以上步骤均通过 Matlab 编程实现。

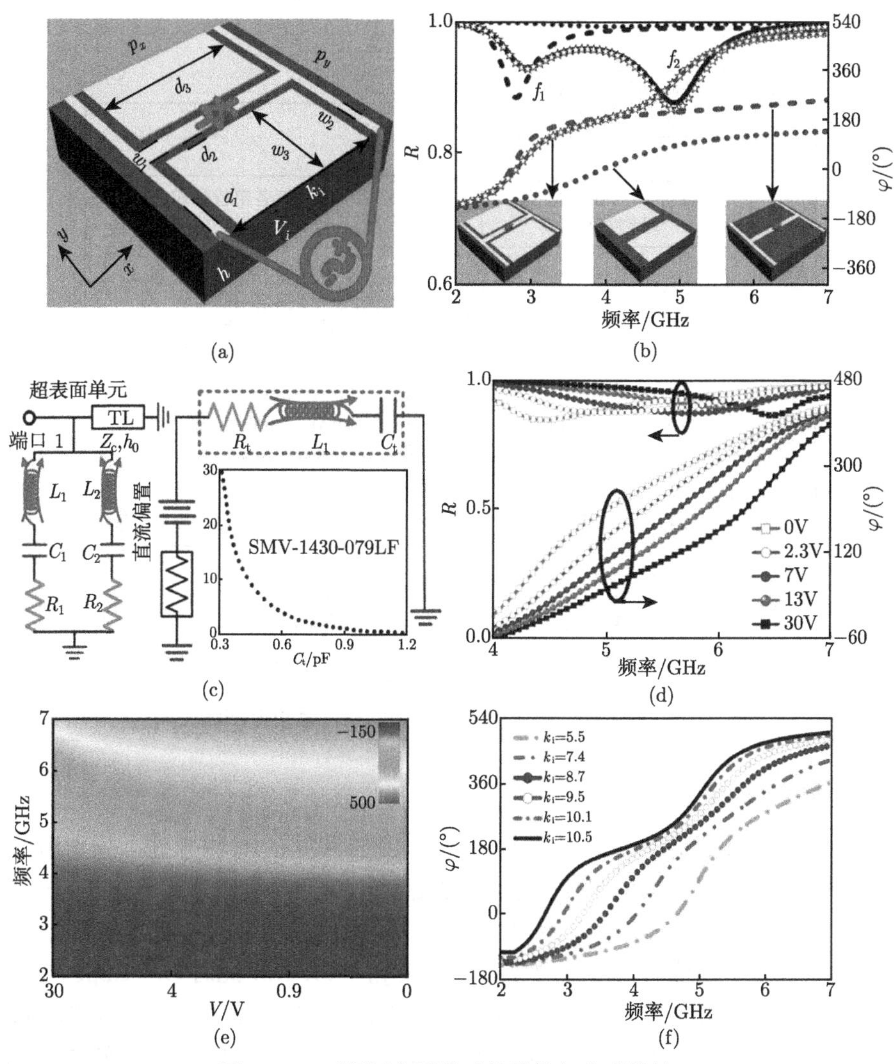

图 3-14 可调超表面单元的结构与电磁特性

(a) 拓扑结构；(b) FDTD(线) 与电路仿真 (五角星标记) 的反射幅度和相位频谱，包括三种情形的单元，只有贴片结构，只有 I 结构以及复合结构，这里 k_i=10.5mm，C_t=0.6pF(V_i=4V)；(c) 可调梯度超表面单元与变容管 SMV1430-079LF 的等效电路模型，插图为变容管的 C_t-V 曲线；(d)k_i=7.4mm 时有源超表面在不同电压下的仿真 FDTD 幅度和相位响应；(e)k_i=7.4mm 时有源超表面随电压和频率变化的反射相位扫描结果；(f) 具有不同 k_i 的 6 个子单元的 FDTD 计算相位频谱；单元的结构参数为 $p_x = p_y$=12mm，w_1=0.8mm，w_2=0.5mm，w_3=5.1mm，d_1=0.25 mm 和 d_2=0.5mm；提取的电路参数为 L_1=19nH，C_1=0.085pF，L_2=0.09nH，C_2=0.194pF，R_1=4.22Ω，R_2=0.37Ω，Z_c=207.4Ω 和 h_0=58.9°

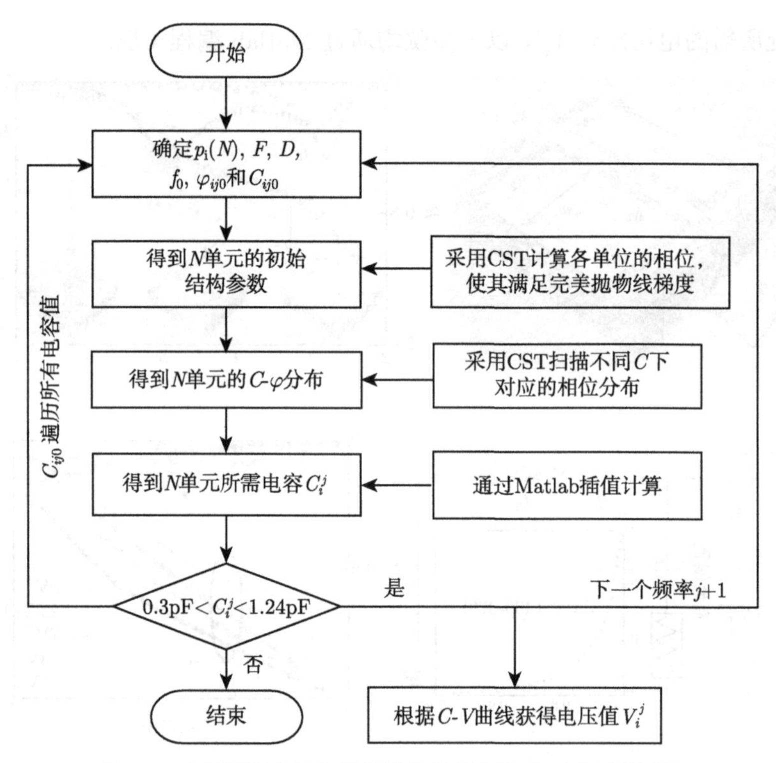

图 3-15 可调梯度超表面的抛物梯度相位修正方法流程图

3.2.2 透镜设计与结果

如图 3-16(a) 所示，为简化设计，透镜沿 x 和 $-x$ 对称排列，分别由 6 个 k_i 依次增大且由其他结构参数相同的有源超表面单元排列组成，所加电压依次为 V_1，V_2，V_3，V_4，V_5 和 V_6，沿 y 方向由 9 个单元周期重复组成，有源透镜的尺寸为 144mm×108mm。透镜的初始抛物梯度设计在 f_0=5.5GHz，此时 C_t=1.2pF，$V_i=0$，i=1, ⋯ ,6，F=60mm。如图 3-14(f) 所示，当参数 $\{k_i\}$ 依次取 h_i=5.5mm，7.36mm，8.7mm，9.52mm，10.1mm 和 10.5mm 时，5.5GHz 处 6 个单元的相位依次为 215.1°，273.4°，325.9°，371.8°，406.9° 和 429.5°，形成了一个完美的抛物相位梯度，且单元的反射幅度均大于 0.9，具有很好的幅度一致性。

6 个单元的结构参数确定之后，就可以扫描获得 6 组 $\varphi_i(f)\sim V_i$ 的关系，基于图 3-15 的抛物梯度相位纠正方法及 6 组 $\varphi_i(f)\sim V_i$ 扫描关系，可以提取得到用于修正透镜在非 f_0 处完美抛物梯度所需的电压组合。图 3-17 给出了 6 个单元随频率和 C_t 变化的二维反射相位谱。可以看出通过调谐 $C_t(V_i^j)$，单元相位可以在 3.2~7GHz 范围内有效调动，且随着单元 h_i 逐渐增大，单元的谐振频率逐渐降低。因此单元的调控频率逐渐由高频向低频移动。同时还可以看出 6 个单元在偏离谐振频率较远的边界频率处相位趋于一致，变容管相位调谐失效。

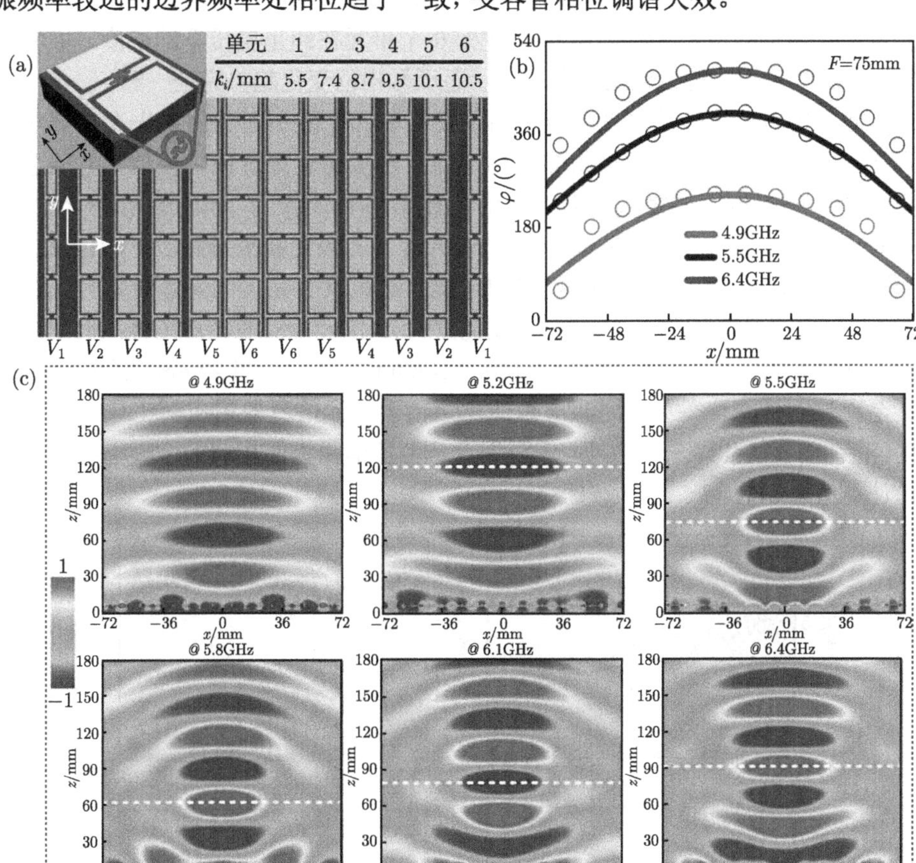

图 3-16 无源/有源透镜的 (a) 拓扑结构；(b) 三个频率处 FDTD 和理论计算的相位分布；(c) x 极化波垂直照射下无源透镜 (F=75mm，f=5.5GHz) 在不同频率处的 FDTD 仿真电场幅度 (E_x 分量)

图 3-18(a) 给出了焦距 F =75mm 时定焦透镜所需要的宽频修正电压 $\{V_i\}$。通过修正电压对相位进行补偿，定焦透镜的相位在各频率处均得到有效纠正，在宽频范围内重新获得完美抛物梯度相位，见图 3-18(b) 以及插图 5.9GHz 处的相位分布，同时反射幅度均大于 0.9，具有很好的幅度一致性。因此，采用这些电压进行补偿，透镜的焦距不再随频率变化而失真。依据图 3-15 的方法我们还可以获得更多不同焦距的宽频修正电压，例如，焦距从 F=45mm 依次变化到 120mm，步进 15mm，透镜的工作带宽非常可观，分别为 4.3~6.3GHz，4.6~6.355GHz，4.7~6.455GHz，4.8~6.505GHz，4.855~6.605 GHz 和 4.91~6.11GHz。选取工作频率为 5.5GHz，将上述不同焦距情形下定焦透镜的电压值提取出来，则可以在公共频段 4.91~6.11GHz

范围内实现变焦距透镜。图 3-18(c)，(d) 给出了 5.5GHz 处变焦透镜在焦距范围 45~120mm 内调谐所需要的电压组合以及 6 个单元在纠正电压下的幅度、相位响应频谱。各单元的反射幅度均大于 0.89，而反射相位变化趋势完全一致。

下面，我们首先来验证无源透镜由于固有单元色散引起的焦距失真和聚焦性能恶化问题。这里无源透镜采用加载特定固定电压的有源透镜来模拟，电压选取 5.5GHz 处 F=75mm 时提取的理论电压。图 3-16(b) 给出了无源透镜在三个不同频率处的仿真相位与理论相位，图 3-16(c) 给出了 x 极化波垂直照射下的仿真近场 E_x 分布。可以看出，在工作频率 5.5GHz 处，透镜具有完美的聚焦效果且焦距为 F=75mm，而当频率偏离工作频率时，透镜在 5.2GHz，5.8GHz，6.1GHz 和 6.4GHz 处虽能有效聚焦但焦距分别变为 F=120mm，63mm，78mm 和 92mm，而在 4.9GHz 处甚至观察不到聚焦效果，无源透镜的焦距由于单元的色散效应随工作频率不断变化，存在明显的焦距失真效应，焦距失真是由各单元相位在非工作频率处偏离了理论计算值引起的。

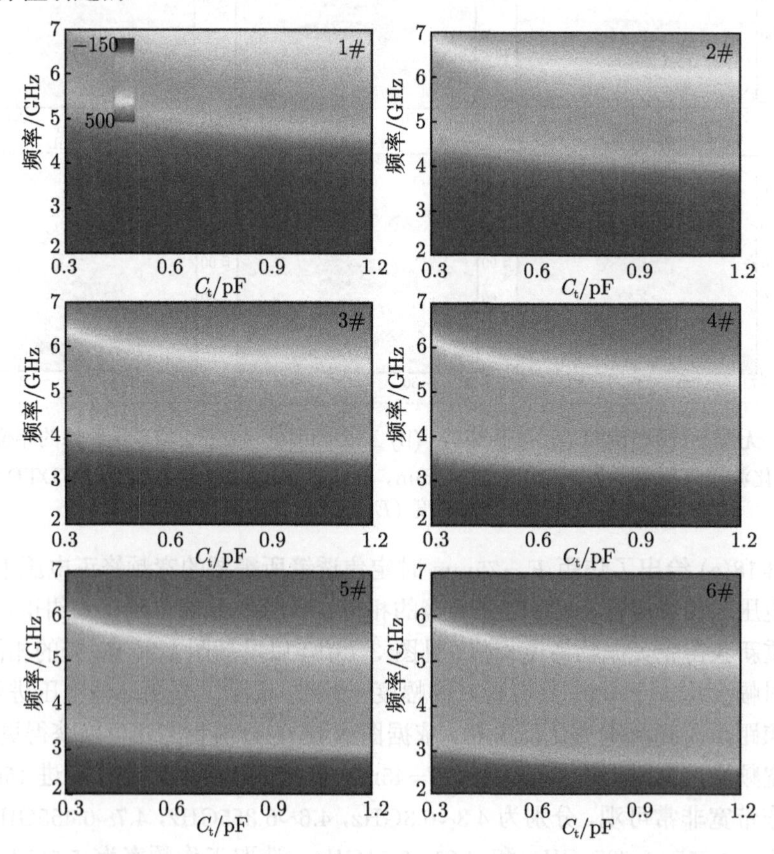

图 3-17 透镜中 6 个单元的相位随频率、电容变化的二维相位谱

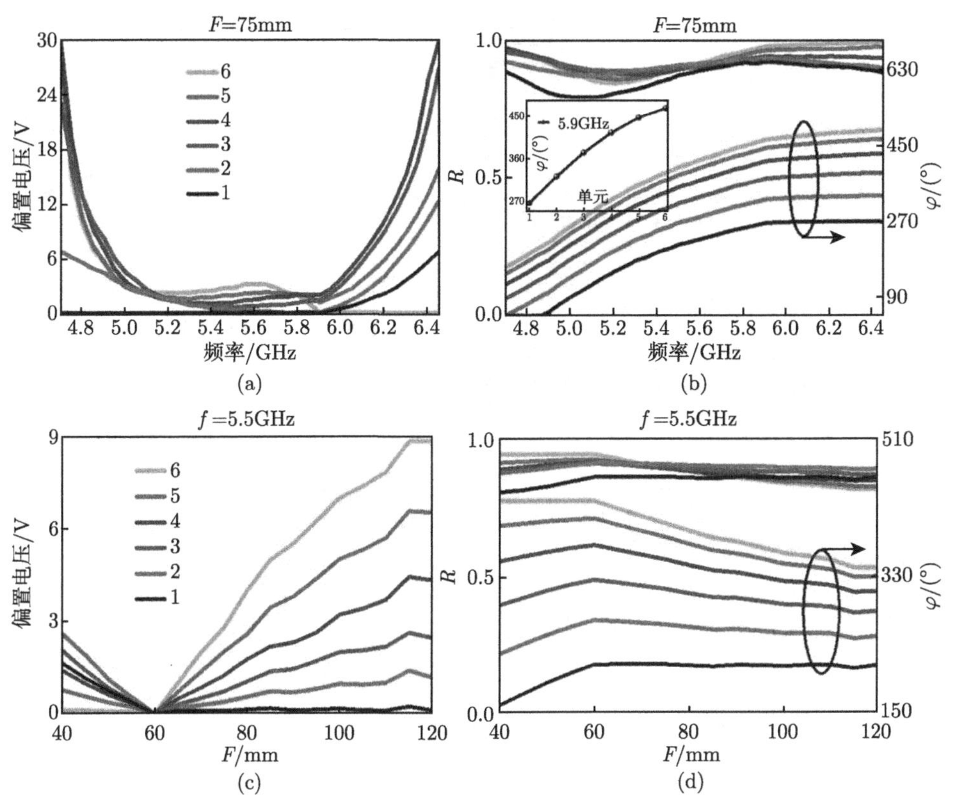

图 3-18 透镜各单元在焦距 F=75mm 下 (c) 提取的电压值和 (d) 反射幅度、相位曲线，插值给出了 5.9GHz 处透镜上的相位分布；各单元在不同焦距 F 下的 (c) 提取电压值和 (d) 反射幅度、相位曲线

为说明有源相位补偿方法的先进性，对基于本节方法设计的多功能透镜进行了加工和实验表征，包括消色差定焦透镜和变焦功能切换透镜，实物如图 3-19(a) 所示。测试过程中同样采用两台台湾固纬直流源 GPD4303S 生产的 6 个相互独立的通道，用于提供图 3-18 所示的电压组合。x 方向极化的喇叭离透镜 0.9m 的地方垂直照射样品，并采用 15mm 的探针来接受 xz 面的 E_x 电场分量。为消除入射场的影响，清晰观测到聚焦效果，所有测试场均减去入射场。如图 3-19(c) 所示，当采用图 3-18(a) 中的电压进行动态调谐时，测试结果表明所有频率处透镜总能将入射波聚焦于焦点 F=75mm，这与图 3-16 所示的无源透镜失真聚焦形成鲜明对比。如图 3-19(d) 所示，通过施加图 3-18(c) 所示的不同电压组合，变焦透镜在工作频率 5.5GHz 处具有很好的聚焦效果，且能将焦点从 F=45mm 动态调谐到 F=120mm，良好的消色差和变焦成像特性的内在物理本质是超透镜在上述情形下具有完美的相位梯度。

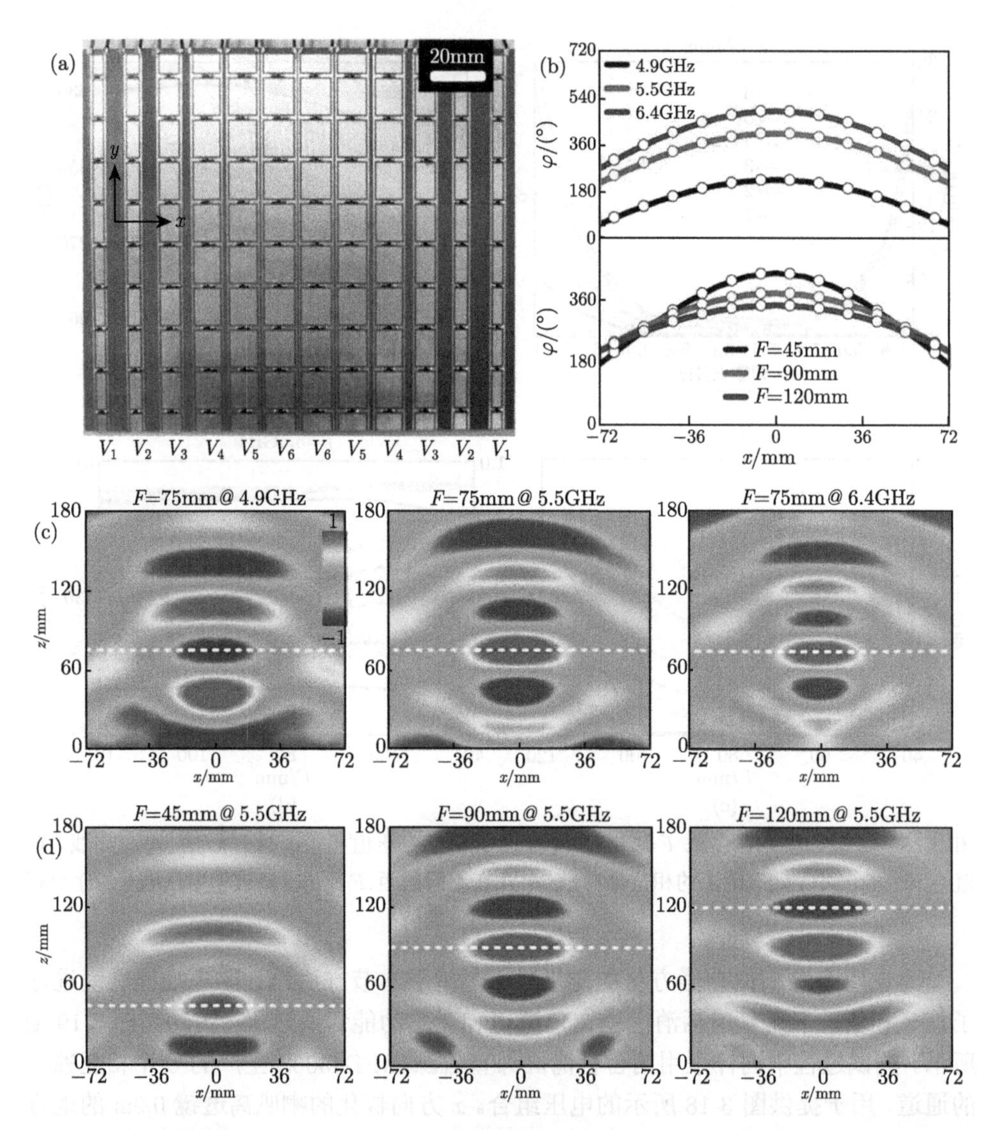

图 3-19 (a) 透镜实物；(b) 不同情形下消色差定焦与变焦透镜的相位分布；(c) 定焦透镜在三个典型频率处的测试 Re(E_x) 分布；(d) 变焦透镜在 5.5GHz 处不同 F 时的测试 Re(E_x) 分布

有源透镜的良好消色差和动态变焦距聚焦特性可以进一步从 FDTD 仿真结果中进行验证。如图 3-20 所示，所有情形下焦距两侧几乎对称的凸、凹波前验证了透镜的完美聚焦效果。对于定焦透镜，任意三个频率 4.9GHz，5.5GHz 和 6.4GHz 处焦距均保持在 F=75mm。而对于变焦透镜，随着电压不断调谐，5.5GHz 处焦点不断被切换，焦距从 45mm 依次被调谐到 120mm。

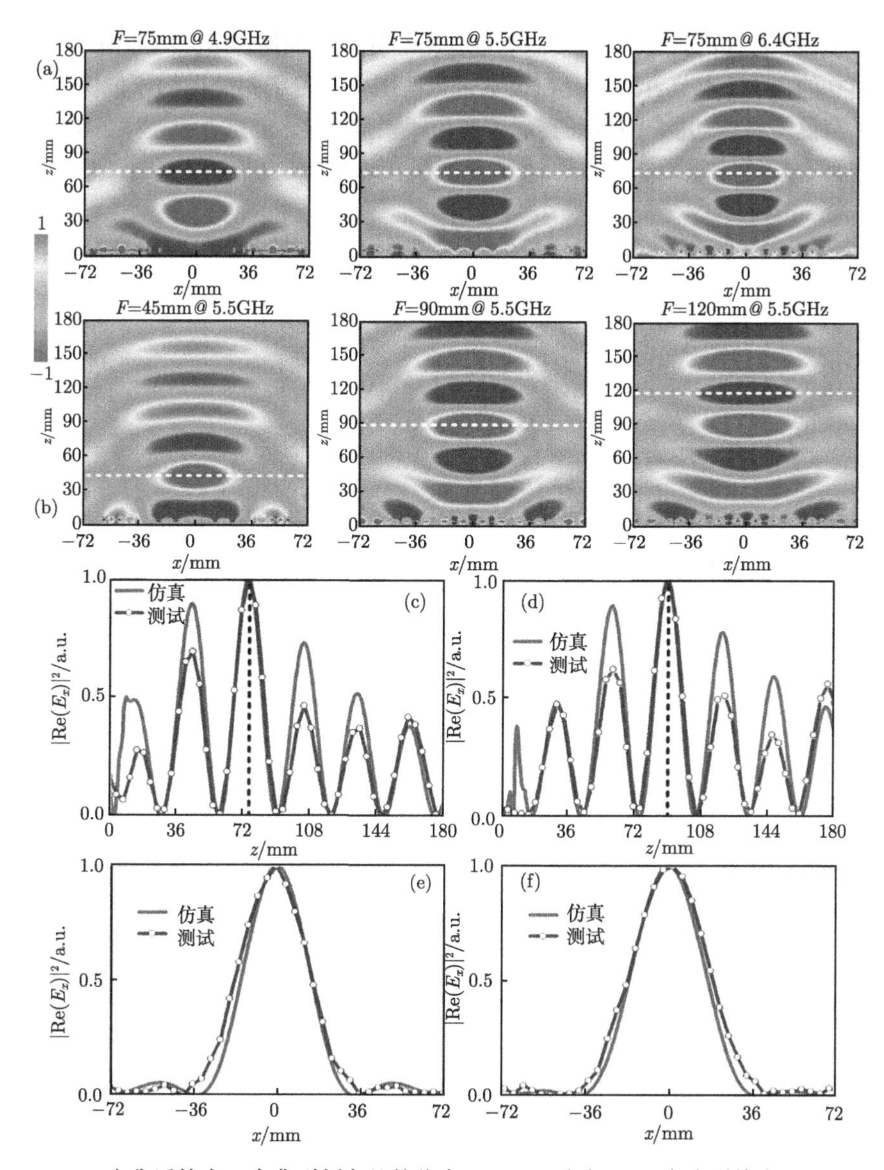

图 3-20 (a) 定焦透镜在三个典型频率处的仿真 $\mathrm{Re}(E_x)$ 分布；(b) 变焦透镜在 5.5GHz 处不同 F 时的仿真 $\mathrm{Re}(E_x)$ 分布；5.5GHz 处透镜焦距为 (c)，(e)F=75mm 和 (d)，(f)F=90mm 时沿 (c)，(d)z 轴和 (e)，(f) 聚焦面上的仿真与测试近场分布对比

仿真与测试结果的良好吻合程度见图 3-20(c-f)，在这里比较了沿光轴和聚焦线上的仿真和测试场分布。两种情形下，电场在焦点处均达到了最大值。F=75mm 时透镜焦点处的半功率波瓣宽度为 33mm，且随着 F 的增大稍微变宽，这是由于小口径透镜在长焦距情形下，聚焦能力稍微变弱，并非由非理想相位引起。

综上，理论、仿真和实验结果证明有源相位补偿对抛物梯度同样适用，基于该思想和建立的方法，本节有源透镜在很宽带宽范围内恢复了完美抛物相位梯度，不仅实现了消色差聚焦功能，而且还实现了变焦距聚焦功能。定焦透镜在 4.7~6.455GHz 范围内具有相同的焦距 F=75mm，变焦透镜在 5.5GHz 处焦距能从 45mm 连续调整到 120mm。

第4章　基于极化控制的多功能微带阵列天线

反射阵天线这一概念最早由 Berry 等于 1963 年首次提出并得到实验验证，主要依靠校正阵列单元的相位实现所需的辐射性能。但由于采用了开口波导作为相移单元，其体积庞大且笨重，直到 20 世纪 90 年代，随着印刷电路工艺的不断成熟和平面微带天线研究的逐步兴起，微带反射阵天线重新激起了世界研究人员的浓厚兴趣并引发了研究热潮，成为天线领域和学术界的研究热点，相关应用研究也进入了空前繁荣时期。微带平面反射阵天线是将反射面天线和阵列天线有机结合而形成的一种新型天线，由微带反射阵列和初级馈源组成，工作原理是通过调节微带单元反射系数相位来补偿阵面相位，从而实现特定形状的方向图。与相控阵天线、抛物面天线相比，反射阵天线一般采用印刷结构和空馈形式，只需对单元附加特定的相位就可以实现特定方向的波束扫描，无需复杂的波束形成馈电网络和收发组件，具有设计简单、结构紧凑、增益高、剖面低、质量轻、损耗小、易与载体表面共形、便于折叠和展开、易于制作和成本低等优点。同时，由于单元相位独立可控，反射阵天线可实现大角度范围波束扫描、波束赋形甚至多极化、变极化和双频工作。

目前，国内外对微带反射阵天线的研究主要集中在以下三个方面：一是反射阵单元结构设计和特性研究，如何寻求结构合理、性能优越、相位易控的反射阵单元是首要解决的核心技术问题，是整个反射阵天线系统设计的关键。二是反射阵天线的宽频/多频技术研究，这得益于宽/多频天线在减小通信设备体积和重量以及降低系统复杂程度等方面具有举足轻重的作用。三是反射阵天线的应用研究。相比于反射阵天线，透射阵天线的研究则要晚很多，始于 1997 年，由于其工作原理与反射阵天线极为相似，几乎继承了反射阵天线的所有特性，如高增益、高方向性等，但同时又能克服反射阵天线的馈源遮挡问题以及无馈源遮挡反射阵天线的非对称口径和大角度入射问题，因此广泛受到工程研究人员的青睐，发展极为迅速。

虽然研究人员在微带反射阵、透射阵天线领域取得了很大进展，但也面临一些挑战。一方面，传统反射阵/透射阵只能实现单一的辐射功能，如波束偏折天线、高增益笔形波束天线以及多波束天线等，鲜有多功能微带阵列天线的报道；另一方面，传统反射、透射阵单元由于半波谐振，尺寸较大，单元在满足幅度要求时相移范围有限，很难完全达到 360° 覆盖。最后，根据福斯特电抗定理可知，无源电路中单元的相位响应对频率的导数总是正数且在谐振处色散强烈，相位变化剧烈且带宽受 Bode-Fano 约束条件限制，天线的工作带宽和效率受到限制。

本章基于极化控制思想研究了两类微带多功能反射阵天线，第一类集反射阵与透射阵于一体，第二类集单波束与四波束高增益辐射于一体。微带阵集多种功能在一块板子上，具有可复用性好、集成度高和功能多等优异特性，同时部分功能工作在不同频率处，一定程度上拓展了天线的工作带宽。

4.1 变极化多功能微带阵

本节将反射阵天线和透射阵天线相结合，报道了一种集反射阵和透射阵于一体的变极化多功能微带阵天线，不仅实现了微带阵在反射、双向辐射以及透射之间的功能切换，同时还实现了同极化和交叉极化之间的极化状态切换，而且多功能微带阵天线只需两层介质板即可实现，相比于以往多层设计，具有结构简单、加工方便等优异特性。

众多应用领域，交叉极化辐射对于天线来讲经常被认为是无用的，然而对于具有复合或者多功能的双向辐射天线来说，只要交叉极化分量与主极化分量具有相反的辐射方向，交叉极化分量意义重大。因此实现该多功能透–反射阵天线的首要是实现具有前向交叉/主极化传输、后向主极化/交叉极化反射，且能完全抑制其他极化分量的线极化器，如图 4-1 所示。

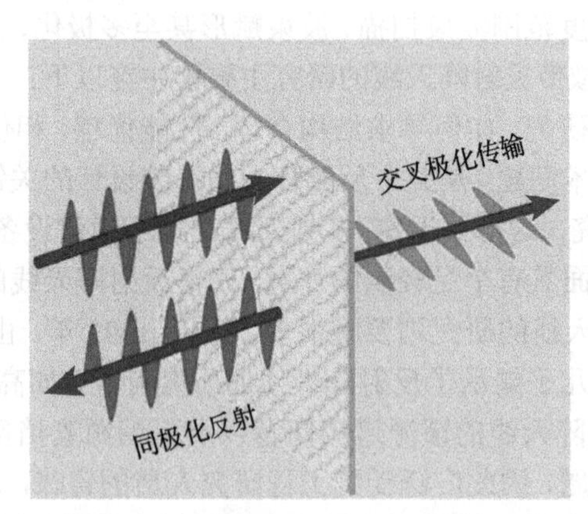

图 4-1 多功能极化器的功能示意图

4.1.1 基本原理与单元特性

下面我们基于耦合模理论 [182] 揭示对实现上述功能具有重要贡献的一个重要现象：横等主、交叉极化相位差现象。假设超表面极化器受沿 z 方向入射 x/y 极化的垂直入射电磁波照射，笛卡儿坐标系下前向传输 (后向反射) 波 E_x^{t} (E_x^{r}) 和

$E_y^{\rm t}$ ($E_y^{\rm r}$) 与入射波 $E_x^{\rm i}$ 和 $E_y^{\rm i}$ 之间通过四个传输 (反射系数) 具有如下关系:

$$\begin{pmatrix} E_x^{\rm r/t} \\ E_y^{\rm r/t} \end{pmatrix} = \begin{bmatrix} r/t_{xx} & r/t_{xy} \\ r/t_{yx} & r/t_{yy} \end{bmatrix} \begin{pmatrix} E_x^{\rm i} \\ E_y^{\rm i} \end{pmatrix} \tag{4-1}$$

对于一个没有局部谐振的 n 端口系统来说，输入波 S_n^+ 与输出波 S_n^- 具有如下关系:

$$S_n^- = \sum_{n'} C_{nn'} S_{n'}^+ \tag{4-2}$$

这里 C 给了我们不同端口之间的传输和反射参数 (S 参数)，利用时间反演操作，可得

$$S_n^+ = \sum_{n'} (C_{nn'})^* S_{n'}^- \tag{4-3}$$

将式 (4-3) 代入式 (4-2) 立即可得

$$\sum_{n'} (C_{nn'})^* C_{n'n''} = \delta_{nn''} \tag{4-4}$$

x 极化下，如果 $|t_{xx}|$ 和 $|r_{yx}|$ 很小可以忽略，那么四个线极化分量可以简化为一个二端口对称模型 $C = \begin{bmatrix} r & t \\ t & r \end{bmatrix}$。而且从式 (4-4) 可得

$$\begin{aligned} C_{11}^* C_{11} + C_{12}^* C_{21} = 1 \\ C_{11}^* C_{12} + C_{12}^* C_{22} = 0 \end{aligned} \tag{4-5}$$

从公式 (4-5) 可以得出两个结论：一是能量守恒要求 $|r|^2 + |t|^2 = 1$；二是 $r^*t + t^*r = 0$，也即 ${\rm Re}(r^*t) = {\rm Re}\left({\rm e}^{{\rm i}(\varphi_{\rm t} - \varphi_{\rm r})}\right) = 0$。上述结论表明：如果 $|t_{xx}|$ 和 $|r_{yx}|$ 能被彻底压制，那么恒有相位关系 $\varphi_{\rm t} - \varphi_{\rm r} = 90°/-90°$。

根据上述理论，要实现上述极化器并能对交叉极化进行操控，超表面单元具有最大 $|t_{yx}|$，必须打破单元结构的镜像对称性，才能在谐振频率处实现交叉极化 $|t_{yx}|$(电场和磁场) 的高效转化，产生手征特性和双各向异性。如图 4-2 所示，这里提出的超表面单元由三层金属结构和两层介质板构成，每层金属结构通过在方形贴片上刻蚀不同旋转角度的互补双开口环谐振器 (complementary dual-split ring resonator，CDSRR) 得到，其中上、中、下层结构参数完全相同，只是 CDSRR 依次顺时针旋转 45°。上、下层介质板均采用聚四氟乙烯玻璃布板，介电常数 $\varepsilon_{\rm r}$ =4.5，介质板的厚度均为 h=1.5mm，电正切损耗 tanσ=0.001，铜箔的厚度为 0.036mm。工作时，横电磁波 (TEM 波) 沿 z 轴垂直入射，电场沿 x 轴极化且与开口方向同向，这里定义 $+z$ 轴入射为前向入射，$-z$ 轴入射为后向入射。

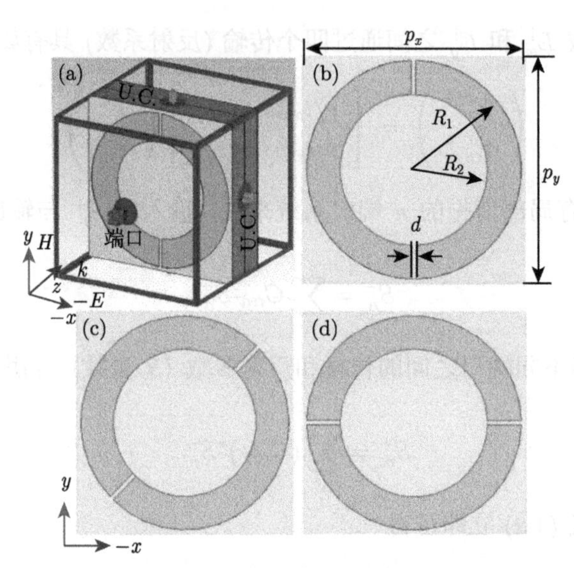

图 4-2　超表面单元的拓扑结构

(a) 全视图；(b) 上层结构；(c) 中层结构；(d) 底层结构；单元结构参数为

$p_x = p_y$=10mm，R_1=4.8mm，R_2=4.2mm 和 d=0.2mm

如图 4-3 所示，r_{xx} 曲线明显存在三个反射零点 (透射峰)，反射零点附近相位均发生 180° 相位跳变，对应于三个谐振而在三个反射零点处 t_{yx} 出现三个透射峰，这些谐振可以用来增加相位积累而不影响高效传输，由于多个谐振模式的级联 GMS 单元在 8.4~11.6GHz 范围内 t_{yx} 均大于 0.8，表明沿 x 轴极化的电磁波主要转化为交叉极化传输波，透射带宽得到极大增强且相对带宽达到 32%，同时还

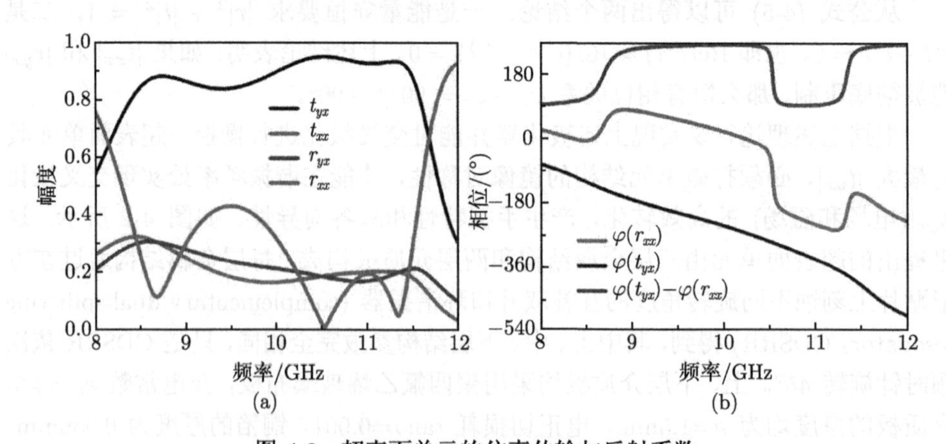

图 4-3　超表面单元的仿真传输与反射系数

(a) 幅度；(b) 相位；单元结构参数为 $p_x = p_y$=10mm，R_1=4.8mm，R_2=3.18mm 和 d=0.2mm。仿真时单元的 x 和 y 方向均设置成周期边界条件，用于模拟无限大平板

可以看出 t_{yx} 与 r_{xx} 之间随频率变化存在此消彼长的关系，而其他两个分量始终很小。非常有趣的是，从相位曲线可以看出 r_{xx} 与 t_{yx} 之间的相位差保持恒定在 ±90° 处，这是个非常好的电磁现象和特性，正是图 4-1 所展示的线极化器功能。而且当槽宽度 $w = R_1 - R_2$ 很窄时，$|t_{xx}|$ 和 $|r_{yx}|$ 在所有观察频率处可以被极大抑制到 0.2 以下甚至更低。更重要的是，从相位曲线可以看出 r_{xx} 与 t_{yx} 之间的相位差 $\Delta\varphi=\varphi t_{yx}-\varphi r_{xx}$ 在整个观测频率范围内保持在 ±90°。这是一个非常好的电磁特性，也是本节反射和透射多功能可以集成在一块板子上的前提，意味着基于这种单元我们只需关注透射阵或反射阵中某个阵的抛物梯度相位设计，而另一个阵的相位自动满足。因此，一个透射阵同时具有反射阵的功能，只需选择合适的工作频率，提供需要的 $|t_{yx}|$ 和 $|r_{xx}|$。

如图 4-4 所示，超表面在斜入射时依然具有上述极化器功能，甚至当入射角为 45° 时依然保持。这使得该超表面单元非常适合用于设计小相位误差高增益阵列和没有馈源遮挡的偏馈反射阵。然而当入射角到达 60° 时，由于 $|t_{xx}|$ 和 $|r_{yx}|$ 增大，超表面不再具有恒相位差 $\varphi t_{yx} - \varphi r_{xx}$ 和近直线 φr_{xx}。进一步的分析和数值仿真表明：通过调整三层结构 CDSRR 的角度，奇异超表面极化器可以转换为一个具有 $|r_{yx}| \approx 1$ 或 $|t_{xx}| \approx 1$ 的普通极化器。而且根据广义 Snell 定律，透射波束和反射波束通过设计合适的线性相位梯度可以被调制在任意角度上，因此本节超表面的功能可以被极大拓展且可在不同场合下推广和应用。

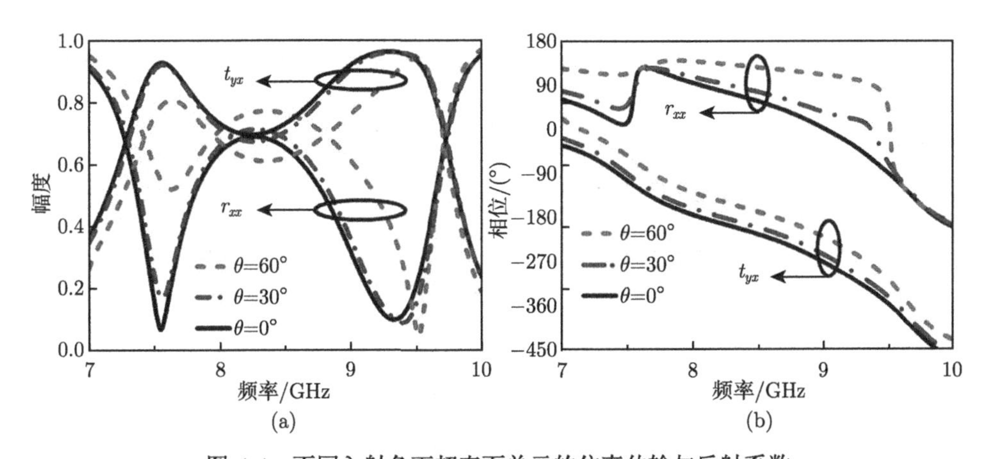

图 4-4 不同入射角下超表面单元的仿真传输与反射系数

(a) 幅度；(b) 相位；单元结构参数为 $p_x = p_y$=10mm，R_1=4.5mm，R_2=3.9mm 和 d=0.2mm

4.1.2 微带阵设计与结果

上述极化器随频率变化的 $|t_{yx}|/|r_{xx}|$ 与透镜相结合可以用来在不同频率处实现集透射、反射和双向辐射于一体的变极化多功能微带阵天线。如图 4-5 所示，天

线由馈源和微带阵两部分组成。其中馈源为宽带 Vivaldi 天线，主要是由窄逐渐变宽的槽线 (喇叭口) 构成的，槽线按照指数规律变化，渐变槽线完成了从馈源处到自由空间的宽带阻抗匹配，电磁波逐渐向喇叭口辐射出去且为沿 x 方向极化的线极化波，Vivaldi 天线工作于整个 X 波段，增益较高。微带阵由 15×15 个超表面单元组成，口径面积为 150mm×150mm，微带阵的中心工作频段设计在 f_0=9GHz，焦距为 40mm，焦径比为 F/D=0.267。由于 Vivaldi 天线的端射辐射特性以及水平极化，根据前面的分析，为实现对微带阵的有效激励，Vivaldi 天线必须与微带阵互相垂直放置且微带阵入射面中 CDSRR 的开口必须沿 y 方向放置。由于交叉极化透射相位和同极化反射相位相差 ±90°，因此只需实现透射相位在很宽的带宽范围内满足抛物相位分布即可实现微带阵在反射、双向辐射以及透射的切换，同时极化状态可以实现同极化和交叉极化之间的切换。

$$\Delta\varphi(m,n)=\frac{2\pi}{\lambda}\left(\sqrt{(mp)^2+(np)^2+F^2}-F\right)\pm 2k\pi,\qquad k=0,1,2,\cdots \tag{4-6}$$

如图 4-5(a) 所示，微带阵口径中心的相位为 0°，而边缘四个角的相位为 726°，实际实现时所有大于 360° 的相位均对 360° 作求余处理。

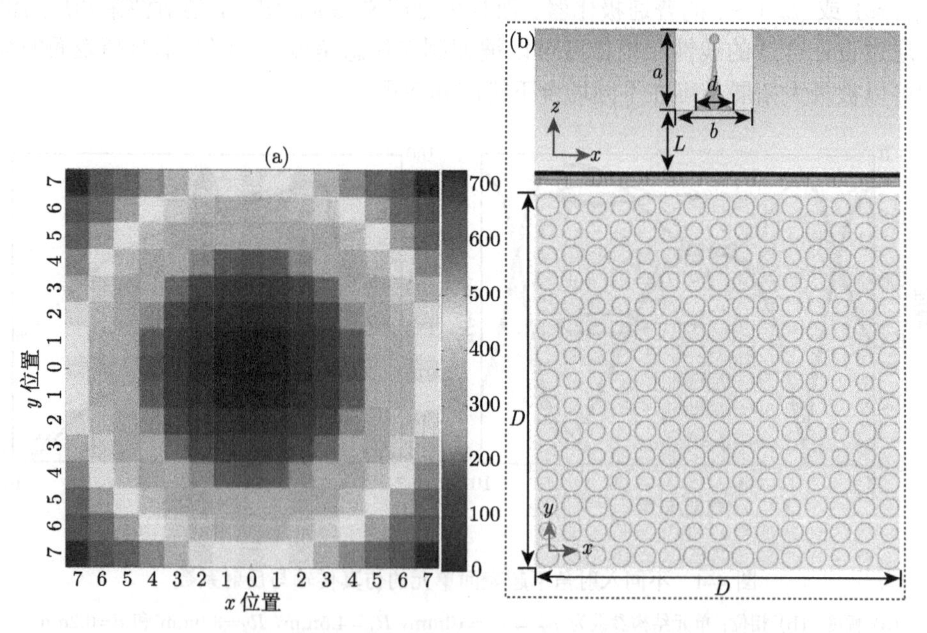

图 4-5 变极化多功能微带阵天线的 (a) 相位分布和 (b) 拓扑结构

天线的物理结构参数为 a=30mm，b=30mm，L=38mm，D=150mm 和 d_1=15mm

下面探索能实现超表面单元 360° 相位覆盖的几种可能方式。如图 4-6 所示，当 CDSRR 外半径固定且其宽度 $w=R_1-R_2$ 从 0.3mm 不断增加 (CDSRR 的内半径

R_2 不断减小) 时，单元的工作频率不断向高频发生偏移，而且透射谷的幅值在不断减小，带宽在不断增加。带宽增加是由于窄槽具有很高的品质因数，可根据 Babinet 原理通过细金属条的高品质因数进行类比。当 0.3mm< w <1.62mm 时，8.25GHz 处交叉极化透射曲线的幅度均大于 0.7，相位覆盖范围达 300.6°。这种扫描方案存在两个缺点：一是在满足透射幅度情况下不太容易实现 360° 相位覆盖；二是单元带宽随 w 增大不断减小，单元带宽不稳定使得整个 GMS 的带宽受限。

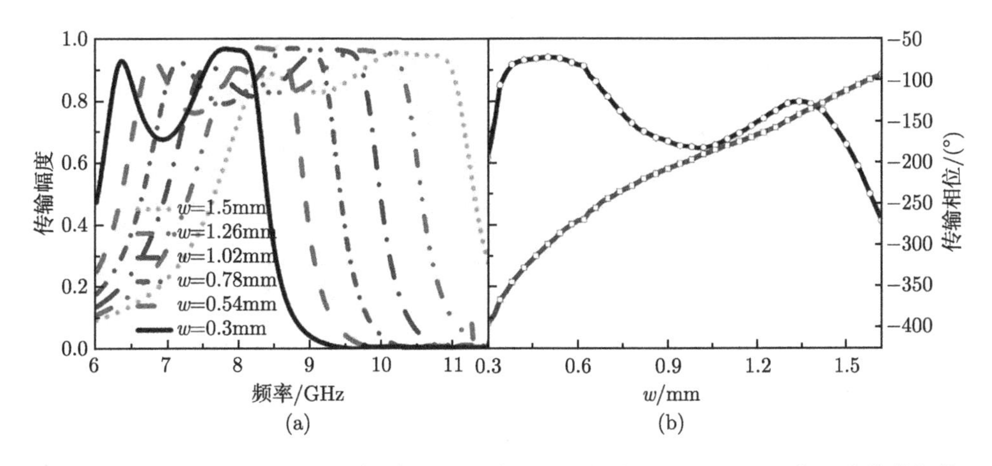

图 4-6 不同 w 情形下超表面单元的 (a) 仿真 t_{yx} 幅度谱和 8.25GHz 处随 w 变化的扫描幅度和相位谱

单元结构参数为 $p_x = p_y$=10mm，R_1=4.8mm 和 d=0.2mm

为综合考虑透射幅度、带宽和相位覆盖范围，这里进一步给出了一种新扫描方案，即固定 CDSRR 的宽度 (同时调谐 R_1、R_2)。由于该情形下 w 不变，所以各单元的带宽变化较小。为对比分析并形成最佳幅度，我们给出了两种情形，第一种情形为 w=0.6mm，观测频段为 9GHz，第二种情形为 w=1.2mm，观测频段为 10.26GHz。如图 4-7 所示，当 R_1 在 3.6~4.8mm 范围内变化时，前者的相位覆盖范围为 359.5°，而后者的相位覆盖范围为 329.3°，前者的相位变化较后者更加陡峭。从幅度曲线可以看出 t_{yx} 随 R_1 的变化呈现两个透射峰且透射峰之间存在一个透射谷，前者的谷值要小于后者的谷值，同时前者的透射均满足 $t_{yx} > 0.56$ 而后者满足 $t_{yx} > 0.4$。因此，为实现高效传输和大相位覆盖范围，这里选择 w=0.6mm。

如图 4-8(a) 所示，随着缺口 d 的不断增大，GMS 单元的工作频率稍向高频发生偏移，相位积累在细微地减小，同时第一个透射峰的效率在不断提高而第二个透射峰的效率在逐渐降低。由于后者效率的影响，透射谷的效率也在不断恶化，而反射曲线与透射曲线变化相反。综上，d 越小透射通带内波纹起伏越小，通带内效率越高。因此，为实现交叉极化的高效传输，选择 d=0.2mm。如图 4-8(b) 所示，可以看出当 CDSRR 的尺寸 R_1 很小且接近于 R_1=3.6mm 时，9GHz 处 GMS 单元的相位随单元周期的增大略有减小，而当 R_1 很大且接近于 R_1=4.8mm 时，相位随单元周期的增大明显增大，因此单元周期越小，相位变化越剧烈，相位曲线越陡峭，能实现的相位覆盖范围越大。因此，为实现交叉极化的大相位覆盖，选择 $p_x = p_y$=10mm。

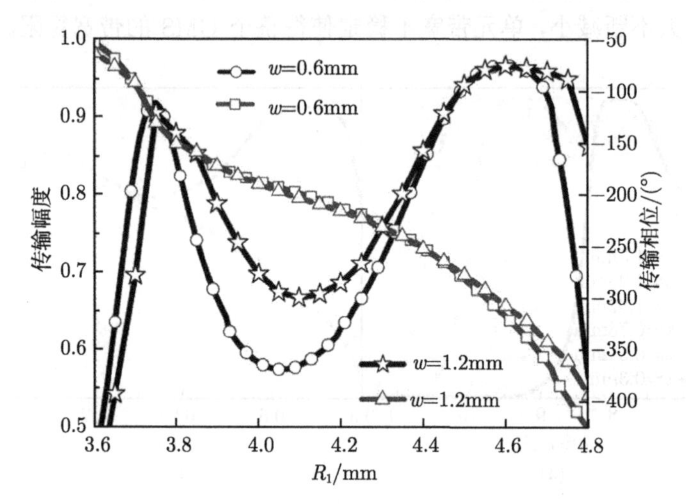

图 4-7　w=0.6mm 时 9GHz 处以及 w=1.2mm 时 10.26GHz 处 GMS 单元随 R_1 变化的 t_{yx} 曲线

单元的其余结构参数为 $p_x = p_y$=10mm 和 d=0.2mm

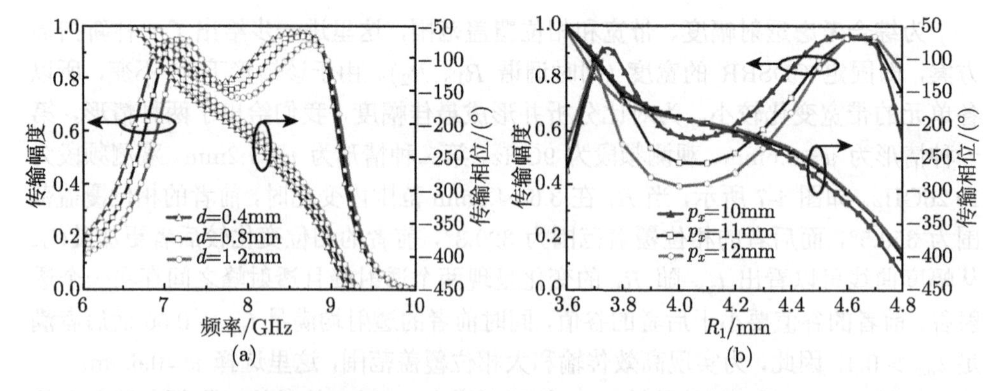

图 4-8　超表面单元随 (a) 缺口 d 和 (b) 周期 p_x 变化的 t_{yx} 曲线

单元其余结构参数为 $p_x = p_y$=10mm，R_1=4.8mm 和 w=0.6mm

如图 4-9(a) 所示，随着观察频率的不断增大，GMS 单元的透射曲线逐渐向 R_1 小的方向移动，因此 8GHz 处只能观察到左边的透射峰，9GHz 处能完全观察到两个透射峰而 10GHz 处只能观察到右边的透射峰。如图 4-9(b) 所示，8~10GHz 范围内 GMS 单元随 R_1 变化的相位曲线基本一致，相位差在一定误差允许范围内均可认为是线性变化，具有较宽的工作带宽。而低于 8GHz 和高于 10GHz 时，GMS 单元的相位趋于一致，为渐近行为，GMS 没有相位纠正能力。

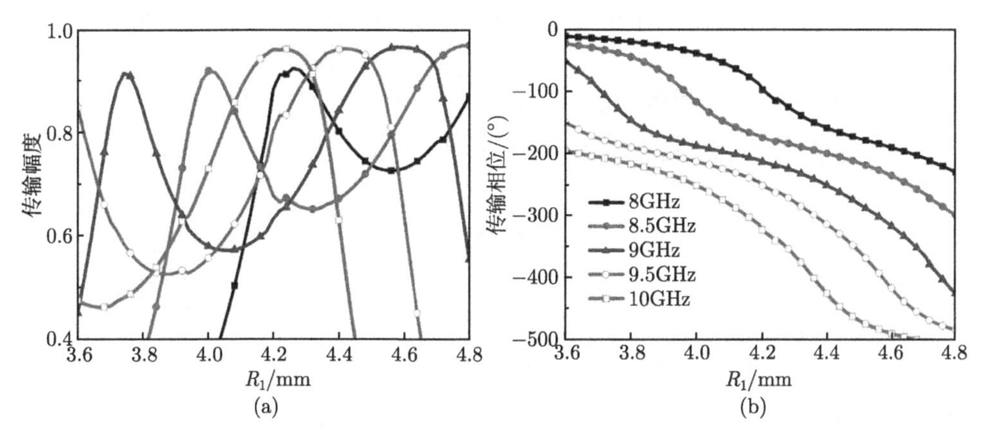

图 4-9 不同频率处超表面单元随 R_1 变化的 (a) 幅度和 (b) 相位曲线

单元结构参数为 $p_x = p_y$=10mm，d=0.2mm 和 w=0.6mm

基于图 4-7、图 4-9 的扫描结果以及图 4-5(a) 的口径相位分布，并通过在商业仿真软件 CST 中采用寻根算法和宏建模即可实现图 4-5(b) 中微带阵各单元的结构尺寸。根据图 4-9 的结果可以预测微带阵的相位纠正带宽，为直观预示微带阵在相位纠正带宽下的辐射特性，图 4-10 给出了微带阵口径上的幅度分布 $|t_{yx}|$ 和平均透射 ($T = \Sigma|t_{yx}|/N$)、反射幅度 ($R = \Sigma|r_{xx}|/N$)。可以看出 f_0=9GHz 处微带阵口径具有很高的透射幅度且均大于 0.53，同时 T/R 的值在 $f < f_0$ 时随着 f 的增大不断增大而在 $f > f_0$ 时随着 f 的增大不断减小，而在 9.3GHz 处 $T/R \approx 1$。

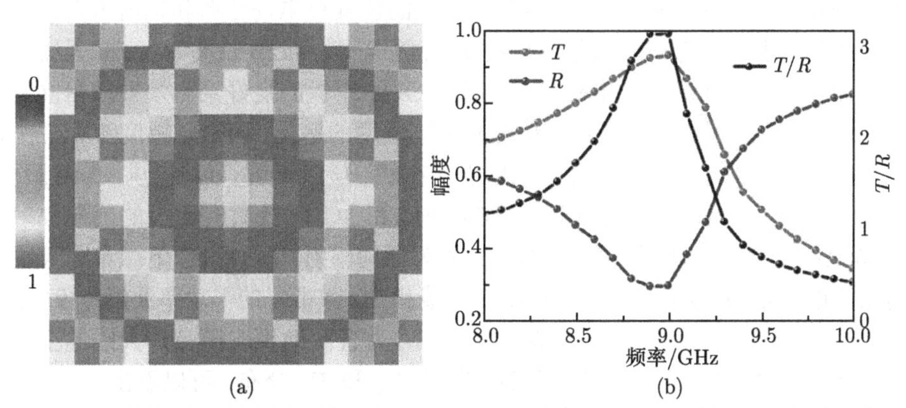

图 4-10 微带阵口径上所有单元的 (a) 透射幅度分布以及 (b) 透射和反射幅度均值

因此，微带阵在 f_0 具有很纯的透射特性和透射峰值增益，同时在 f <9.3GHz 时微带阵具有前向透射辐射，在 f ≈9.3GHz 附近的一定带宽范围内具有双向辐射，而在 f >9.3GHz 时微带阵具有后向反射辐射。因此在允许一定的增益恶化下，微带阵在很宽的带宽范围内具有很好的辐射特性和可重构功能。

为验证设计的正确性，采用商业仿真软件 HFSS 对最终设计的天线阵进行仿真。如图 4-11 所示，当 L=38mm 时微带阵在 xOz 面和 yOz 面均具有最佳天线增益 18.3dB，同时由于馈源的非理想相位中心，设计的焦距与真实 F 存在微小差异。H 面比 E 面稍大的旁瓣是由馈源在两个面内固有的非对称辐射方向图引起的。

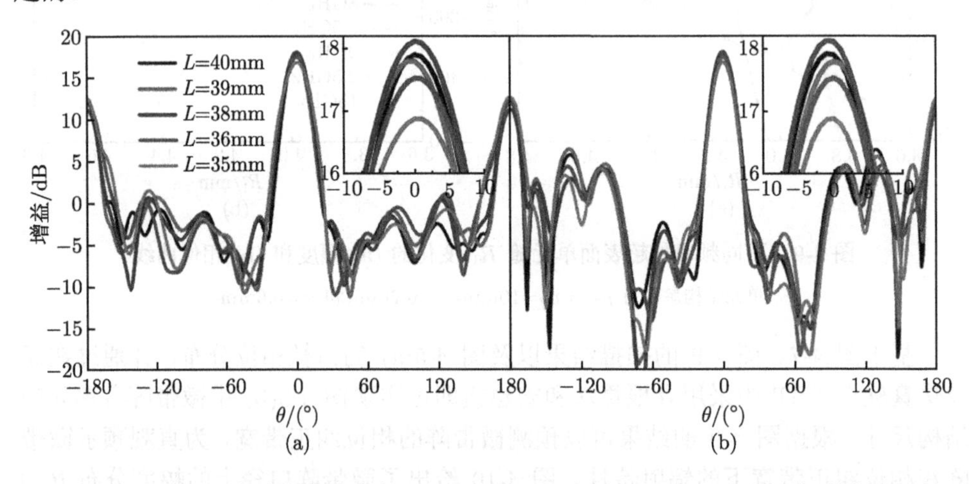

图 4-11　9GHz 处多功能微带阵在 (a)xOz 面 (E 面) 和 (b)yOz 面 (H 面) 的仿真辐射方向图

为直观地说明微带阵天线的多功能辐射特性，图 4-12 给出了微带阵天线在 8GHz、9GHz、9.3GHz 和 10GHz 四个频率处的仿真总电场分布和辐射方向图。反射场分布和透射场分布表明微带阵天线在上述四个频点处均能将 Vivaldi 天线发出的准球面电磁波转变成平面电磁波，验证了 GMS 平板的良好聚焦效果和相位纠正能力，但聚焦效果因相位偏离理论值而有不同程度的恶化，而透射幅度随着工作频率偏离中心频率而不断恶化，透射电场强度在 9GHz 处最强，而在 10GHz 处最弱。从辐射方向图可以看出，微带阵天线在 8GHz 和 9GHz 处具有明显的前向辐射特性，9.3GHz 处为双向辐射，而在 10GHz 处为后向辐射，所有情形下微带阵天线均具有很高的高定向性和增益。与 Vivaldi 天线相比，微带阵的半功率波瓣宽度 (15°) 减小了 40° 且所有频率下增益至少增大 6dB。为直观地说明微带阵天线的变极化特性与物理机理，图 4-13 给出了多功能阵的 E_x 和 E_y 分布。可以看出 Vivaldi 天线辐射的电磁波只有 E_x 分量且 8GHz 和 9GHz 处 E_x 分量经超表面平板之后完全

转变成了前向透射 E_y 分量，具有很高的线极化转换效率，验证了微带阵天线的变极化特性；而在 10GHz 处 E_x 分量经 GMS 平板之后前向透射 E_y 分量很小可以忽略，后向反射仍为 E_x 分量，极化不变。

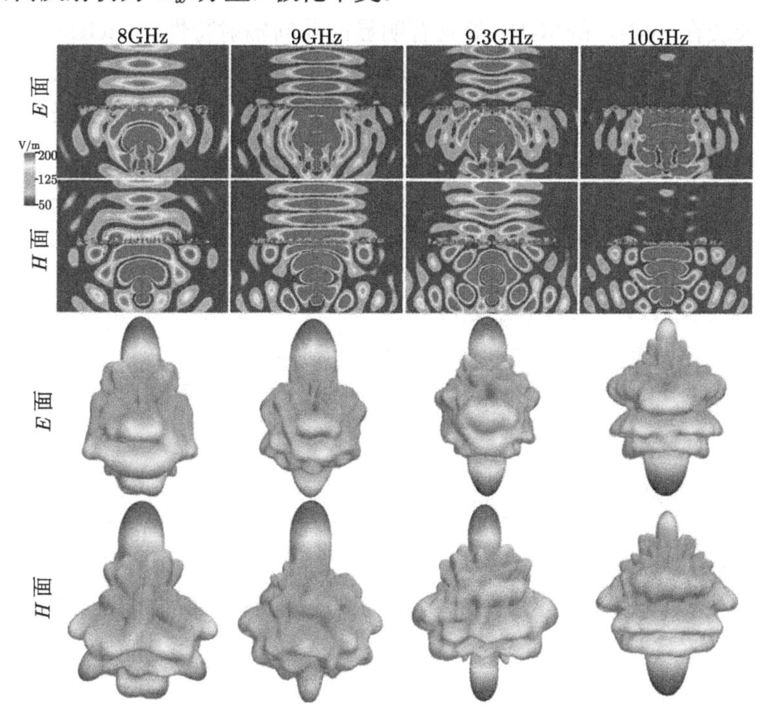

图 4-12 变极化多功能微带阵天线在 8GHz、9GHz、9.3GHz 和 10GHz 处 E 面和 H 面内的总电场分布 (实部) 和辐射方向图

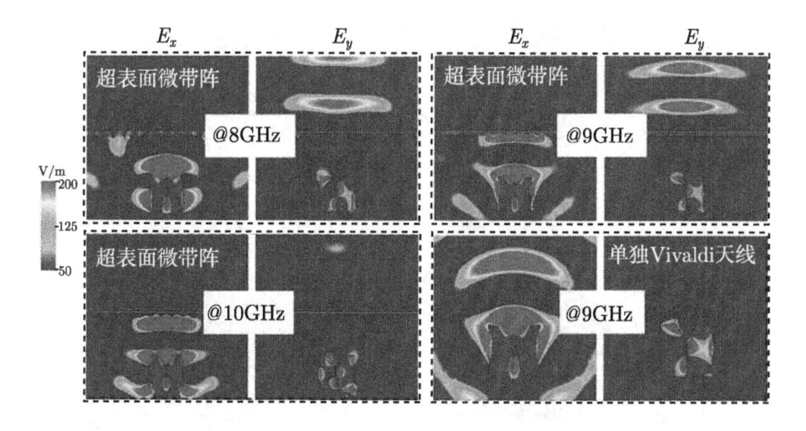

图 4-13 变极化多功能微带阵天线在 8GHz、9GHz 和 10GHz 处 E 面和 H 面内的电场分量 E_x 和 E_y 分布 (实部)

为实验验证微带阵的多功能辐射特性和变极化特性，对上述设计的微带阵天线进行加工测试，实物和回波损耗曲线如图 4-14 所示。微带阵在 8~12GHz 范围内回波损耗均低于 10dB，具有很好的阻抗匹配特性。如图 4-15 所示的结果再次证明微带阵天线在 8GHz 和 9GHz 处具有明显的前向辐射特性，9.3GHz 处为双向辐射，而在 10GHz 处为后向辐射。微带阵不仅实现了反射、双向辐射以及透射之间的功能切换，还实现了同极化和交叉极化之间的极化状态切换，交叉极化方向图的仿真与测试前后比优于 17dB。

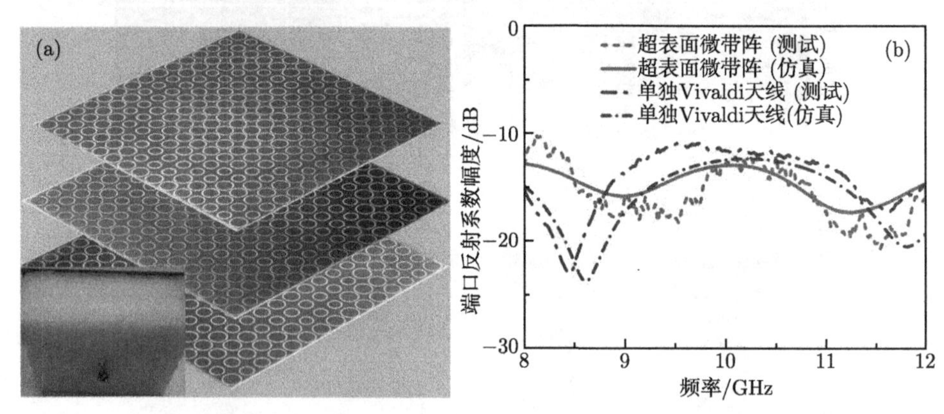

图 4-14　极化多功能微带阵天线的 (a) 实物样品与 (b) 仿真、测试端口反射系数幅度曲线

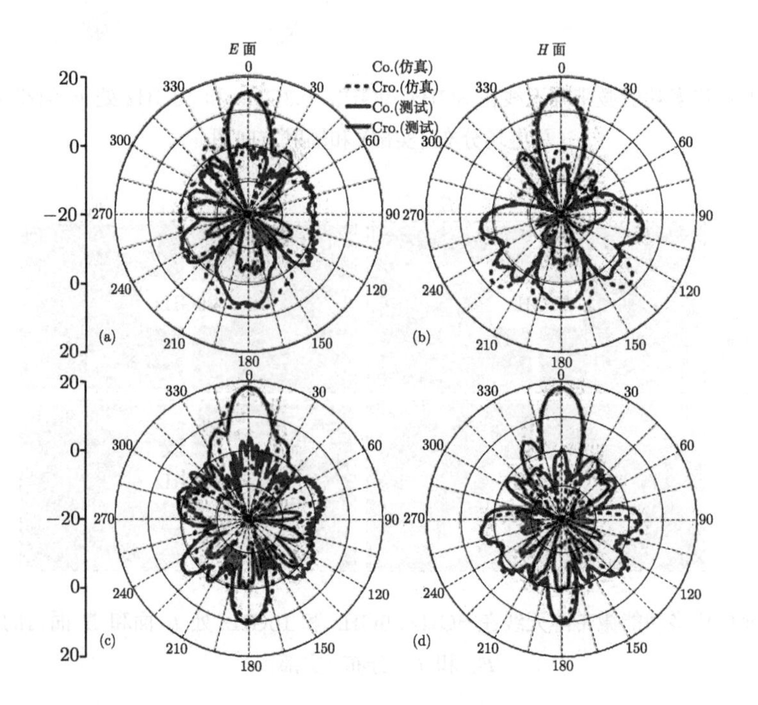

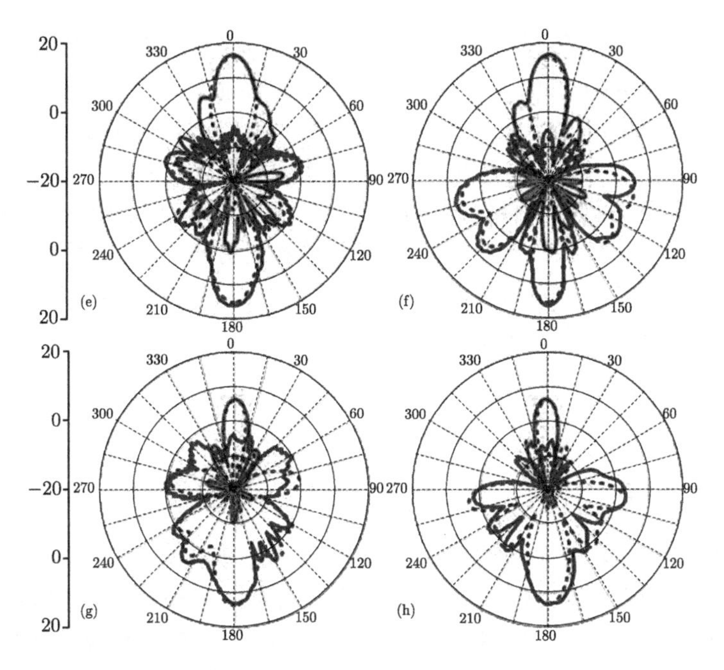

图 4-15 变极化多功能微带阵天线在 (a), (b)8GHz, (c), (d)9GHz, (e), (f)9.3GHz 和 (g), (h)10GHz 处的 E 面和 H 面辐射方向图

微带阵其他频率处的辐射特性如图 4-16 所示，仿真与测试结果吻合良好，实验结果表明微带阵在 8.9GHz/10GHz 处具有峰值前向/后向辐射增益 18.5dB/13.1dB，而后向/前向增益为 9.35dB/6.28dB，1dB 增益带宽为 6.7%，仿真/测试效率

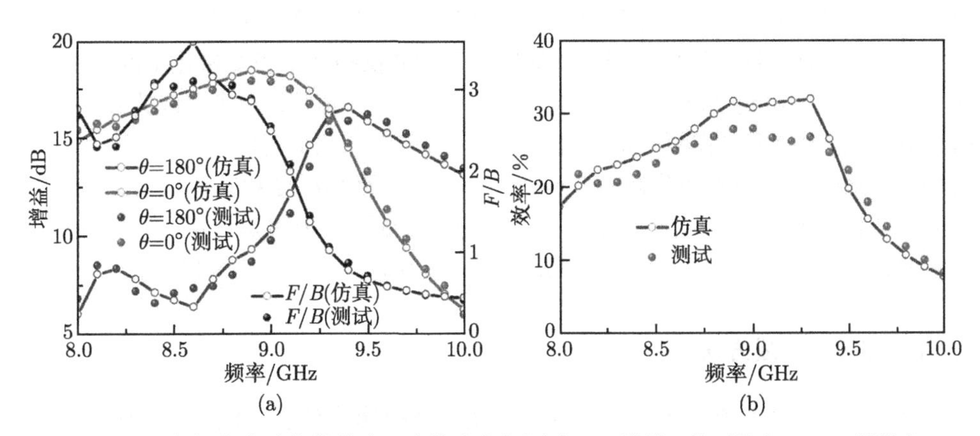

图 4-16 变极化多功能微带阵天线的仿真与测试 (a) 增益、前后比和 (b) 口径效率

效率计算为增益 (包括前向和后向辐射) 与最大方向系数 ($D = 4\pi S/(\lambda^2)$，S 为微带阵的口径) 的比值

从 10GHz 处的 8.5%变化到 9GHz/9.3GHz 的 28%/31%。前向透射辐射 ($\theta=0°$) 在 $f \leqslant 9.2$ GHz/$f \geqslant 9.5$GHz 处比后向反射辐射大/小。然而它们在 9.3GHz$\leqslant f \leqslant$9.4GHz 范围内具有几乎相同的值。交叉极化和主极化方向图的最大/最小差异在 8.6GHz/10GHz 处为 11.1dB/−6.8dB，产生了峰值/谷值前后比 3.2/0.45。因此，微带阵实现了灵活的频变辐射方向图多样性，即在不同频率处实现了前向辐射、双向辐射和后向高定向辐射。本节集线极化器、透镜、反射阵和透射阵于一体，降低了制作成本，提高了效率和复用性，且不需要多层扭转手性结构即可实现，具有结构简单、体积小、损耗低、频带宽和质量轻等优良特性。

4.2 变波束多功能微带阵

波束数量和波束指向易控的高定向性辐射在现代智能通信系统中广受青睐。尤其是具有任意波束指向的多波束笔状高定向天线引发了很多应用研究，如电子对抗、卫星直播、多目标雷达、SAR、多输入多输出系统、智能通信以及侦查系统等。传统多波束天线的合成方法基于喇叭馈源阵或大相控阵来实现，往往依赖于多端口多波束形成馈电网络，设计复杂且损耗大、成本高。已有的多波束技术有透镜式、反射面式以及相控阵式三类。最近学者提出使用零折射率 [183−185] 和渐变折射率 [7,186,187] 超材料等，虽然天线获得了很好的高增益笔状波束，但整个辐射系统体积、重量和损耗较大且加工不易、制作成本较高。各向异性超表面[126,157,159,160,188−193] 是指不同极化下呈现不同电磁响应的平面人工电磁结构，损耗小、易加工制作。由于正交极化下超表面单元的相位响应可以独立调控而互不影响，各向异性超表面已被应用于独立操控两个正交极化下的反射/透射电磁波波前，如线-圆极化转换器，线极化波束分离器等，近年来成为超表面的研究热点。但已有文献在两个正交极化下实现都是单一相似功能 [157,159,160,188]，且均局限于线性梯度的双极化操控，至今还未见关于抛物梯度和其他更加复杂相位梯度的双极化操控。反射阵/透射阵被广泛研究, 用来实现聚焦波束、波束偏折以及多波束高增益辐射 [16,194−198]，但波束数量和方向并不能任意操控。

4.2.1 四波束合成方法

这里四波束笔状波束的优化与合成采用交替投影法算法，不同于几何分区法，将天线口径分成 N 个子阵，每个子阵在预定方向产生定向波束且只能截获到馈源 $1/N$ 的功率，因此该方法合成的多波束只有 $1/N$ 的口径效率。口径场叠加法将某个单元对所有波束的场幅度和相位贡献进行叠加，单个馈源激励下产生空间 N 波

束时，微带阵口径上的切向场分量可表示为

$$E_{\mathrm{R}}(x_i, y_i) = \sum_{n=1}^{N} A_{n,i}(x_i, y_i)\mathrm{e}^{\mathrm{j}\varphi_{n,i}(x_i,y_i)} \tag{4-7}$$

这里$A_{n,i}$，$\varphi_{n,i}$分别为第i个单元产生第n个波束需要贡献的幅度和相位，$A_{n,i}=A_i^{\mathrm{Feed}}$由馈源和阵元位置决定且相对固定和不随波束方向变化。由于$\left|\sum_{n=1}^{N}\mathrm{e}^{\mathrm{j}\varphi_{n,i}(x_i,y_i)}\right| \neq 1$，幅度要求很难满足，因此基于该方法合成的多波束性能下降，如副瓣电平升高，主瓣增益下降等。

交替投影算法的基本原理是通过投影迭代寻找两个集合的子集，其中集合 A 为透射阵天线所有可能辐射方向图集，集合 B 为透射阵天线满足条件限制的理想辐射方向图集，它们使得透射阵辐射方向图 $T(u, v)$ 分别满足

$$A \equiv \left\{ T : T(u,v) = \sum_{(m,n)\in I} \alpha_{m,n}\mathrm{e}^{\mathrm{j}k(P_{m,n}^{x}u+P_{m,n}^{y}v)} \right\} \tag{4-8}$$

$$B \equiv \{T : T(u,v) = M_{\mathrm{L}}(u,v) \leqslant |T(u,v)| \leqslant M_{\mathrm{U}}(u,v)\} \tag{4-9}$$

其中 $u = \sin\theta\cos\varphi$，$v = \sin\theta\sin\varphi$ 为角坐标；$P_{m,n}^{x}$ 和 $P_{m,n}^{y}$ 为阵元 x, y 方向坐标；I 为阵元位置的集合；$\alpha_{m,n}$ 是阵元的激励幅度，M_{U} 和 M_{L} 为理想辐射方向图的上下界函数。这里四波束透射阵中 $M_{\mathrm{U}} = 1$，$M_{\mathrm{L}} = 0.707$ 分别代表主波束和 3dB 波瓣宽带。为获得主波束区域外的低副瓣，通过迭代使得适应度函数 $T_{\mathrm{adp}} = \sum_{u^2+v^2\leqslant 1}\sum(|T(u,v)| - M_U(u,v))^2$ 趋于一个稳定值，此时迭代收敛，所得相位分布为最优分布。迭代过程中利用理想辐射方向图的上下界和适应度函数不断修正透射阵天线的方向图，而方向图又可以投影到阵元的激励幅度和相位，从而不断对口径面上阵元的幅度和相位不断纠正，达到一个闭环优化过程。其中喇叭馈源通过 $\cos^q(\theta)$ 等效，其照射到各阵元上的强度随角度呈现 $\cos^q(\theta)$ 变化，其中 q 为喇叭的 Q 值。

4.2.2 低副瓣四波束透射阵验证

下面我们基于一种透射阵来验证 4.2.1 节基于改进的交替投影算法的四波束合成方法。

微带透射阵天线由介质板上印刷的系列平面阵列单元构成，由于其继承了抛物面反射器与阵列天线的双重优点，近年来引起了大家浓厚的学术兴趣。同时，微带透射阵天线通常还具有剖面低、质量轻、高增益、功能灵活和易加工等优异特性。透射阵天线设计的核心在于如何获得单元的高透射效率与完整 2π 相位覆盖，同时

兼顾一定的工作带宽。为获得完整 2π 的相位覆盖，研究人员通常采用四层以上金属单元，且通常单元结构为单模工作的贴片或槽。虽然通过增加单元层数可以增加透射峰数目，从而获得平整的透射幅度，但多层结构增加了损耗和加工复杂度，同时由于每层单元都是单模工作，单层相位覆盖范围非常有限。虽然透射超表面在空间相位控制上与频率选择表面相似，但不同的是，透射超表面单元尺寸更加电小，降低了电磁响应随极化角和入射角的敏感性，尤其是大角度斜入射下的影响可以显著减小，而且在有限口径下可以获得大阵列数目的透射阵列，使得口径相位更加平滑，性能和效率更高。

为同时获得大相位覆盖和高透射率，这里提出了具有弱色散和共面耦合机制的三层超表面单元，每层结构为具有双模工作的复合结构，这使得基于交替投影算法最终合成的多波束透射阵具有增益高、副瓣低和结构超薄的优点。

由于透射单元决定了最终阵列的大部分电磁行为和性能，这里我们首先在透射框架下从理论源头上研究了单元的透射相位覆盖范围 (极限) 与结构层数、透射率之间的锁定关系，目的是为后续阵列设计提供一般理论指导和设计准则，从而设计出一种具有最少层数且满足相位要求的高透射单元，同时能够平衡相位陡峭度 (线性度) 和传输幅度带宽。

在 4.1 节中我们基于耦合模理论并通过单模双端口互易系统得到两个结论：一是能量守恒要求 $|r|^2+|t|^2=1$，二是 $r^*t+t^*r=0$。这两个结论适用于任意形状的结构单元。为不失一般性，假设直角坐标系下入射电磁波沿 y 方向极化，与系统发生电磁响应产生四个传输、反射分量 (r_{yy}，r_{xy}，t_{yy} 和 t_{xy})。在双各向异性交叉系统中，我们可以完全压制其中某个极化的透射和反射分量，从而得到相位关系 $\varphi_{\rm t}-\varphi_{\rm r}=90°/-90°$。在没有双各向异性的同极化系统中，交叉极化分量完全被压制，仅存在 r_{yy} 和 t_{yy} 两个分量。在忽略系统的高阶谐波时，它们之间存在 $t_{yy}\approx 1+r_{yy}$。结合上述两个结论和这个关系，可得

$$|t_{yy}|{\rm e}^{{\rm j}\varphi_{t_{yy}}}\approx 1+\sqrt{1-|t_{yy}|^2}{\rm e}^{{\rm j}(\varphi_{t_{yy}}\pm\pi/2)} \tag{4-10}$$

对 ${\rm e}^{{\rm j}\varphi_{t_{yy}}}$ 采用实部和虚部代入，可以得到式 (4-10) 的一般通解 $|t_{yy}|\approx\cos(\varphi_{t_{yy}})$ 和 $|r_{yy}|\approx\sin(\varphi_{t_{yy}})$，该通解同样适用于任意形状的单元且将透射幅度和相位的关系联系在一个圆上 [199]，从该圆可知传输相位极限的增加是以牺牲透射率为代价的，例如，对于 -1dB 透射率来讲，单层结构的传输相位极限是 54°，而对于 -3dB 透射率来讲，单层结构的传输相位极限可达 90°。

为获得一个大口径阵列所需的 360° 传输相位覆盖，简单而有效的方法就是增加单元金属结构和介质板的层数，交错相间。为简化设计，层叠的介质板和金属结构完全相同。这里为使层数最少，保证透射阵的低剖面，我们使用了 3 层金属结构和 2 层介质板，最终整体透射框架前后完全对称。任意相邻两层结构级联的传输

系数可以由单层结构获得

$$\left|t_{yy}^{\mathrm{CF}}\right|=\left|t_{yy}^{\mathrm{CB}}\right|=\frac{t_{yy}^{1}t_{yy}^{2}}{1-r_{yy}^{1\mathrm{B}}r_{yy}^{2\mathrm{F}}} \tag{4-11a}$$

$$\left|r_{yy}^{\mathrm{CF}}\right|=\frac{(t_{yy}^{1})^{2}r_{yy}^{2\mathrm{F}}}{1-r_{yy}^{1\mathrm{B}}r_{yy}^{2\mathrm{F}}}+r_{yy}^{1\mathrm{F}} \tag{4-11b}$$

$$\left|r_{yy}^{\mathrm{CB}}\right|=\frac{(t_{yy}^{1})^{2}r_{yy}^{1\mathrm{B}}}{1-r_{yy}^{1\mathrm{B}}r_{yy}^{2\mathrm{F}}}+r_{yy}^{2\mathrm{B}} \tag{4-11c}$$

这里上标 1，2 和 C 代表第一层，第二层和 2 层级联后的结构体系，F 和 B 表示前向和后向传输或反射系数。任意两层介质板级联后的传输系数可以通过下式计算。

$$\left|t_{yy}^{C}\right|=\frac{(1-\Gamma^{2})\mathrm{e}^{-\mathrm{j}\beta h}}{1-\Gamma^{2}\mathrm{e}^{-\mathrm{j}2\beta h}} \tag{4-12a}$$

$$\left|r_{yy}^{C}\right|=\frac{(1-\mathrm{e}^{-\mathrm{j}2\beta h})\Gamma}{1-\Gamma^{2}\mathrm{e}^{-\mathrm{j}2\beta h}} \tag{4-12b}$$

这里 Γ 和 β 与介电常数 ε_{r} 具有如下关系：$\Gamma=(1-\sqrt{\varepsilon_{\mathrm{r}}})/(1+\sqrt{\varepsilon_{\mathrm{r}}})$ 和 $\beta=2\pi\sqrt{\varepsilon_{\mathrm{r}}}/\lambda_0$。

通过依次重复级联上述相邻结构的 S 矩阵并使用之前确定的相位–幅度关系，可以很容易得到任意由多层金属和介质组成的复合结构的 S 矩阵。图 4-17 给出了由上述理论计算得到的三层透射单元的传输幅度和相位关系。由图 4-17(a) 可以看出，当介质板厚度固定为 $\beta h=\pi/2$ 时传输幅度 $|t_{yy}|$ 关于 $\varphi_{t_{yy}}=0°$ 呈现轴对称分布，当 ε_{r} 改变时，传输幅度变化主要体现在三个区域：中间区域和左右两边对称区域。当 ε_{r} 由 1 增加到 4.5 时，在边缘对称区域 $|t_{yy}|$ 由接近 1 逐渐降低到 0.707 (3dB)，而在中间区域由 0.15 逐渐增加到 0.89 (1dB) 附近。当 ε_{r}=2 和 4.5 时，$|t_{yy}|$ 在边缘对称区域的最小值分别为 0.89 和 0.707，而在中间区域，$|t_{yy}|$ 在 ε_{r}=2 时的最小值低于 0.707。因此，为获得完整的 360° 相位覆盖和足够的透射率，ε_{r} 应该选择一个中间值 (2.65)。由图 4-17(b) 可以看出，随着 h 的不断增加，$|t_{yy}|$ 的变化依然清晰体现在上述三个区域，但 $|t_{yy}|$ 不再关于 $\varphi_{t_{yy}}$=0° 呈轴对称分布，出现左右两个非对称区域。注意这里 h=4.8mm 对应于图 4-17(b) 中 9.6 GHz 处 $\beta h=\pi/2$ 的情形。随着 h 的增加，$|t_{yy}|$ 在中间区域的变化可以忽略，而在左右边缘区域呈此消彼长的相反变化趋势。因此为平衡透射阵的厚度与整个相位范围内的透射率 (确保 $|t_{yy}|>0.707$)，介质板的厚度 h 最终选择一个折中值 (3~6mm)，既不能太大也不能太小。综合考虑上述诸多因素，在后续所有设计中选择聚四氟乙烯介质板 (ε_{r}=2.65，$\tan\delta$=0.001，h= 3mm)，这使得 360° 相位覆盖范围内单元的最小透射率稍微偏小但均满足 $|t_{yy}|>0.63$。上面理论分析给我们在三层透射结构体系下设计满足透射率和 360° 相位覆盖的要求提供了理论指导，尤其是在介质板厚度和介电常

数选择上提供了设计准则。下面我们将基于实际超表面结构设计来实现预期最大相位覆盖。

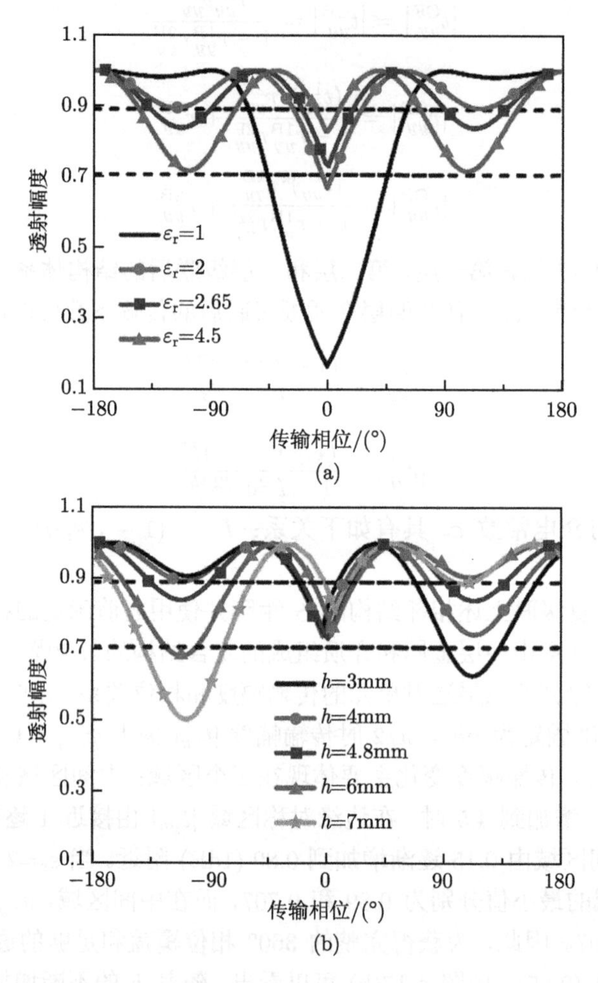

图 4-17 不同情形下理论计算的三层金属结构构成的透射超表面单元的透射幅度与相位之间的关系

(a) 不同介电常数 (ε_r)；(b) 不同介质板厚度 (h)；第一种情形下介质板的电厚度为 $\beta h=\pi/2$，而第二种情形下 $\varepsilon_r=2$

为打破理论体系下三层透射结构在透射幅度上的不足，实际设计时，每层金属结构均能工作于两个或多个工作模式，即多模共振。如图 4-18 所示，透射超表面单元由三层完全相同的复合金属结构 (厚度为 0.036mm，电导率为 5.8×10^7 S/m 的金属铜) 以及高度为 h 的两层介质板组成，其中复合金属结构由 I 型结构和左右完全对称的金属贴片构成，用于在同一平面内形成两个共振模式耦合从而增加相位响应斜率和相位积累。工作时电磁波沿 y 方向极化和 $-z$ 方向入射，I 型结构和贴片响应电磁波分别在 f_1 和 f_2 处产生两个工作模式，分别由如图 4-19(a) 所示的串联谐振电路 L_1，C_1，R_1 以及 L_2，C_2，R_2 物理等效。三层复合金属结构之间的耦合会产生多个 Fabry-Perot (FP) 谐振模式，从而在由上述两个共振模式限定的通带范围内形成多个高透峰，形成宽带平滑透射。除了拓展相位覆盖范围和增加透射率外，选择双模复合结构还可以降低单元工作频段，形成更加电小的超表面单元，在平滑相位线性度和透射幅度带宽以及相位控制中提供额外的自由度。

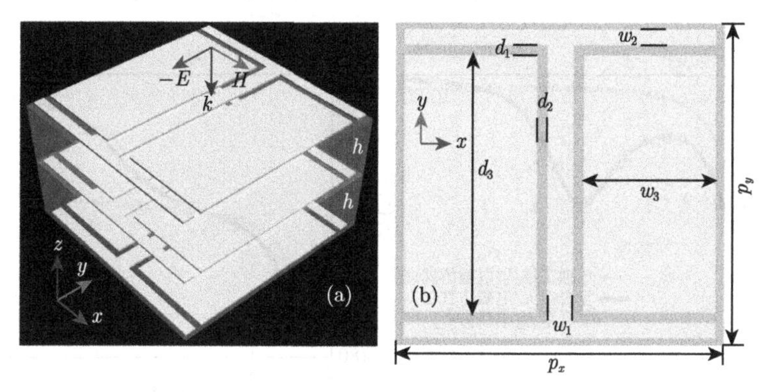

图 4-18 超表面微带透射阵 (a) 单元结构与 (b) 尺寸示意图

其结构参数为 $p_x = p_y$=10mm，w_1=0.8mm，w_2=0.5mm，w_3=4.05mm，$d_1 = d_2$=0.3mm，d_3=8mm

采用商业仿真软件 CST 对单元和透射阵进行设计和仿真，以获得单元的电磁特性和阵列的电磁性能。为理解和验证复合金属结构的双模工作与物理机制，从而实现对双模的独立控制，在反射体系下对含有金属背板的单层复合结构进行电磁和电路仿真，结果如图 4-19 所示。从图 4-19(c) 和 (d) 两个清晰的反射谷中可以验证复合结构的双模工作，同时电磁仿真结果与电路仿真结果吻合得非常好，而单独的 I 结构只有一个反射谷。电路仿真中，金属背板由接地等效，介质板中的传输由等效阻抗为 Z_{c} 电长度为 h_0 的传输线等效，共振损耗由 R_1 和 R_2 等效。双模工作的物理和起源可以进一步由电场和电流分布验证，如图 4-19(b) 所示，在 f_1 处均一化电流围绕在 I 结构附近，而 f_2 处均一化电流分布于贴片上，从该图进一步分析可知电路参数的物理意义，即 $L_1 \approx L_{\mathrm{w}} + L_{\mathrm{t}}$，$L_2 \approx L_{\mathrm{p}}/2$，$C_1 = C_{\mathrm{f}} \times C_{\mathrm{c}}/(C_{\mathrm{f}} + C_{\mathrm{c}})$ 和 $C_2 \approx 2C_{\mathrm{p}} \times C_{\mathrm{c}}/(C_{\mathrm{p}} + C_{\mathrm{c}})$。这里 L_{w} 为 I 结构竖直金属条的电感，C_{f} 为相邻单元 I 结构水平金属条间形成的边缘电容，C_{c} 为 I 结构与贴片之间的耦合电容，L_{p} 和 C_{p} 为贴片的电感和电容。因此，根据传输线理论单元的电磁响应可以通过调谐 L_1，C_1，L_2 和 C_2 进行任意调控。

如图 4-20 所示，透射体系下金属结构的双模工作可以从透射通带边缘低频和

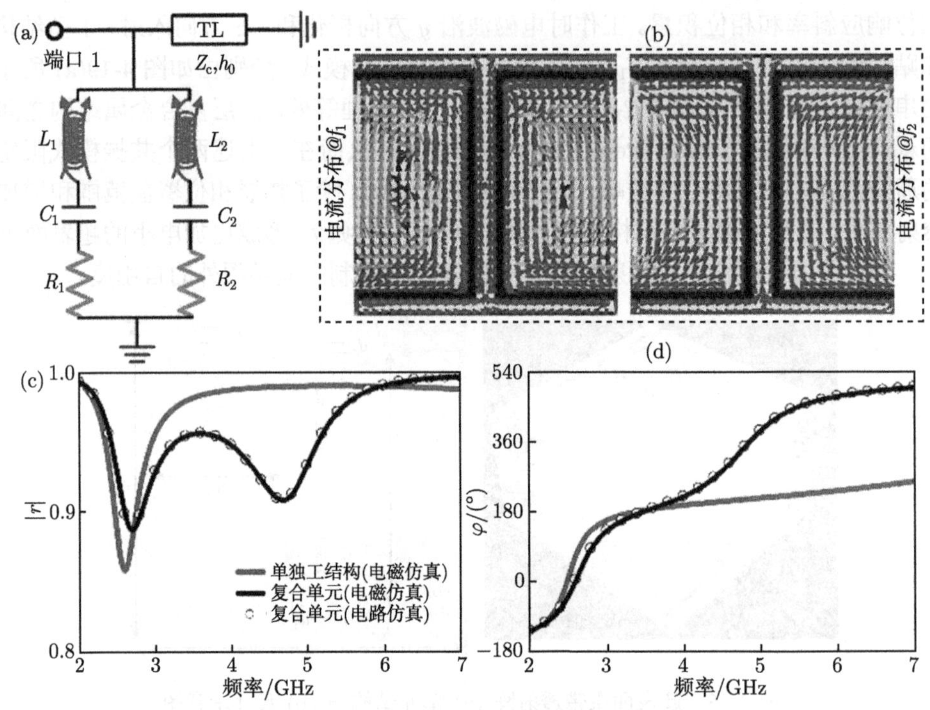

图 4-19 单层反射超表面单元电磁描述

(a) 等效电路；(b) 电流分布；有和无对称贴片时的 (c) 反射幅度和 (d) 反射相位响应；单元的几何结构参数为 $p_x = p_y$=12mm, w_1=0.8mm, w_2=0.5mm, w_3=5.1mm, d_1=0.25mm, d_2= 0.5mm, d_3=10mm 和 h_i=10.5mm；提取的电路参数为 L_1= 18.76nH, C_1= 0.111pF, L_2= 0.059nH, C_2= 0.196pF, R_1= 8.37 Ω, R_2= 0.114 Ω, Z_c= 204.9 Ω 和 h_0= 0.327π

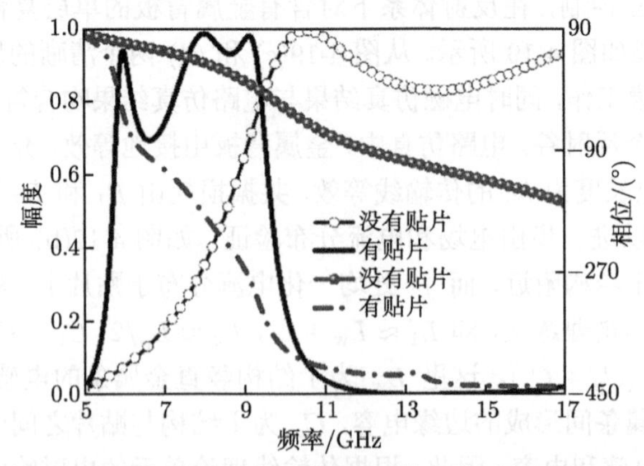

图 4-20 有和无对称贴片时三层超表面单元的透射幅度、相位曲线

单元结构参数为 p_x= p_y= 10mm, w_1= 0.8mm, w_2= 0.5mm, w_3= 4.05mm, d_1= d_2= 0.3mm 和 d_3= 8mm

高频的两个传输零点 (截止频率) 看出，而且没有对称贴片时我们不能观测到高频截止频率，即使在 20GHz 以下。增加贴片可以显著降低透射单元的工作频率和增加相位响应线性度。更加电小的单元使得最终设计的透射阵性能更加鲁棒、准确，对大角度入射更加不敏感。同时从幅度频谱中还可以清晰看出三个 FP 透射峰，显著增加了带内透射率，且 FP 透射峰与单元层数成正比。

如图 4-21 所示，当 d_3 不断减小时，FP 共振透射峰往高频移动，因此当 d_3=5.9mm 时观测到超表面单元 3 个完整透射峰，而当 d_3=1.7mm 和 8mm 时，观测频率范围内只能看到两个透射峰。单元变化的双模谐振频率改变了单元的透射频段，从而改变了特定频率处的透射相位，例如，当 d_3 由 1.7mm 增加到 8mm 时，单元在 9.6 GHz 处的透射相位由 8 连续减小到 −350(近似 360° 相位覆盖)，而透射率均大于 0.62。而且 d_3 越小，FP 共振峰之间的频谱距离越大，透射通带越宽和越平滑。当 d_3=5.9mm 时其透射通带在 7~12GHz 范围内 (相对带宽 52.6%) 均大于 0.75，具有很宽的透射带宽。尽管如此，减小 d_3 使得相位斜率变平，单元引起的突变相位变小。如图 4-22 所示，对于绝大多数 d_3 超表面单元的透射率均大于 0.83，仅在 d_3 上下边界处除外，具有很高的透射幅度，需要说明的是边界处个别透射率较低 (t_{yy} >0.63) 的少数单元并不影响整个阵列的性能。因此，超表面单元同时满足了高效透射阵所必需的高透和 360° 相位要求。

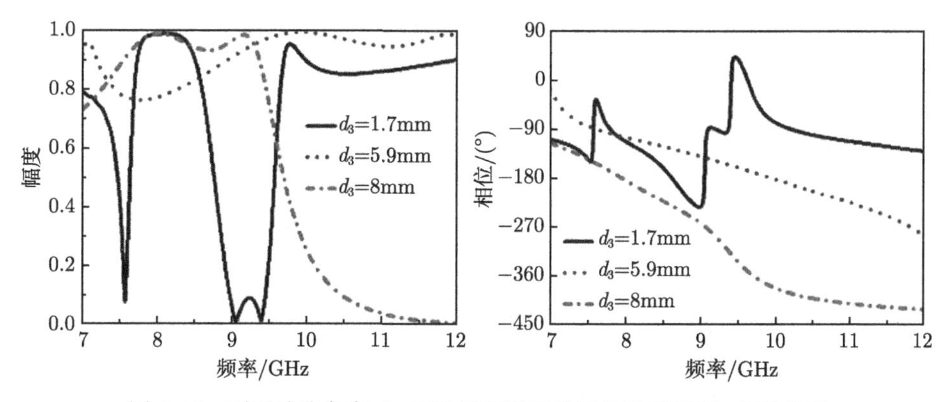

图 4-21 不同贴片高度 d_3 下透射超表面单元的透射幅度、相位曲线

如图 4-23(a)，(b) 所示，随着竖直间距 d_1 由 0.3mm 逐渐增加到 0.9mm，单元的透射通带不断向高频移动，而且相位变得更加平滑，线性度更好，这是由于贴片的高阶模式变得更弱，所以通带内透射幅度波动减小。如图 4-23(c)，(d) 所示，单元水平间距 d_2 对单元电磁特性的影响很小，尤其是当 d_2 较大时 ($d_2 \geqslant 0.5$mm)，幅度和相位曲线几乎不变。这是由于当 d_2 较小时，电容耦合较大，而当 d_2 较大时，耦合可以忽略，增大 d_2 对电容耦合的影响可以忽略。

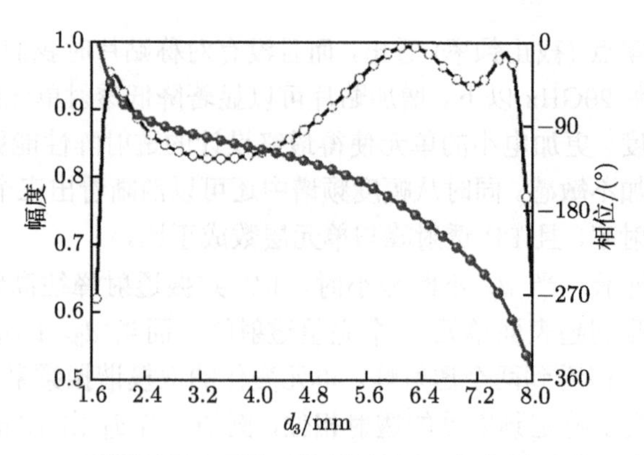

图 4-22 9.6GHz 处透射超表面单元的透射幅度、相位随尺寸 d_3 的变化曲线

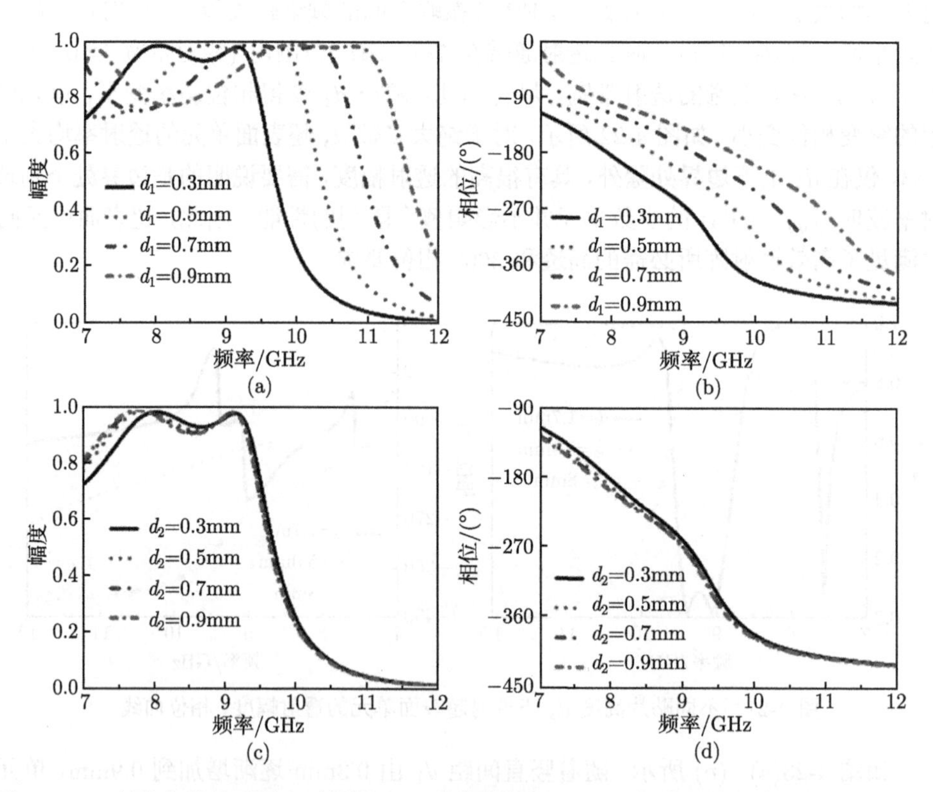

图 4-23 I 结构与贴片不同水平间距 (d_2) 和竖直间距 (d_1) 下超表面单元的透射 (a), (c) 幅度和 (b), (d) 相位响应曲线

单元其余结构参数保持不变: $p_x = p_y$=10, w_1=0.8, w_2=0.5 和 d_3=8mm

如图 4-24 所示，四波束透射阵由 y 极化角锥喇叭馈源和透射超表面组成。喇叭馈源由长为 a=22.86mm，宽为 b=10.16mm 的标准波导 BJ-100 和口径为 $A\times$

B=44mm×24mm 的喇叭开口构成，整体高度为 L=30mm，馈源放置在超表面的焦距 F 处对其进行馈电。其中 a、b 为标准 X 波段波导的口径尺寸，A，B 和 L 根据阻抗匹配、副瓣以及天线口径尺寸优化确定。喇叭口径距离超表面微带阵的距离为 F，超表面微带阵的口径为 $D \times D$，由 $N \times N$ 个上述超表面透射单元组成。基于 4.3.1 节的优化方法对多波束透射阵的相位进行合成，优化结果表明为有效形成四波束，焦距 F 与口径尺寸 D 的比例不应该超过 0.7，否则副瓣将显著增加，天线阵性能降低。最终四波束透射阵的中心工作频率设计在 f_0=9.6GHz，为便于表征且不失一般性，四个波束的俯仰角均设置为 θ= 30°，方位角分别为 φ_1=0°，φ_2=90°，φ_3=180° 和 φ_4=270°，然后为防止辐射功率溢出并降低加工成本，透射阵的口径确定为 D=250mm(单元数量 N=25，F/D=0.6，F=150mm)。

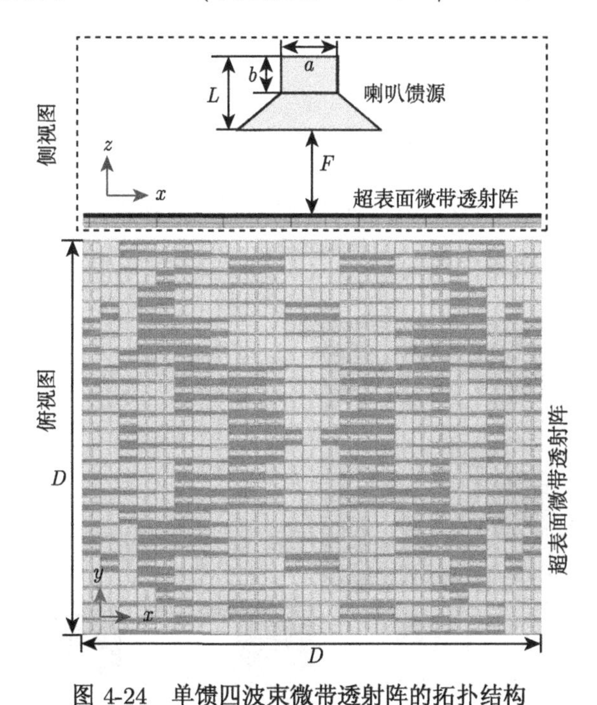

图 4-24 单馈四波束微带透射阵的拓扑结构

喇叭馈源的物理参数为 a= 22.86mm, b= 10.16mm 和 L= 30mm

为验证设计方法的正确性，图 4-25 给出了四波束透射阵天线在 9.6GHz 处优化的理论辐射方向图与口径相位分布。从三维辐射方向图可以看出，在 (φ_1=0°，θ=30°)，(φ_1=90°，θ=30°)，(φ_1=180°，θ=30°) 以及 (φ_1=270°，θ=30°) 方向上明显出现四个幅度均一的高方向性笔形针状波束，且副瓣均低于 −30dB。从口径相位图可以看出，相位沿 x 和 y 方向呈二维轴对称分布。基于优化的口径相位分布与 $\varphi_{t_{yy}} - d_3$ 关系，并通过在 CST 中采用寻根算法和宏建模即可实现图 4-24 中微带阵各单元的结构尺寸。对最终设计的微带透射阵进行加工并在暗室近场和远场测量系统里面对其性能进行表征，如图 4-26 所示。测试过程中，馈源与超表面相对位置固定 (相距 150mm)，被固体胶安装在硬质泡沫板上。

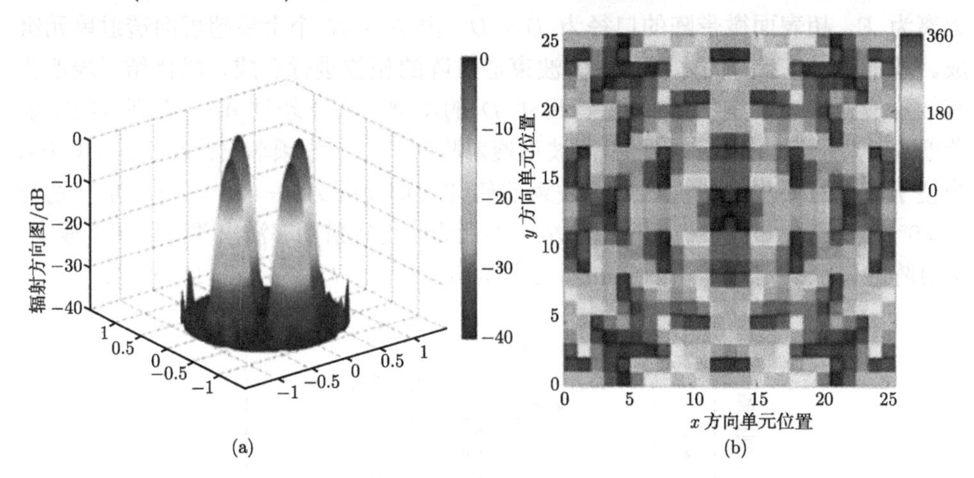

图 4-25　9.6GHz 处基于交替投影算法合成单馈四波束透射阵理论辐射方向图 (a) 与优化的口径相位分布 (b)

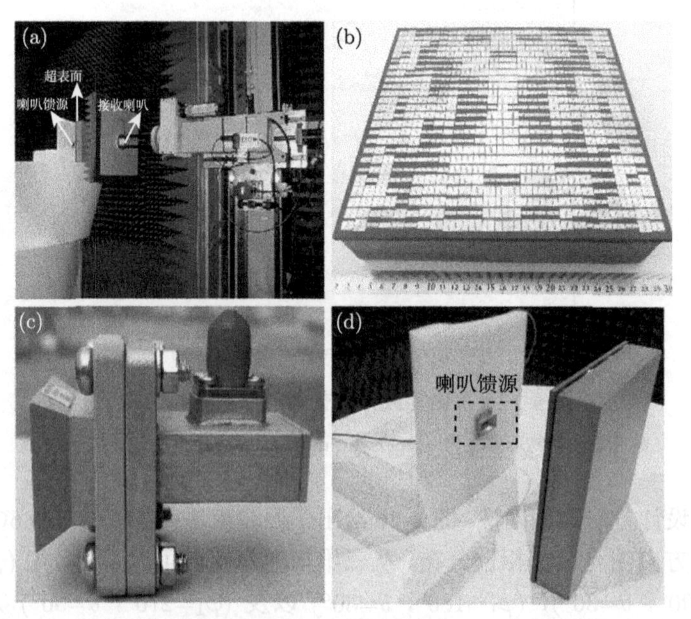

图 4-26　四波束透射阵的 (a)，(d) 实验装置与 (b)，(c) 加工实物图

(a) 近场与 (d) 远场测量系统；(b) 超表面与 (c) 喇叭馈源的实物图

如图 4-27 所示，仿真与测试的回波损耗吻合得比较好，且在整个 X 波段均低于 −10dB。微小差异主要来自用于粘接各层介质板的胶以及加工带来的误差，最重要的是透射阵的加载对馈源阻抗匹配的影响很小。

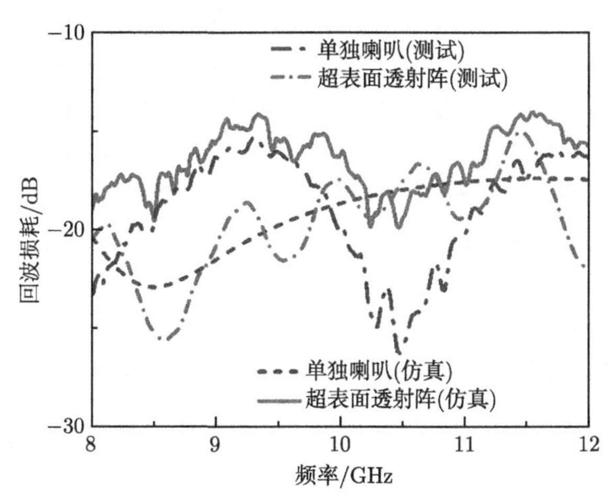

图 4-27 四波束透射阵与喇叭馈源的仿真与测试回波损耗

如图 4-28 所示，四波束透射阵在 9.4GHz，9.6GHz，10GHz 和 10.5GHz 四个典型频率处均有效形成了四个对称高定向笔形波束，在中心频率 9.6GHz 处峰值增益

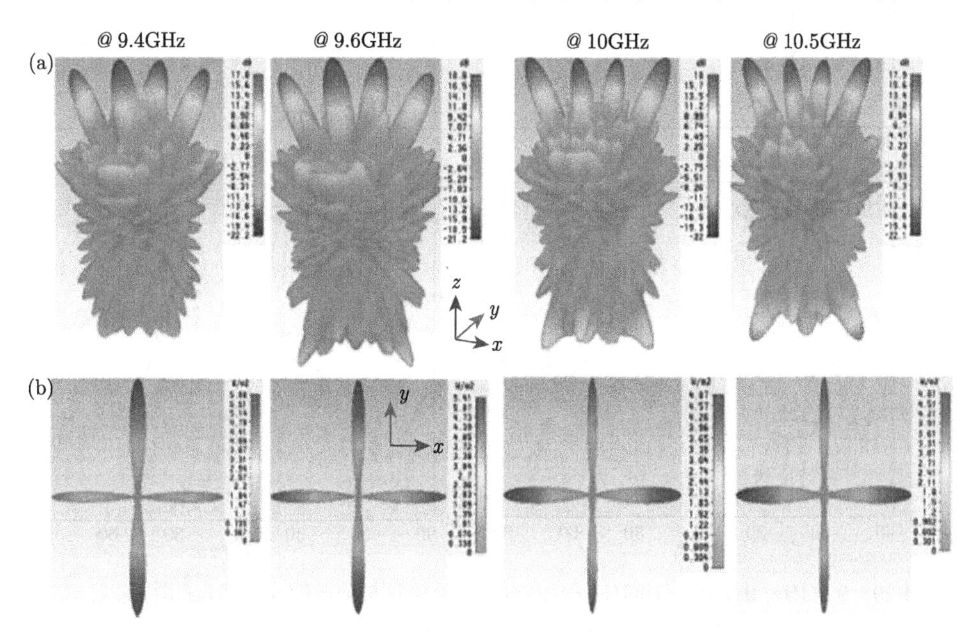

图 4-28 9.4GHz，9.6GHz，10GHz 和 10.5GHz 处四波束透射阵的 (a) 仿真增益辐射方向图与 (b) 散射功率密度 (线性值)

达到了 18.8dB，口径效率计算为 $\eta = \lambda^2 \sum_{i=1}^{4} G_i/4\pi S$=38.3%，高频处后瓣辐射有所增加导致高频处增益有所降低。同时从线性辐射功率密度还可以看出，xy 面内四个波束幅度非常均一，几乎相同，与理论计算结果完全吻合。

如图 4-29 和图 4-30 所示，xz 与 yz 面内的仿真与测试方向图吻合得非常好，均清晰显示两个高定向波束，测试结果中微小的波束倾斜主要由测试过程中馈源、透射阵以及接收喇叭的未精确对准引起，但这些微小差异并未影响四波束性能。仿真波束的半功率波瓣宽度接近于 7°，而测试半功率波瓣宽度接近于 8.5°，与喇叭馈源的 57° 相比，透射阵的半功率波瓣宽度 57° 相比，显著变窄。高频处稍微偏大的测试半功率波瓣宽度由标准 X 波导偏大的波瓣宽度引起。测试主波束空间俯仰角 θ 由 9.2GHz 处 32.5° 逐渐减小到 9.6GHz 处的 30.5°，10GHz 处的 29° 以及最终 10.5GHz 处的 27°，这是由逐渐增大的电尺寸与色散导致的相位误差引起的。同时

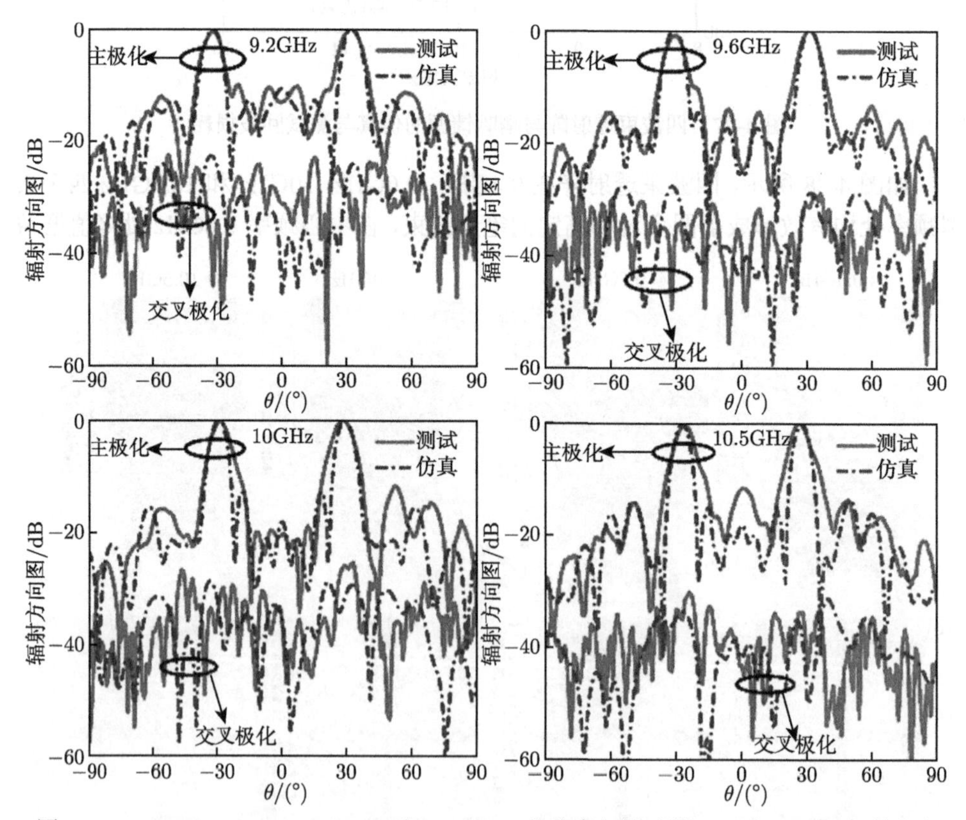

图 4-29　9.2GHz, 9.6GHz, 10GHz 和 10.5GHz 处仿真与测试的 xz 面 (H 面) 辐射方向

所有方向图均对各频率处的最大增益进行了归一化

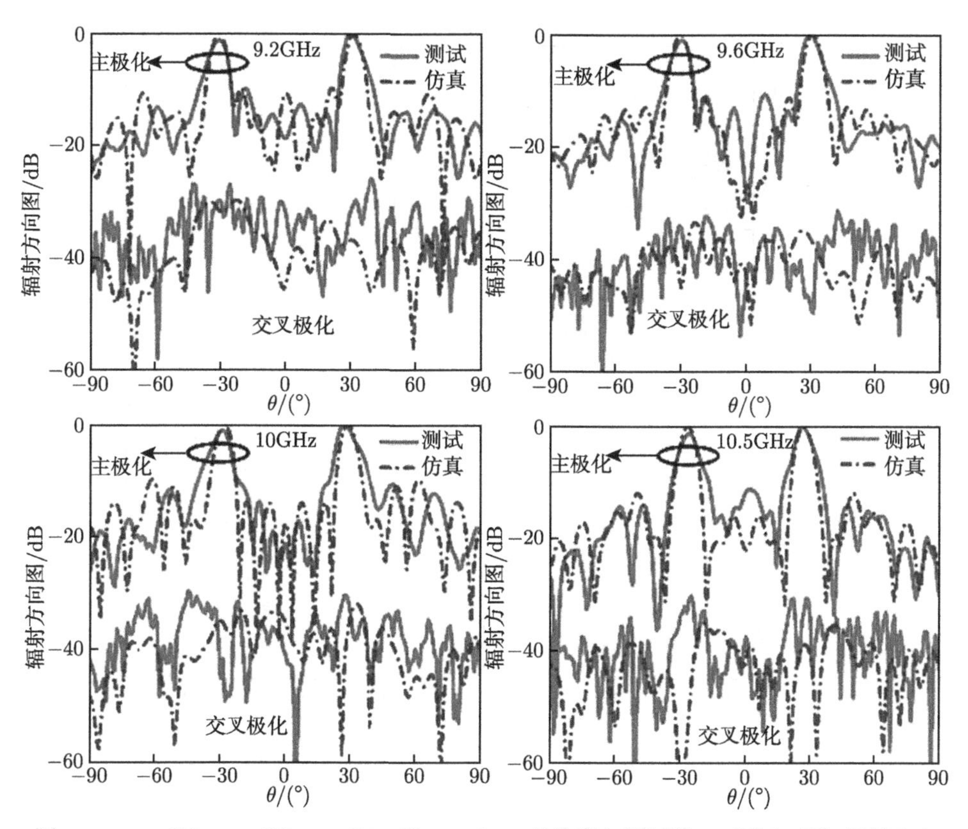

图 4-30 9.2GHz, 9.6GHz, 10GHz 和 10.5GHz 处仿真与测试的 yz 面 (E 面) 辐射方向

还可以看出，两个主波束之间的副瓣电平 (10GHz 处低于 −20dB) 在低频和高频边缘处有所增加，但都低于 −10.5dB 且在绝大多数角度 θ 上接近 −16dB，交叉极化接近于 −35dB。测试副瓣电平高于理论优化值，这是由阵列设计过程中单元相位计算采用了无限大周期近似以及黏接胶引起的，所以设计单元的相位和幅度与实际有误差。

为揭示多波束形成物理机制，我们进一步对透射阵 xy 面内的表面近场分布进行了测试，近场由标准 X 波段喇叭波导记录，它固定在二维步进机上并以步进 5mm 在天线透射区域扫描了一个 0.6m×0.6m 的二维区域，为在上述扫描区域包含所有完整重要场信息，探头波导与超表面的距离保持在 100mm。如图 4-31 所示，所有观测频率处的测试 E_y 分布被沿 45° 和 135° 的两条对角线分割成四个场高度局域化的光斑区域，解释了远场形成的四个高定向波束，同时高频边缘频率 10.5GHz 以后，光斑区域变得模糊，扰动变大，恶化的低分辨率近场光斑使得天线副瓣电平增加、增益降低，同时超表面和馈源的未严格对准使得近场幅度分布沿 x, y 轴稍微有点非对称。

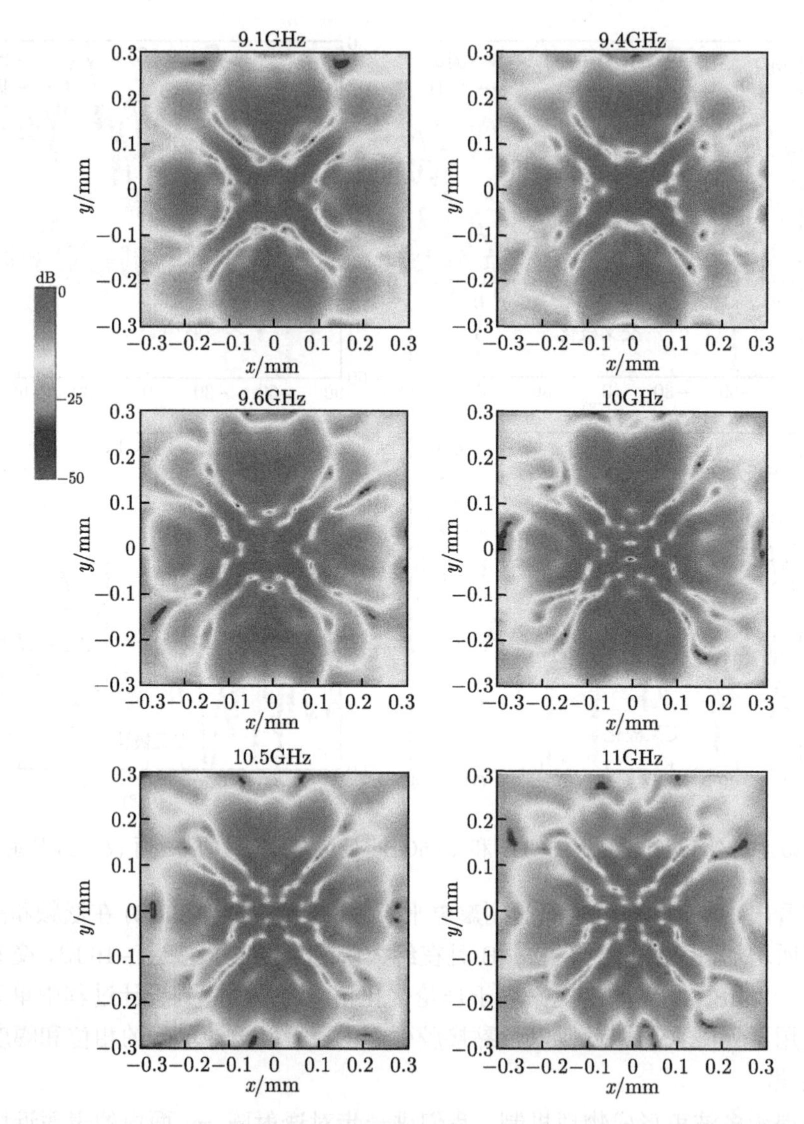

图 4-31　9.1GHz，9.4GHz，9.6GHz，10GHz，10.5GHz 和 11GHz 处四波束透射阵在 xy 面内的测试近场 E_y 分布

如图 4-32 所示，四波束透射阵的仿真、测试增益和效率吻合得非常好，显示 9.6GHz 处的峰值增益达 25.2dB，天线口径效率达 41.2%，且增益在 9.4~10.5GHz 范围内有 ±1dB 波动，1dB 增益带宽达 1.1GHz(11%相对带宽)，在该频段范围内测试口径效率为 26.1%~41.2%。最后，我们对溢出损耗对天线增益的影响也进行了评估，图 4-33 给出了四波束透射阵在不同焦距 F=150mm，160mm 和 170mm 情形下的仿真远场辐射方向图。可以看出，9.6GHz 处 F=150mm 时天线增益为

18.8dB，F=160mm 时天线增益为 18.3dB，170mm 时为 17.2dB。这是由溢出损耗引起的，整体影响与以往报道的微带阵方向性 2~3dB 减少相吻合。

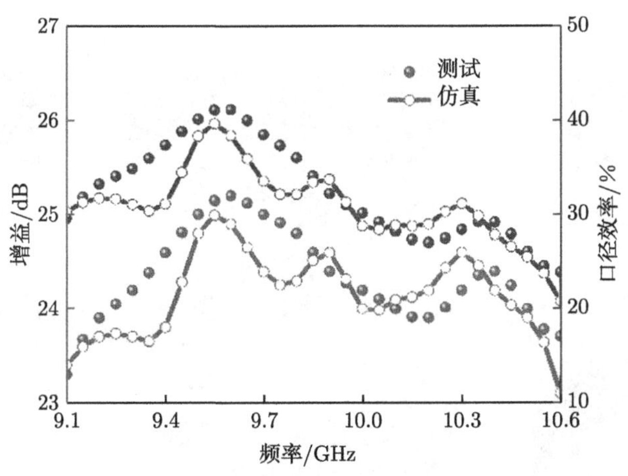

图 4-32 单馈四波束微带透射阵天线的仿真增益曲线

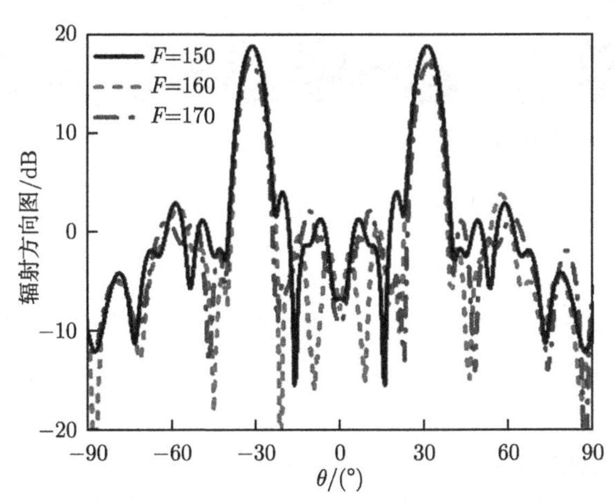

图 4-33 9.6GHz 处不同 F=150mm，160mm 和 170mm 情形下四波束透射阵在 xz 面内的仿真远场辐射方向图

三种情形下透射阵口径均为 250mm，但相位分布和结构进行了重新设计

4.2.3 变波束多功能微带反射阵设计与实验

本节率先基于各向异性超表面将类双曲线相位梯度与抛物面梯度以及类双曲线相位梯度与线性梯度进行合成，实现了多功能和复杂电磁波调控，包括聚焦单波束–多波束辐射系统 I，波束偏折–多波束辐射系统 II。如图 4-34 所示，双功能超表面辐射系统 I 在 x 极化时实现聚焦单波束高定向辐射，而在 y 极化时实现大角

度均匀四波束定向辐射；双功能超表面辐射系统 II 在 x 极化时实现波束偏折单波束定向辐射，而在 y 极化时实现小角度均匀四波束定向辐射。

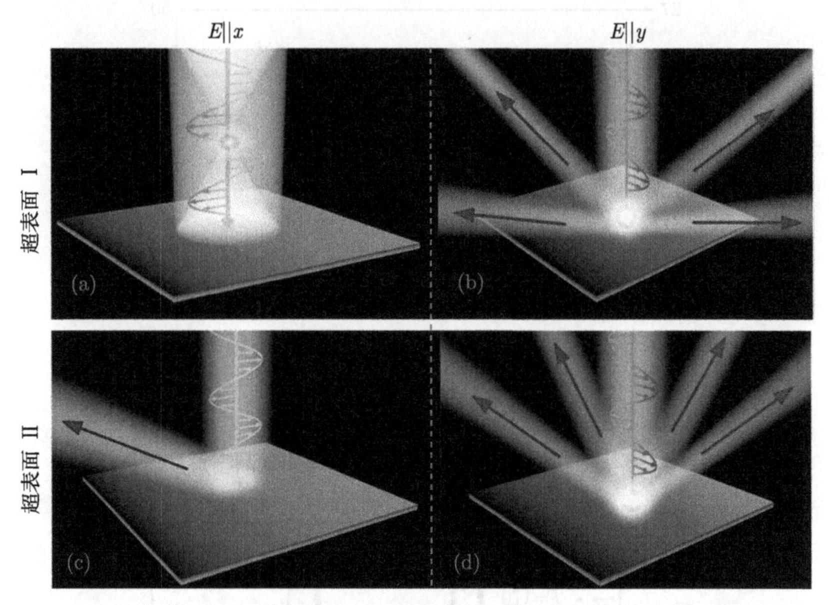

图 4-34　基于双功能超表面可控辐射系统的意向性功能与原理图

对于任意二维各向异性超表面，包括梯度方向和极化方向具有四个自由度，即

$$\begin{bmatrix} \xi_x(x) & \xi_y(x) \\ \xi_x(y) & \xi_y(y) \end{bmatrix} = \begin{bmatrix} \dfrac{\partial \varphi_x(x,y)}{\partial x} & \dfrac{\partial \varphi_x(x,y)}{\partial y} \\ \dfrac{\partial \varphi_y(x,y)}{\partial x} & \dfrac{\partial \varphi_y(x,y)}{\partial y} \end{bmatrix} \tag{4-13}$$

其中下标 x/y 表示梯度方向，括号内 x/y 表示极化方向，这里 “/” 表示 “或” 的意思。因此对于具有任意梯度方向和极化方向的各向异性超表面，垂直入射波经超表面散射后的空间波矢分量可写成

$$\begin{cases} k_x(x/y) = \xi_x(x/y) \\ k_y(x/y) = \xi_y(x/y) \\ k_z(x/y) = \sqrt{k_0^2 - k_x^2(x/y) - k_y^2(x/y)} \end{cases} \tag{4-14}$$

从式 (4-14) 可以看出，通过操控超表面的梯度方向和极化方向可以对出射电磁波的纵向波矢进行任意操控，实现一些奇异电磁现象，同时各向异性超表面要求两个正交极化下电磁响应具有完全极化不相关性。

根据上述理论分析，最终设计的各向异性超表面反射单元结构如图 4-35(a) 所示。单元由上、下两层完全相同的金属结构、高度均为 h=2.5mm 的两层介质板以及底部金属背板组成。由于底部金属背板的作用，电磁波入射到超表面后发生全反射，没有透射。为深度挖掘单元极化不相关性的深层工作机理，我们对单层超表面单元结构的电磁特性进行了对比研究。为消除极化相关性并获得宽频工作，这里金

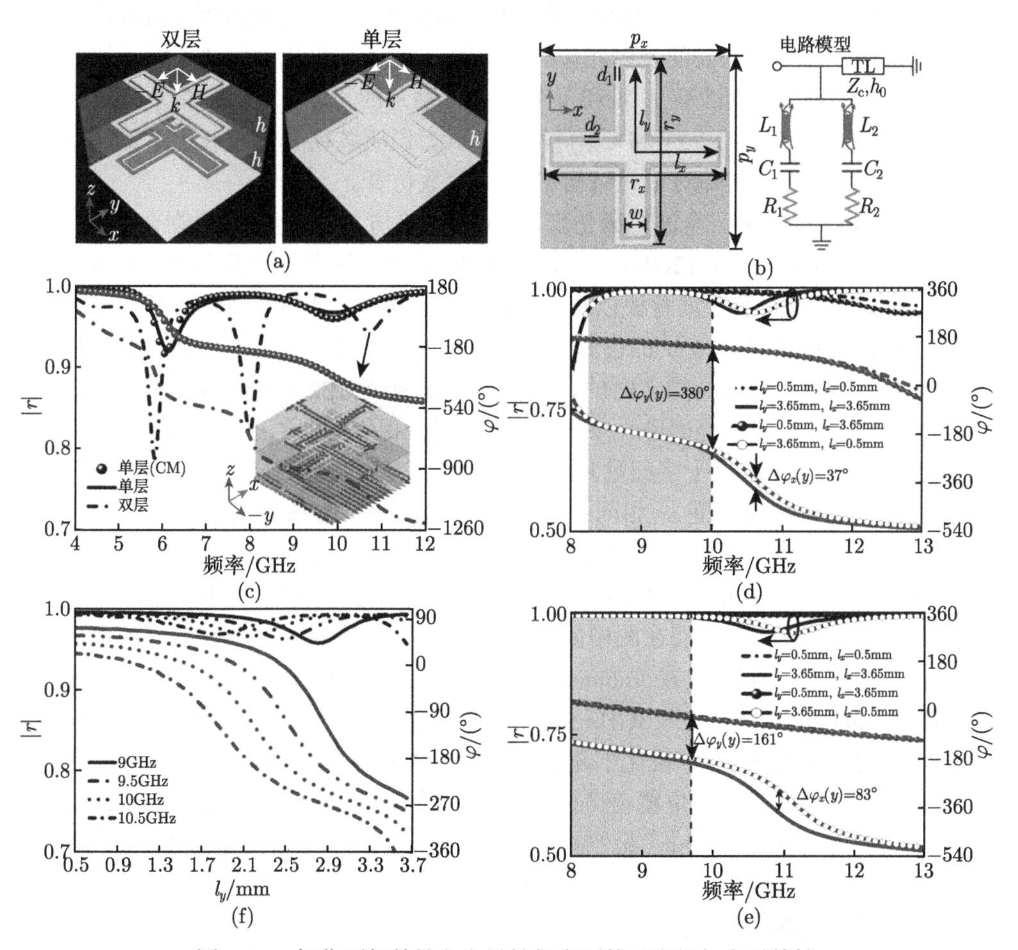

图 4-35 极化不相关性各向异性超表面单元表征与电磁特性

(a) 单层与双层单元拓扑结构；(b) 尺寸示意图与等效电路模型；(c) 单层与双层单元的宽频反射系数，插图为 10.7GHz 处三层金属结构上的电流分布，提取的电路参数为 L_1=10nH，C_1=0.05pF，L_2=0.675nH，C_2=0.108pF，R_1=2.5Ω，R_2=0.31Ω，Z_c=285.8Ω 和 h_0=29.8°；(d) 有和 (e) 没有外环情形下双层各向异性超表面单元在四种不同贴片长度 l_x 和 l_y 组合下的反射幅度、相位响应；(f) l_x=2mm 时 9GHz，9.5GHz，10GHz 以及 10.5GHz 处各向异性超表面单元的反射幅度、相位响应随 l_y 的变化曲线；单元其余结构参数为 $p_x = p_y$=8.3mm，$r_x = r_y$=8.1mm，$l_x = l_y$=3.65mm，$d_1 = d_2$=0.25mm，w=1mm；所有结果均在 y 极化电磁波垂直入射时计算得到

属结构为复合谐振结构，由十字外环嵌套十字架贴片构成，这两种复合结构将在不同频率处产生双谐振。由于单元在工作频率 10GHz 的电尺寸仅为 0.277λ，非常电小，两个谐振模式可以由图 4-35(b) 所示等效电路模型定量描述，其中低频 f_1 处和高频 f_2 处的谐振模式分别由串联谐振回路 L_1，C_1，R_1 以及 L_2，C_2，R_2 等效，这里 L, C 和 R 分别代表谐振电路的等效电感、电容和损耗电阻。工作时，电磁波沿 $-z$ 轴垂直入射，沿 x/y 轴极化。通过改变谐振器的局部结构参数，可以改变单元的电磁特性以获得需要的反射相位。为实现 x/y 正交极化电磁波入射时超表面不同的电磁响应，分别改变 x 轴和 y 轴方向上贴片的长度 l_x 和 l_y 使单元具有不同的反射相位 $\varphi_x(x)$，$\varphi_y(x)$ 和 $\varphi_x(y)$，$\varphi_y(y)$。为说明各向异性超表面单元的电磁特性，采用商业仿真软件对单元结构进行 S 参数仿真。

如图 4-35(c) 所示，全波电磁仿真 (线) 与电路仿真 (符号) 结果吻合良好，表明单层结构单元在 f_1=6.12GHz 和 f_2=9.9GHz 处明显具有 2 个反射谷，对应两个磁谐振模式，由贴片和金属背板以及十字环与地板的耦合产生。通过对两个模式进行级联并合理调整 f_1 和 f_2 的位置，可以显著增加带宽。当引入另外一层相同金属结构后，不同层金属结构之间的耦合使得原来两个谐振模式被劈裂成 4 个，因此工作带宽和相位覆盖范围进一步增大，这为调谐相位增加了更多的自由度。如图 4-35(d)，(e) 所示，这里十字架贴片长度 $2l_x$，$2l_y$ 变化的范围为 [1mm，7.3mm] 且最小贴片长度与贴片宽度 w 相同。可以看出无论 $2l_y$=1mm 还是 7.3mm，超表面单元的幅度和相位在整个观测频率 8~13GHz 范围内随 l_x 的变化均很小，极化没有影响，l_x 由 0.5mm 增至 3.65mm 时谐振频率只向低频漂移 0.2GHz，在 10.6GHz 处相位差最大且为 37°，而在图中阴影部分相位差几乎为 0°，具有很好的电磁响应极化不相关性。而当 l_y 在 [0.5mm，3.65mm] 范围内变化时，超表面单元谐振频率向低频移动 2.2GHz，在 10GHz 处的相位变化为 380°，完全达到 360° 相位覆盖要求。对称分析表明 x 极化下超表面单元具有相同的电磁特性和结论。相反，当去掉十字环时，单元相位覆盖范围显著减小且极化相关性显著增强，数值结果显示 l_y 在 [0.5mm，3.65mm] 范围内变化时，φ_y 最大的变化仅为 161°，但 l_x 在 [0.5mm，3.65mm] 内变化时，最大相位变化高达 83°。显然，十字环结构能显著降低甚至消除极化相关性，其深层机理可以通过谐振处 (图 4-35(c) 中插图) 的场分布来解释。可以看出相关模式主要由贴片引起，由于十字外环的场过滤作用，激发的电磁场显著局域在贴片附近，因此模式对外部环境 (l_x) 变化变得非常不敏感。

各向异性超表面单元的极化不相关性可进一步参考图 4-36。如图 4-36(a) 所示，当 $2l_x$ 与宽度 w 相同时，随着贴片宽度 w 的增大超表面单元的反射幅度、相位响应曲线几乎保持不变；而当 l_x=3.65mm 时 (最大值)，随着贴片宽度 w 的增大，超表面单元的反射幅度、相位响应曲线逐渐向低频移动，这使得 l_x 的变化对 y 极化时电磁响应的影响加强，不利于极化不相关性设计。因此为实现完美极化不相关性，贴片宽度 w 越小越好，但 w 变小会引起相位积累减小，为同时满足极化不相关性和 360° 相位覆盖，这里选择 w=1mm。为进一步进行验证，图 4-36(b) 给出了单元反射相位随频率和 l_x 变化的二维相图，可以看出除 10.6GHz 附近以及 8.2 GHz 以下相位响应随 l_x 变化有微小差异之外，其余频率处单元的相位响应不随 l_x 变化，再次验证了单元的极化不相关性。图 4-35 和图 4-36 的结果告诉我们，为实现完美极化不相关性，单元的工作频率应低于 l_y 取最大值 (l_y=3.65mm) 时的谐振频率，同时考虑到最高频模式处的反射幅度大、波动变化小，选取高频模式附近进行超表面设计。

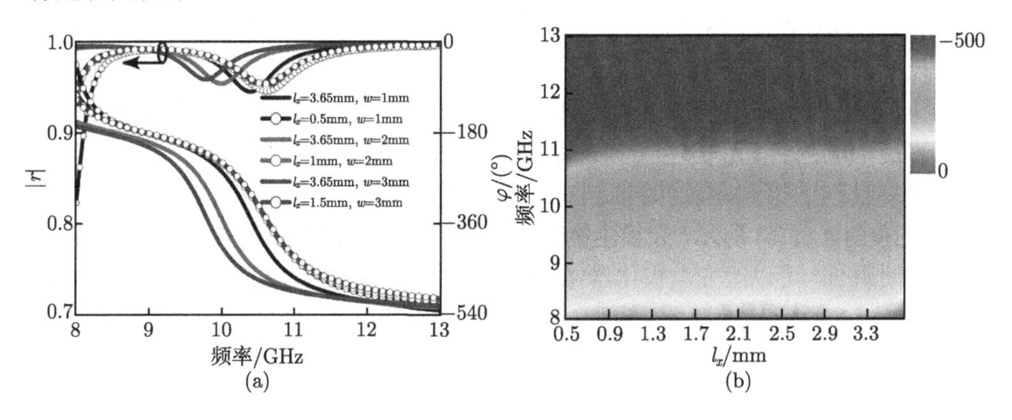

图 4-36 极化不相关性各向异性超表面单元 (a) 在不同贴片宽度 w 下的反射幅度、相位频谱与 (b) 随 l_x 和频率变化的相位扫描结果

有了极化不相关性及设计准则后，单元的带宽特性显得非常关键。如图 4-35(f) 所示，当 l_y 由 0.5mm 逐渐增至 3.65mm 时，各向异性超表面单元的反射幅度在 9GHz，9.5GHz，10GHz 以及 10.5GHz 处均大于 0.97，具有很好的反射幅度一致性，相位覆盖范围均满足 360° 要求，且四个频率处反射相位响应随 l_y 的变化率一致，曲线斜率几乎平行，相位变化一致性好，超表面单元具有很宽的工作带宽。

下面我们基于上述单元结构对多功能辐射系统进行设计，为不失一般性，这里形成了双极化多功能器件设计的一般方法，主要包括以下四步。

第一步：根据正交极化下需要实现的电磁调控功能确定两个极化下器件口径上的相位分布。例如，实现高定向辐射时的抛物线/面梯度，实现波束偏折时的线性梯度，实现均匀多波束时的类双曲线相位分布等。这里首先要预定四波束和单波束器件的一些初始参数，包括馈源位置 F，中心工作频率 f_0，口径大小 D 与单元个数 $N = D/p$，四波束的空间俯仰角 θ 以及方位角 φ。

第二步：合理设计正交极化不相关超表面单元结构，使其满足幅度一致性好以及 360° 相位覆盖。首先确定极化不相关单元的反射正交分量组合，如单波束–四波

束双极化器件选择 $\xi_x(x)$，$\xi_y(x)$，$\xi_y(y)$ 和 $\xi_x(y)$，而波束偏折–四波束双极化器件选择 $\xi_x(x)$，$\xi_y(y)$ 和 $\xi_x(y)$；然后根据确定的反射正交分量组合进行单元结构设计，使得改变 y 方向尺寸对 $\xi_x(x)$ 和 $\xi_y(x)$ 没有影响，改变 x 方向尺寸对 $\xi_y(y)$ 和 $\xi_x(y)$ 没有影响。

第三步：对超表面单元进行参数扫描分析获得反射相位随结构参数的变化关系，这里以中心工作频率处的相位为参考，为提高后续结构建模的精度需要对扫描反射相位进行二次样条插值。

第四步：根据口径相位分布以及参数扫描分析结果，获得双极化器件的拓扑结构。由于 $\xi_x(y)$、$\xi_y(y)$ 与 $\xi_y(x)$、$\xi_x(x)$ 之间具有很好的极化不相关性，可以对 x、y 方向尺寸进行独立建模，极大地方便了设计并具有很高的设计自由度。这里基于第三步得到的参数扫描结果并采用寻根算法在商业仿真软件里面进行自动化超表面阵元建模，确定各阵元 x、y 方向的结构参数。

最终设计的聚焦单波束–四波束双极化高定向性天线的拓扑结构和实物如图 4-37 和图 4-38(a) 所示，天线由喇叭馈源和各向异性超表面组成，通过绕 z 轴旋转喇叭馈源 90° 可以改变双极化器件的辐射特性。超表面口径相位分布如图 4-38(c)

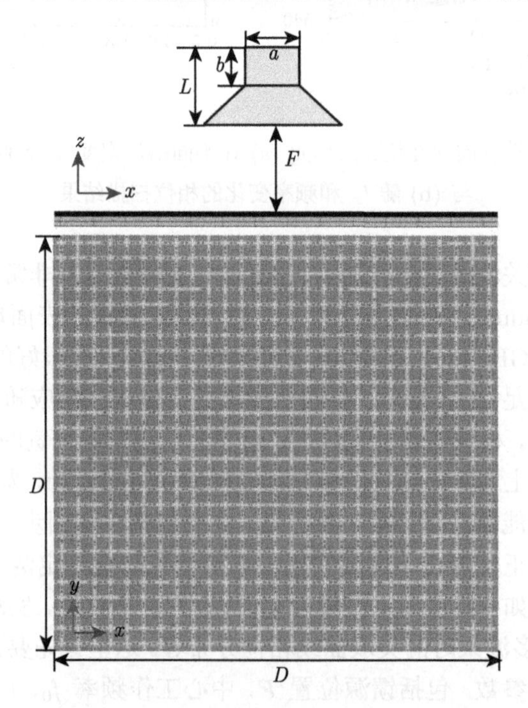

图 4-37 双功能超表面聚焦波束–四波束定向辐射系统 I 的拓扑结构

侧视图 (上) 和俯视图 (下)；喇叭馈源由长为 a=22.86mm，宽为 b=10.16mm 的标准波导 BJ-100 和口径为 $A \times B$=44mm×24mm 的喇叭开口构成；整体高度为 L=30mm

和 (d) 所示，其中 x 极化下微带阵口径上为抛物相位分布，y 极化下为类双曲线相位分布，抛物梯度通过控制 l_x 实现，而类双曲线梯度通过控制 l_y 实现，由于上述

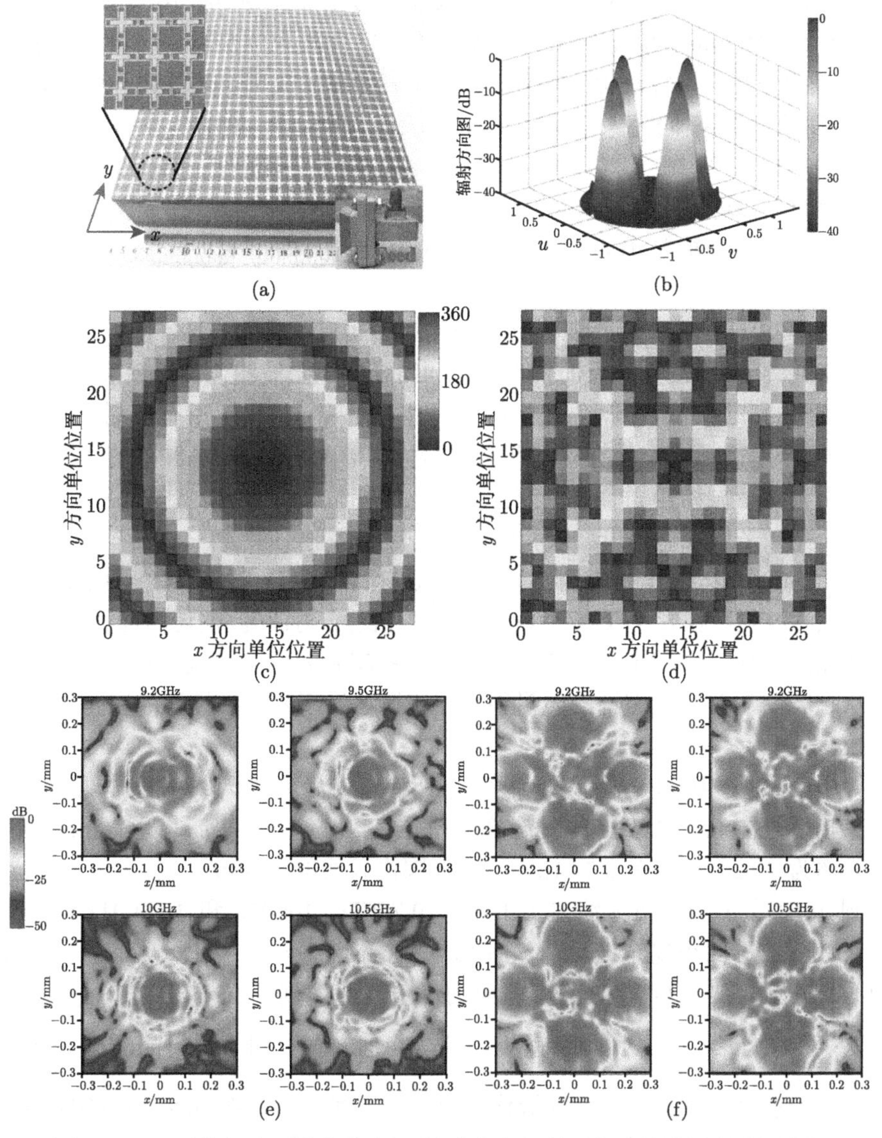

图 4-38 双功能超表面聚焦波束–四波束定向辐射系统 I 的设计和近场表征

(a) 样品的实物照片，插图为样品的局部放大图和角锥喇叭馈源；(b)10GHz 处理论优化计算的四波束三维辐射方向图；(c)x 极化下波束聚焦与 (d)y 极化四波束高定向天线的目标口径相位分布；xy 内 9.2GHz，9.5GHz，10GHz 和 10.5GHz 处双功能超表面的测试近场分布；(e)x 极化下测试的近场 E_x(实部) 分布与 (f)y 极化下测试的近场 E_y 分布，测试时探测波导距离馈源 90mm

梯度均属于二维梯度，l_x 和 l_y 在 x、y 方向均发生变化，同时微带阵单元结构参数 l_x 和 l_y 关于 x、y 轴呈轴对称分布。四波束口径相位分布根据事先预定的馈源位置 F=224.1×0.56=125.5mm，天线中心工作频率 f_0=10GHz，口径尺寸 D=27×8.3=224.1mm，单元个数 $N \times N$=27×27，四波束的空间俯仰角 θ 以及方位角 φ 并采用交替投影算法优化得到。这里超表面阵元采用上述各向异性超表面单元，四波束的空间指向为 (φ_1=0°，θ=40°)，(φ_1=90°，θ=40°)，(φ_1=180°，θ=40°) 以及 (φ_1=270°，θ=40°)。如图 4-38(b) 所示，双极化天线在 f_0=10GHz 处呈现四个清晰的等幅均匀笔形波束且波束在四个方位角 (φ_1=0°，φ_1=90°，φ_1=180° 和 φ_1=270°) 上均精确指向 θ=40°，同时旁瓣均被压制在 −38dB 以下，验证了设计的正确性。

如图 4-38(e) 所示，所有观测频率处经超表面反射后的电场在 xy 面内聚焦成为一个亮斑，使得馈源到超表面发出的不同路径的电磁波相位均被精确修正，且亮斑随着频率的升高 (波长减小) 逐渐减小。如图 4-38(f) 所示，所有观测频率处四个清晰的子亮斑清晰可见。单波束和四波束两种情形下，低频和高频处的略微扭曲的场分布由无源谐振结构固有洛伦兹色散引发的相位误差引起。这些聚焦的单个亮斑和四个亮斑是形成远场单波束和四波束高定向辐射的关键。

从图 4-39 可以看出馈源遮挡对天线的影响很小，甚至可以忽略。两个极化下仿真与测试回波损耗在整个观察频率范围内吻合良好，且回波损耗均优于 −12.3dB。微小的差异由加工过程中引入的胶以及馈源和超表面的未精确对准引起。两种极化下从超表面反射到达馈源的能量很小，使得加载超表面后馈源的阻抗匹配特性并未改变。

如图 4-40(a) 和 (b) 所示，x 极化下所有观测频率处天线明显呈现出高定向单波束辐射且在 f_0=10GHz 处具有峰值增益 24.5dB，根据 $\eta = \lambda^2 G/4\pi S$ 计算的口径效率为 40.2%，而在 9.5~10.5GHz 范围内天线的增益波动较小，1dB 增益带宽达到 1GHz。y 极化下天线在 9.4GHz，9.7GHz，10GHz 和 10.5GHz 四个频率处均有效形成了四个笔形波束且波束均近似指向 θ=40° 方向，误差小于 ±0.5°，在中心工作频率 9.7 GHz 处单个波束的峰值增益达到了 17.5dB，口径效率达到 $\eta = \lambda^2 \sum_{i=1}^{4} G_i/4\pi S$=33.9%，同时从辐射功率密度来看四个波束的幅度一致性较好。x 极化时，单波束–四波束双极化高定向性天线的增益在 9.2~10.5GHz 范围内均大于 23dB，口径效率在 28.4%~43.3%波动，增益变化小于 ±1dB，1dB 增益带宽达到 13%。y 极化时，单波束–四波束双极化高定向性天线的等效增益 (折合成单波束后的增益) 在 9.4~10.6GHz 范围内均大于 22dB，口径效率在 21%~32.3%波动，增益变化小于 ±1dB，1dB 增益带宽达到 12%。四波束情形下较低的增益由

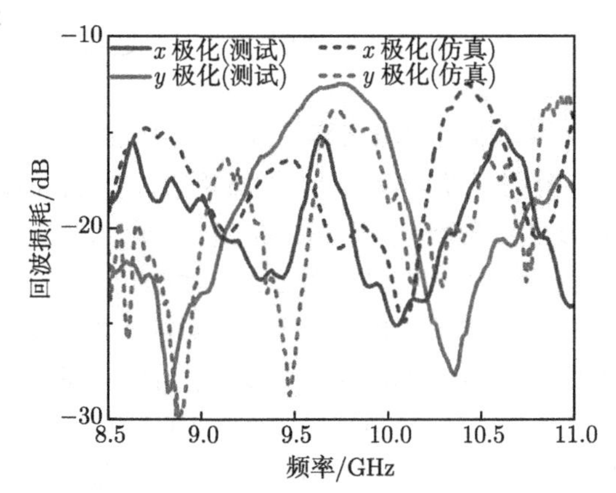

图 4-39 双功能超表面聚焦波束–四波束定向辐射系统 I 在 x 和 y 极化下的仿真 (虚线) 与测试 (实线) 回波损耗

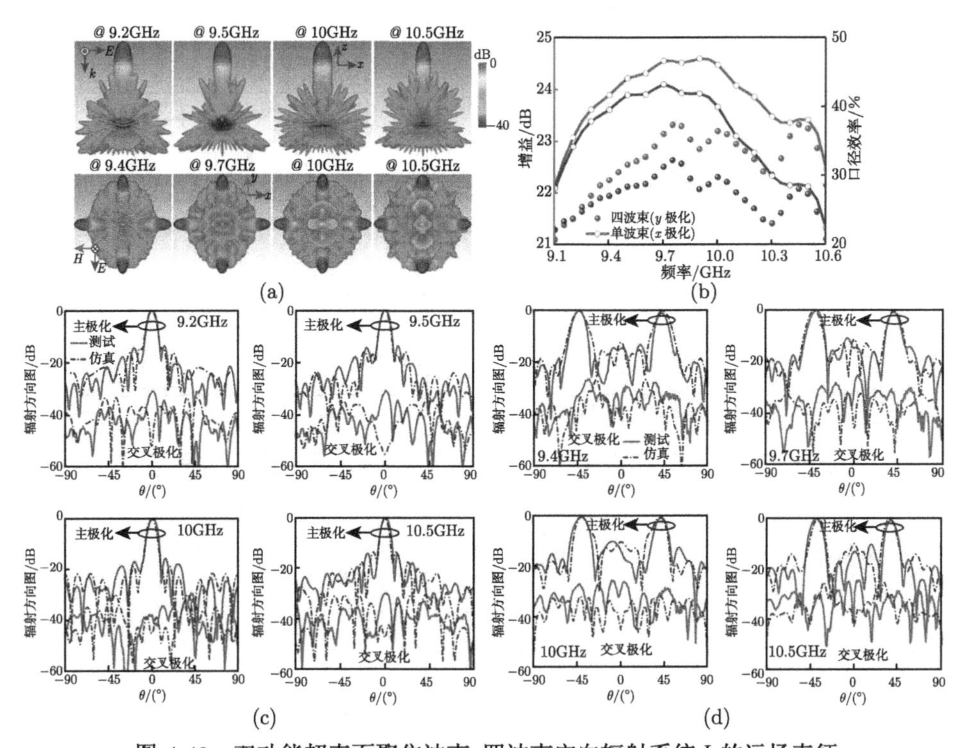

图 4-40 双功能超表面聚焦波束–四波束定向辐射系统 I 的远场表征

(a)x 极化下 (上层) 和 y 极化下 (下层) 四个代表频率处的 FDTD 仿真远场方向图; (b) 两个极化下的测试增益和效率, 多波束情形下天线增益为四个波束的增益总和; (c)x 极化下 xz 面内 9.2GHz, 9.5GHz, 10GHz 和 10.5GHz 处的仿真与测试辐射方向图; (d)y 极化下 xz 面内 9.4GHz, 9.7GHz, 10GHz 和 10.5GHz 处的仿真与测试辐射方向图, 所有方向图均对主波束的峰值功率归一化

溢出增益损耗和每个倾斜波束的扫描损耗引起，一个足够大的超表面口径可以减小单波束和四波束的增益差异。

双功能超表面的详细性能可以参考图 4-40(c)、(d) 和图 4-41，所有情形下仿真与测试结果吻合良好，验证了设计正确性。y 极化下，E、H 面均可明显观察到两个近似等幅对称的笔形波束 (误差小于 ±0.54dB)，半功率波瓣宽度约为 10°，远小于单独喇叭的 55°。而且两个主波束在 9.4GHz，9.7GHz，10GHz 和 10.5GHz 处均分别指向 44°，41°，40° 和 38°。随频率增大而略微减小的波束偏折角是由于超表面在高频处的电尺寸变大了，虽然物理尺寸并未发生改变。两个主波束中间的旁瓣在低频 (f <9.4GHz) 和高频 (f >10.7GHz) 边缘均有所恶化，但在 9.4~10.5GHz 范围内均优于 −10.2dB，而其他绝大多数高低角上旁瓣均保持在 −20dB 的水平。所有情形下，交叉极化信号比主极化峰值电平低将近 25dB。x 极化下，所有频率处均只能在 θ=0° 方向上观测到单个高定向笔形波束，半功率波瓣宽度约为 7° 且随频率升高有所变窄，测试交叉极化低于 −29.8dB。

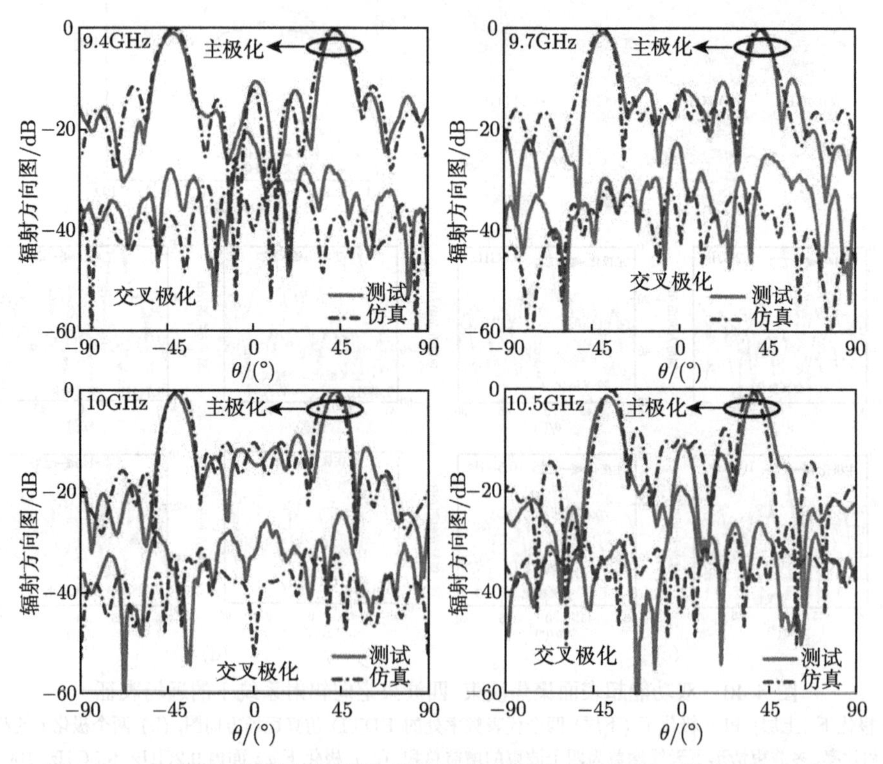

图 4-41　双功能超表面聚焦波束–四波束定向辐射系统 I 在 y 极化下 yz 面内 9.4GHz，9.7GHz，10GHz 和 10.5GHz 处的仿真与测试辐射方向图

根据建立的双功能超表面设计方法，最终设计的双功能波束偏折–四波束定向辐射系统Ⅱ如图 4-42 和图 4-26(a) 所示。超表面包含 $N \times N$=31×31 个各向异性超表面单元，口径尺寸为 D=257.3mm×257.3mm，中心工作频率为 f_0=10GHz。x 极化下系统Ⅱ由口径尺寸为 120mm×90mm 的大锥形喇叭激励，距离超表面 F_x= 400mm(喇叭的远场区)，用于保证有效的平面波激励；y 极化下系统Ⅱ同样由系统Ⅰ中的小喇叭馈源激励，馈源距离超表面 F_y=257.3×0.6=154.4mm。波束偏折–四波束双极化高定向性辐射系统Ⅱ的口径相位分布如图 4-43(c) 和 (d) 所示，x 极化下超表面沿 x 方向呈线性相位分布，y 极化下超表面同样为类双曲线相位分布，由于线性梯度为一维梯度，而类双曲线梯度为二维，l_x 仅沿 x 方向变化而 l_y 沿 x、y 方向均发生变化，同时超表面单元结构参数l_x和l_y关于 x、y 轴呈轴对称分布。超单元由 N_S=7 个单元组成且 10GHz 处的线性相位梯度为 60°，

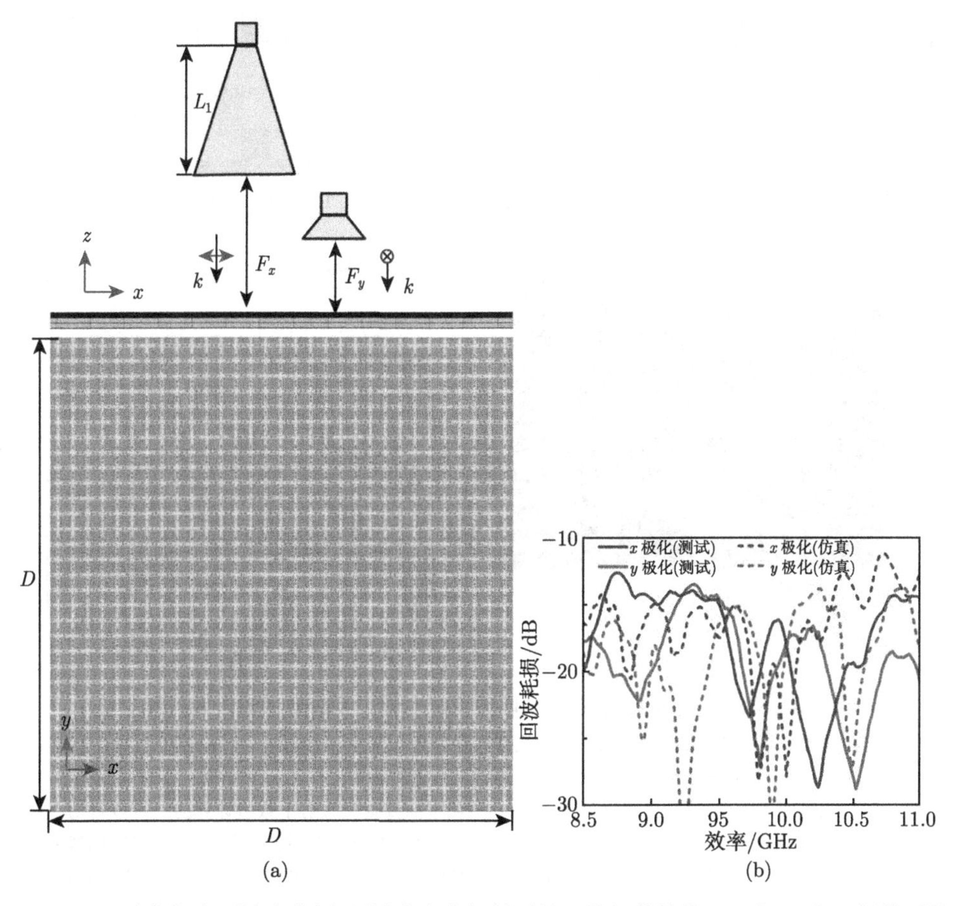

图 4-42 双功能超表面波束偏折–四波束定向辐射系统Ⅱ的拓扑结构 (a) 与 x 和 y 极化下的仿真、测试回波损耗 (b)

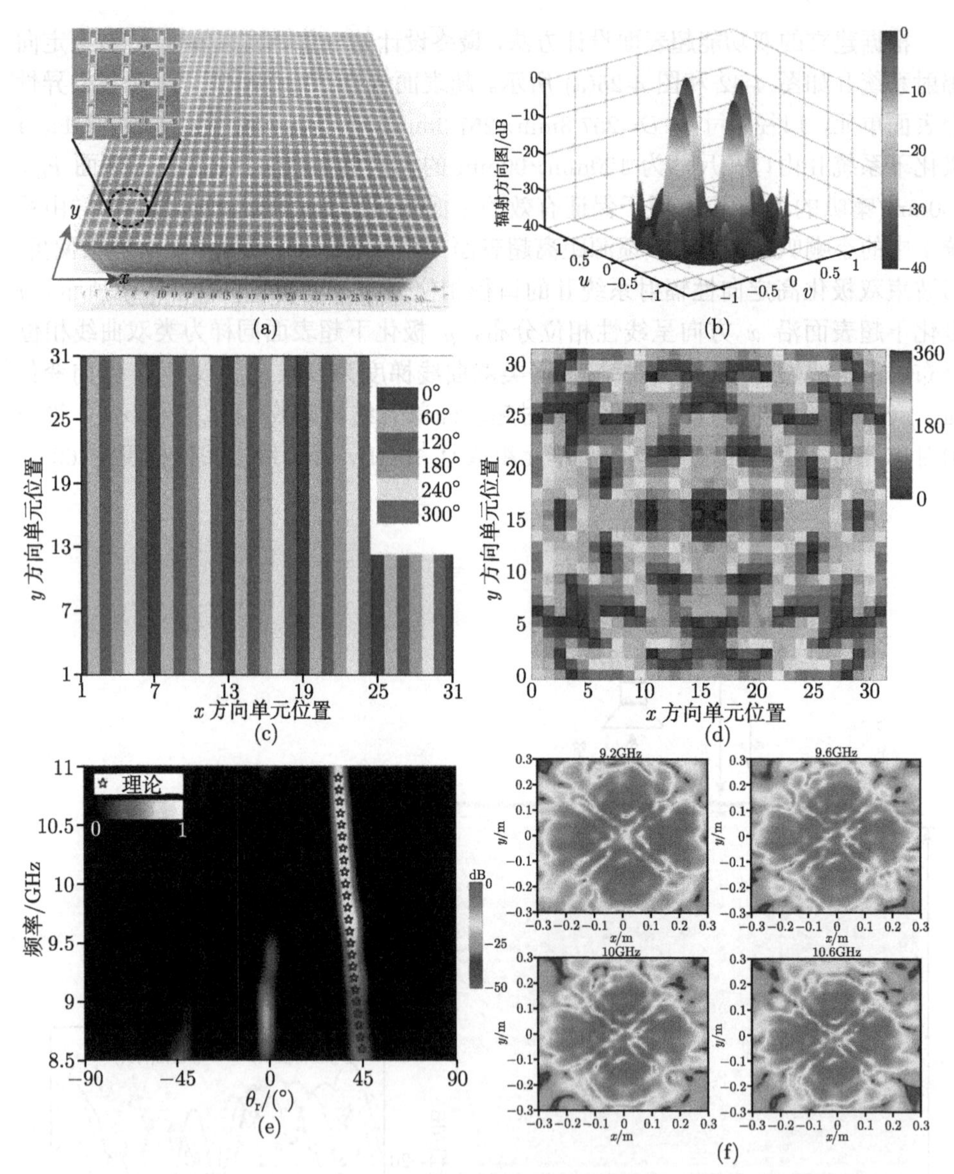

图 4-43　双功能超表面波束偏折–四波束定向辐射系统 II 的设计和近场表征

(a) 样品的实物照片，插图为样品的局部放大图，线性梯度中 l_x 依次为 3.65mm，3.2mm，2.6mm，2.31mm，2.1mm 和 1.83mm；(b)10GHz 处理论优化计算的四波束三维辐射方向图；(c)x 极化下波束偏折与 (d)y 极化四波束高定向天线的目标口径相位分布；(e)x 极化平面波垂直照射下数值计算的二维散射功率密度 $P(\theta_r, \lambda)$，横轴为反射角 $\theta_r(-90° < \theta_r < 90°)$，纵轴为频率，$P(\theta_r, \lambda)$ 均对相同尺寸 PEC 的镜像功率密度 P_0 进行归一化；(f)y 极化下 xy 内 9.2GHz，9.6GHz，10GHz 和 10.6GHz 处双功能超表面的测试 E_y 分布，测试时探测波导距离馈源 70mm

超周期为 49.8mm，其理论波束偏折角度可计算为 $\theta = \arcsin \lambda_{\mathrm{p}}/(N_{\mathrm{S}}-1)p_x$，其中 λ_{p} 为工作频率处的波长。这里四波束辐射的指向可以任意设计，本节预设计在 (φ_1=0°，θ=30°)、(φ_1=90°，θ=30°)、(φ_1=180°，θ=30°) 以及 (φ_1=270°，θ=30°)，其最佳辐射方向图同样采用交替投影算法优化得到，如图 4-43(b) 所示，可以看出天线在 f_0 = 10GHz 处呈现四个清晰的等幅笔形波束且四波束在四个方位角 (φ_1=0 °，φ_1=90°，φ_1=180° 和 φ_1=270°) 上均精确指向 θ=30°，同时旁瓣均被压制在 −30dB 以下。

如图 4-43(e) 所示，超表面明显存在三个反射模式，沿着角度轴左、中和右依次为一阶衍射模式、镜像反射模式和奇异反射模式，且在 9.5~10.5GHz 内超表面只存在奇异反射模式，而 0 阶镜像反射模式和 −1 阶衍射模式均被有效抑制，能量很弱，相对于 f_0=10GHz 高效奇异偏折的相对带宽达 10%，这与只有 l_x 变化的单一偏折超表面带宽完全吻合，进一步证明了极化不相关性，同时仿真奇异偏折角与理论 $\theta = \arcsin \lambda_{\mathrm{p}}/(N_{\mathrm{S}}-1)p_x$ 计算值完美吻合，偏折角从 8.5GHz 的 45.1° 变化到 11GHz 的 33.2°。如图 4-43(f) 所示，四个代表频率处明显可以观察到沿两个主轴对称分布的四个高度局域光斑，且具有均一化的 E_y 场幅度，解释了图 4-44 在远场区有效形成的四波束辐射，而在 9.2~10.6GHz 之外，这些局域化的测试光斑变得模糊。同样馈源的遮挡对天线性能的影响可以忽略，从图 4-42 可以看出两种极化下天线的仿真与测试回波损耗均优于 −11dB。

如图 4-44(a) 所示，x 极化下所有频率处均可观察到一个很纯的奇异偏折辐射，奇异反射效率大于 95%，若采用喇叭对超表面进行馈电，天线系统具有很高的扫描波束增益，而非工作频段处的 0 和 −1 阶模式将贡献天线旁瓣，使得天线主波束的增益和效率急剧恶化。y 极化下天线在空间四个预定方向 (φ_1=0°，θ=30°)，(φ_1=90°，θ=30°)，(φ_1=180°，θ=30°) 和 (φ_1=270°，θ=30°) 附近形成了明显的高定向笔形波束且误差小于 ±0.5°。天线在 9.8GHz 处具有峰值增益且达到了 19.3dB，口径效率计算为 $\eta = \lambda^2 \sum\limits_{i=1}^{4} G_i/4\pi S$=38.1%，同时从辐射功率密度来看四波束的幅度一致性较好。如图 4-44(b) 所示，x 极化下天线系统在 10GHz 具有测试峰值增益 (口径效率)23dB(21.6%)，在边缘频率 9.1GHz 和 10.6GHz 处的增益 (效率) 为 20dB (13.1%) 和 20.8dB (11.6%)，在 9.5~10.5GHz 范围内天线增益变化小于 ±1dB，相对带宽达 10%。9.5GHz，9.7GHz 和 10.2GHz 处由于相位梯度波动，产生了其他模式，使得增益谱上出现了几个浅增益谷。y 极化下天线的测试增益 (效率) 在 9.1~10.7GHz 范围内增益均高于 23dB，9.1GHz 为 23dB (26.1%)，10.6GHz 为 23.9dB (23.7%)，而在 9.8GHz 为 25.3dB (38.2%)。波束扫描通道相对四波束通道较低的增益和效率由溢出损耗，这是因为前者大喇叭远离超表面放置，大量功率泄露到自由空间，超表面的截获功率减小了，而增加超表面口径可以很好地解决此问题，目前超表面在

10GHz 处口径只有 8.58λ。

如图 4-44(c)、(d) 和图 4-45 所示，从 9.5GHz 到 10.5GHz 天线扫描角从 −39° 变

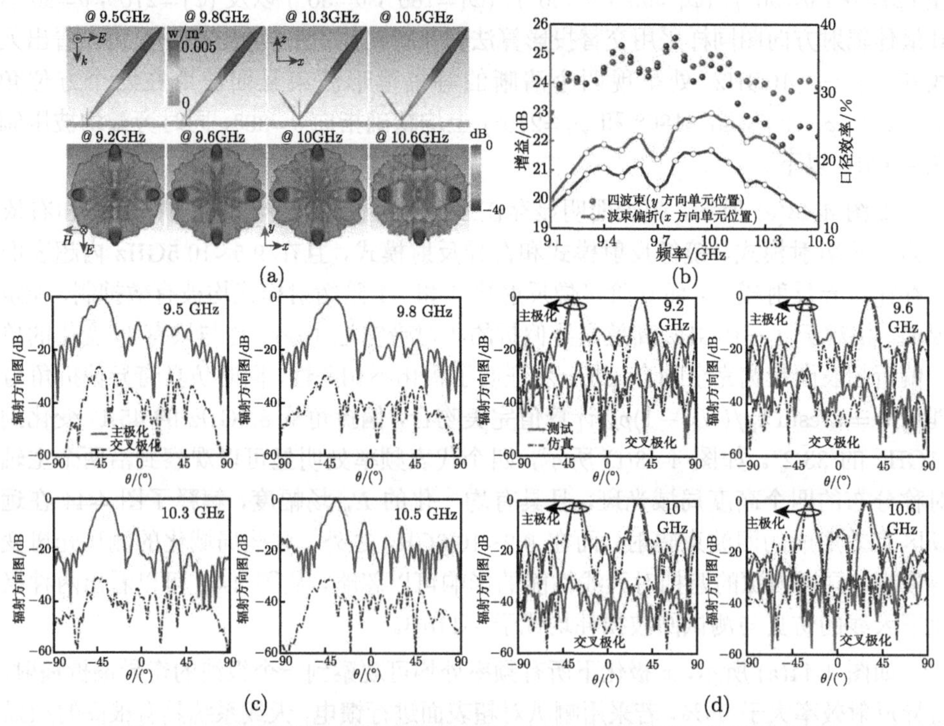

(a)　(b)

(c)　(d)

图 4-44　双功能超表面波束偏折–四波束定向辐射系统 II 的远场表征

(a)x 极化下 (上层) 和 y 极化下 (下层) 四个代表频率处的 FDTD 仿真远场方向图；(b) 两个极化下的测试增益和效率，多波束情形下天线增益为四个波束的增益总和；(c)x 极化下 xz 面内 9.5GHz，9.8GHz，10.3GHz 和 10.5GHz 处的测试辐射方向图，由于大量计算内存限制数值仿真方向图并未给出；(d)y 极化下 xz 面内 9.2GHz，9.6GHz，10GHz 和 10.6GHz 处的仿真与测试辐射方向图，所有方向图均对主波束的峰值功率归一化

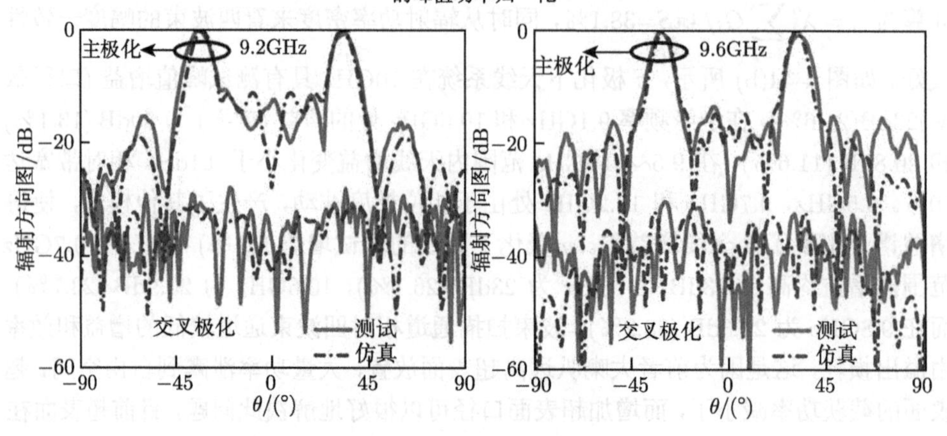

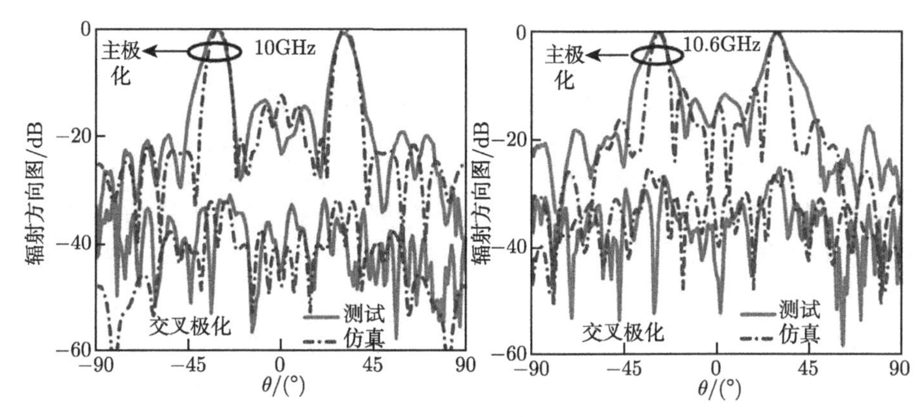

图 4-45 双功能超表面波束偏折-四波束定向辐射系统 II 在 y 极化下 yz 面内 9.2GHz，9.6GHz，10GHz 和 10.6GHz 处的仿真与测试辐射方向图

化到 −35°，平均波瓣宽带为 13°，同样随频率升高，波束宽带变窄。虽然旁瓣电平在边缘频率处有不同程度增大但绝大多数频率处均优于 −10dB，9.8GHz，10.3GHz 和 10.5GHz 处交叉极化优于 −30.6dB，而最差情形 9.5GHz 处交叉极化仍优于 −26.7dB。四波束通道下，所有频率处仿真与测试结果吻合得非常好，各面内两个波束几乎具有相同的幅度 (±0.25dB)，从 9.2GHz 到 10.6GHz 范围内方向图变化很小，具有非常稳定的多波束辐射特性，同样单元色散引起的相位误差使得交叉极化在低频 (9.2GHz) 和高频 (10.6GHz) 边缘频率处有所增加，尽管如此，所有测试交叉极化均优于 −24.5dB，半功率波瓣宽度约为 8°。

本节天线系统 I 和系统 II 的近场与远场表征均在图 4-46 所示的微波暗室环境下进行。

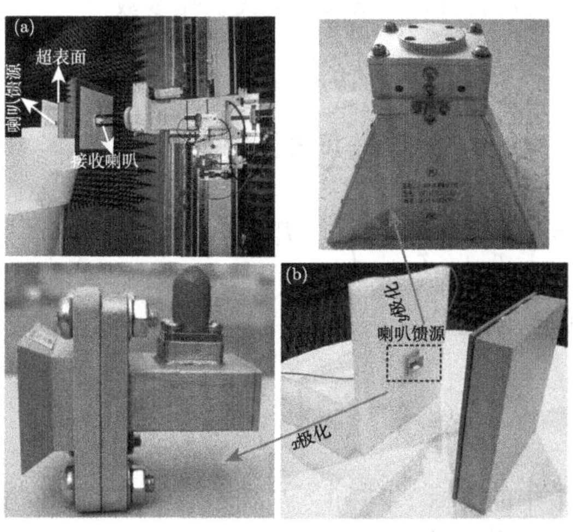

图 4-46 天线的近场与远场测试装置

4.3 非对称旋向调控微带阵

圆极化波可以接收来自不同方向的信号，抗干扰能力强，在雷达、通信、电子对抗等领域应用非常广泛。因此如何基于圆极化波的旋向进行高效电磁调控与全空间电磁调控就显得十分必要，下面介绍圆极化波下的非对称传输调控，是 4.1 节、4.2 节线极化调控的互补。

近年来，Fedotov 等基于超表面的洛伦兹互易特性，首次发现了电磁波的非对称传输特性 [200]，紧接着，研究人员对线极化波和圆极化波的非对称传输效应进行了深入的理论研究和实验验证，非对称效应也被广泛应用于极化频谱滤波器、极化转换器等的设计。然而，非对称传输超表面的高效实现机制还不明确，非对称传输圆极化波的旋向调控以及高效多功能器件的设计还处于萌芽状态，亟须进行深入系统的研究。本节试图基于旋向差异探究圆极化透射和反射的高效调控，并将其应用于透-反射 PB 超表面器件的设计。

4.3.1 基本理论与单元设计

假设一个亚波长超表面单元放置在 xy 平面上，线极化电磁波沿 z 向垂直照射，其物理模型可等效为一个二端口网络，电磁散射特性可由琼斯矩阵 R_{lin} 和 T_{lin} 表征为

$$R_{\text{lin}} = \begin{pmatrix} r_{xx} & r_{xy} \\ r_{yx} & r_{yy} \end{pmatrix}, \quad T_{\text{lin}} = \begin{pmatrix} t_{xx} & t_{xy} \\ t_{yx} & t_{yy} \end{pmatrix} \tag{4-15}$$

其中 r_{xx}，r_{xy}，r_{yx} 和 r_{yy} 为反射系数，t_{xx}，t_{xy}，t_{yx} 和 t_{yy} 为透射系数。对于镜像对称体系，由于散射对消特性，可以获得交叉极化参数为

$$r_{xy} = r_{yx} = t_{xy} = t_{yx} = 0 \tag{4-16}$$

在圆极化基下，反射和传输矩阵可表征为

$$R_{\text{cp}} = \Lambda^{-1} R \Lambda = \begin{pmatrix} r_{++} & r_{+-} \\ r_{-+} & r_{--} \end{pmatrix}, \quad T_{\text{cp}} = \Lambda^{-1} T \Lambda = \begin{pmatrix} t_{++} & t_{+-} \\ t_{-+} & t_{--} \end{pmatrix} \tag{4-17}$$

其中 Λ 为变换基矩阵，满足：

$$\Lambda = \frac{1}{\sqrt{2}} \begin{pmatrix} 1 & 1 \\ \mathrm{j} & -\mathrm{j} \end{pmatrix} \tag{4-18}$$

反射和传输系数中的下标 “+” 和 “–” 表示沿电磁波传输方向观测，其旋向分别为顺时针和逆时针。当电磁波沿 $-z$ 向传输时，+ 表示 RCP，- 表示 LCP。同

时在反射系数矩阵和传输系数矩阵中 “+” 和 “−” 也具有不同含义，对于反射系数矩阵，r_{-+} 和 r_{+-} 表示主极化，r_{++} 和 r_{--} 表示交叉极化，而对于透射系数矩阵，t_{++} 和 t_{--} 表示主极化，t_{-+} 和 t_{+-} 表示交叉极化。联立式 (4-15)，式 (4-17) 和式 (4-18)，可以得出线极化系数与圆极化系数的关系分别为

$$R_{\mathrm{cp}}=\frac{1}{2}\begin{pmatrix} r_{xx}+r_{yy}+\mathrm{j}(r_{xy}-r_{yx}) & r_{xx}-r_{yy}-\mathrm{j}(r_{xy}+r_{yx}) \\ r_{xx}-r_{yy}+\mathrm{j}(r_{xy}+r_{yx}) & r_{xx}+r_{yy}-\mathrm{j}(r_{xy}-r_{yx}) \end{pmatrix} \tag{4-19a}$$

$$T_{\mathrm{cp}}=\frac{1}{2}\begin{pmatrix} t_{xx}+t_{yy}+\mathrm{j}(t_{xy}-t_{yx}) & t_{xx}-t_{yy}-\mathrm{j}(t_{xy}+t_{yx}) \\ t_{xx}-t_{yy}+\mathrm{j}(t_{xy}+t_{yx}) & t_{xx}+t_{yy}-\mathrm{j}(t_{xy}-t_{yx}) \end{pmatrix} \tag{4-19b}$$

在无耗系统中，不同旋向 CP 波激励时可以分别获得

$$|r_{++}|^2+|r_{-+}|^2+|t_{++}|^2+|t_{-+}|^2=1 \tag{4-20a}$$

$$|r_{--}|^2+|r_{+-}|^2+|t_{--}|^2+|t_{+-}|^2=1 \tag{4-20b}$$

两种旋向激励时，这里考虑三种理想情况。第一，同时压制两种旋向激发时的透射模式，可以得到

$$|r_{++}|=1 \quad (\text{或}|r_{-+}|=1) \tag{4-21a}$$

$$|r_{--}|=1 \quad (\text{或}|r_{+-}|=1) \tag{4-21b}$$

如图 4-47(a) 所示，很多反射型 PB 超表面器件就是根据该机理设计的，如近 100%效率的光子自旋霍尔效应，旋向相关的全息表面，多焦点透镜等。第二，使透射波模式达到最大，同时抑制反射波模式，可以得到

$$|t_{++}|=1 \quad (\text{或}|t_{-+}|=1) \tag{4-22a}$$

$$|t_{--}|=1 \quad (\text{或}|t_{+-}|=1) \tag{4-22a}$$

如图 4-47(b) 所示，高效透射 PB 超表面大多基于该原理设计，如基于 ABA 体系设计的高透 PB 超表面，涡旋光产生器等。第三，一种旋向电磁波激励时，使透射波最大，压制其他三种模式，另一种旋向则相反，仅保留一种反射波模式，这样就可以实现对圆极化透射波和反射波的同时调控。这里给出两种可行方案，一是当圆极化系数满足：

$$|r_{-+}|=1, \quad |r_{++}|=|t_{++}|=|t_{-+}|=0 \tag{4-23a}$$

$$|t_{+-}|=1, \quad |r_{--}|=|r_{+-}|=|t_{--}|=0 \tag{4-23b}$$

此时 “+” 旋向的圆极化波发生全反射，且旋向不变，而 “−” 旋向的圆极化波发生全透射，旋向发生改变，如图 4-47(c) 所示。满足该条件的线极化琼斯矩阵为

$$R_{\text{lin}} = \frac{1}{2}\begin{pmatrix} 1 & -\text{j} \\ -\text{j} & -1 \end{pmatrix}, \quad T_{\text{lin}} = \frac{1}{2}\begin{pmatrix} 1 & \text{j} \\ \text{j} & -1 \end{pmatrix} \tag{4-24}$$

反射超表面

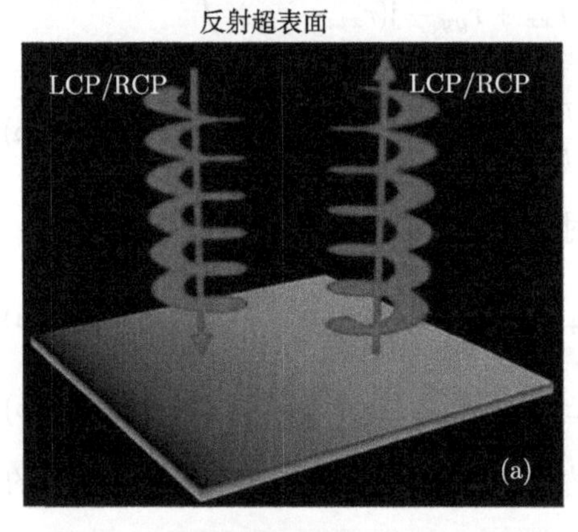

透射超表面

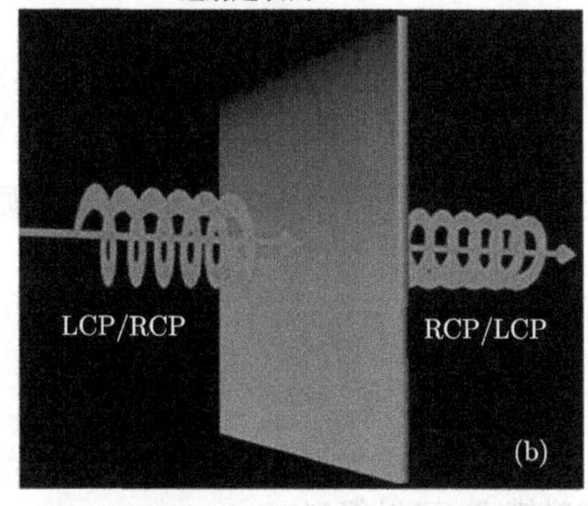

双功能超表面 I

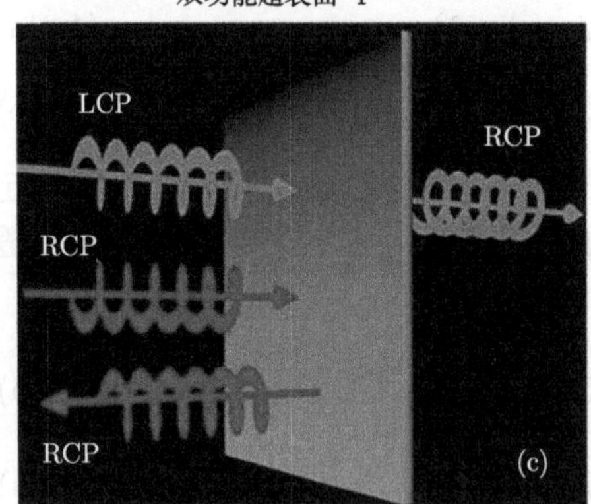

双功能超表面 II

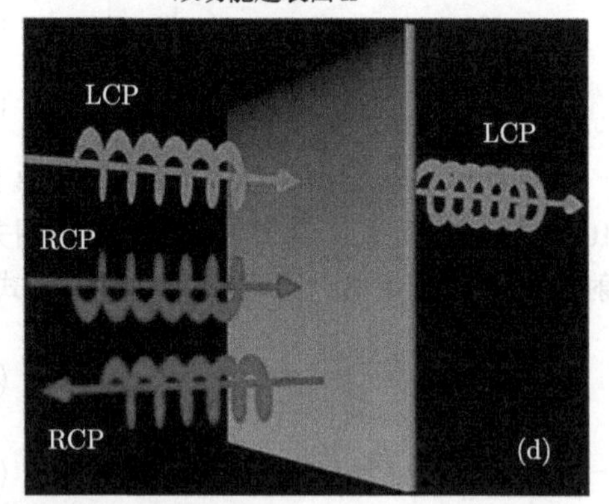

图 4-47　非对称传输 PB 超表面的工作原理

传统的 (a) 反射和 (b) 透射 PB 超表面；(c)，(d) 提出的新型 PB 超表面，均可以同时调控透射波和反射波；(c) 超表面 I 可以反射右旋圆极化波和传输左旋圆极化波，但透射波具有相反的旋向；(d) 超表面 II 可以反射右旋圆极化波和传输左旋圆极化波，透射波和反射波均可以保持旋向不变

关注此种情况的相位信息，可以很容易判断在反射模式和透射模式中均存在 PB 算符，也就是将超表面单元旋转 θ 角度时，相位会有 $\Delta\varphi=\pm 2\theta$ 的偏移。二是当圆极化系数满足：

$$|r_{-+}| = 1, \quad |r_{++}| = |t_{++}| = |t_{-+}| = 0 \tag{4-25a}$$

$$|t_{--}| = 1, \quad |r_{--}| = |r_{+-}| = |t_{+-}| = 0 \tag{4-25b}$$

这种情况下“+”“–”旋向的圆极化仍分别发生全反射和全透射，不同之处在于反射模式和透射模式电磁波旋向均保持不变，如图 4-47(d) 所示，满足该条件的线极化琼斯矩阵为

$$R_{\text{lin}} = \frac{1}{2}\begin{pmatrix} 1 & -\text{j} \\ -\text{j} & -1 \end{pmatrix}, \quad T_{\text{lin}} = \frac{1}{2}\begin{pmatrix} 1 & \text{j} \\ -\text{j} & 1 \end{pmatrix} \tag{4-26}$$

此时反射波模式存在 PB 算符，而透射波模式没有 PB 算符，这一现象很有趣，也就是满足该条件的超表面单元旋转时，反射波束会发生相位调制，而透射波束相位不变，同时加上入射电磁波的旋向不变特性，非常适合于圆极化波束分离器的设计。

基于上述圆极化波 100% 非对称传输条件，下面将设计满足式 (4-24) 和式 (4-26) 特定琼斯矩阵要求的真实结构。由 PB 理论可知，单元的相移与旋转角度相关，因此，这里首先只关注其幅度信息。分析式 (4-24) 中的反射和透射系数分布，可以将其分解为三种基本结构的复合形式：1/4 波片 +45° 偏振片 +1/4 波片，其中 1/4 波片的反射琼斯矩阵为

$$R_{1/4} = \begin{pmatrix} 1 & 0 \\ 0 & \text{j} \end{pmatrix} \tag{4-27}$$

45° 偏振片的反射琼斯矩阵为

$$R_{x+y} = \frac{1}{2}\begin{pmatrix} 1 & -1 \\ -1 & 1 \end{pmatrix} \tag{4-28}$$

鉴于此可以指导真实超表面单元的设计。如图 4-48(a) 所示，精心设计的超表面单元由三层金属结构和两层中间介质层构成，介质层采用厚度 h=2mm 的 F4B 基板 (ε_{r} =2.65，tanδ=0.001)，设置单元工作的中心频率为 f_0=11GHz。上层结构为“I”字形，充分优化其结构尺寸，使其具有 1/4 波片的功能；中心为金属条带结构，沿 45° 放置，充当 45° 偏振片的功能，需要说明的是，该结构的长度和宽度同时影响电磁波的传输和反射特性，因此需进行仔细调整和优化；对于超表面单元 Ⅰ，最下层单元仍采用“I”字形，同样扮演 1/4 波片的功能，而对于超表面单元 Ⅱ，将“I”字形单元沿 z 轴旋转了 90°，形成了 1/4 波片的共轭结构，用于实现式 (4-26) 中的矩阵分布。

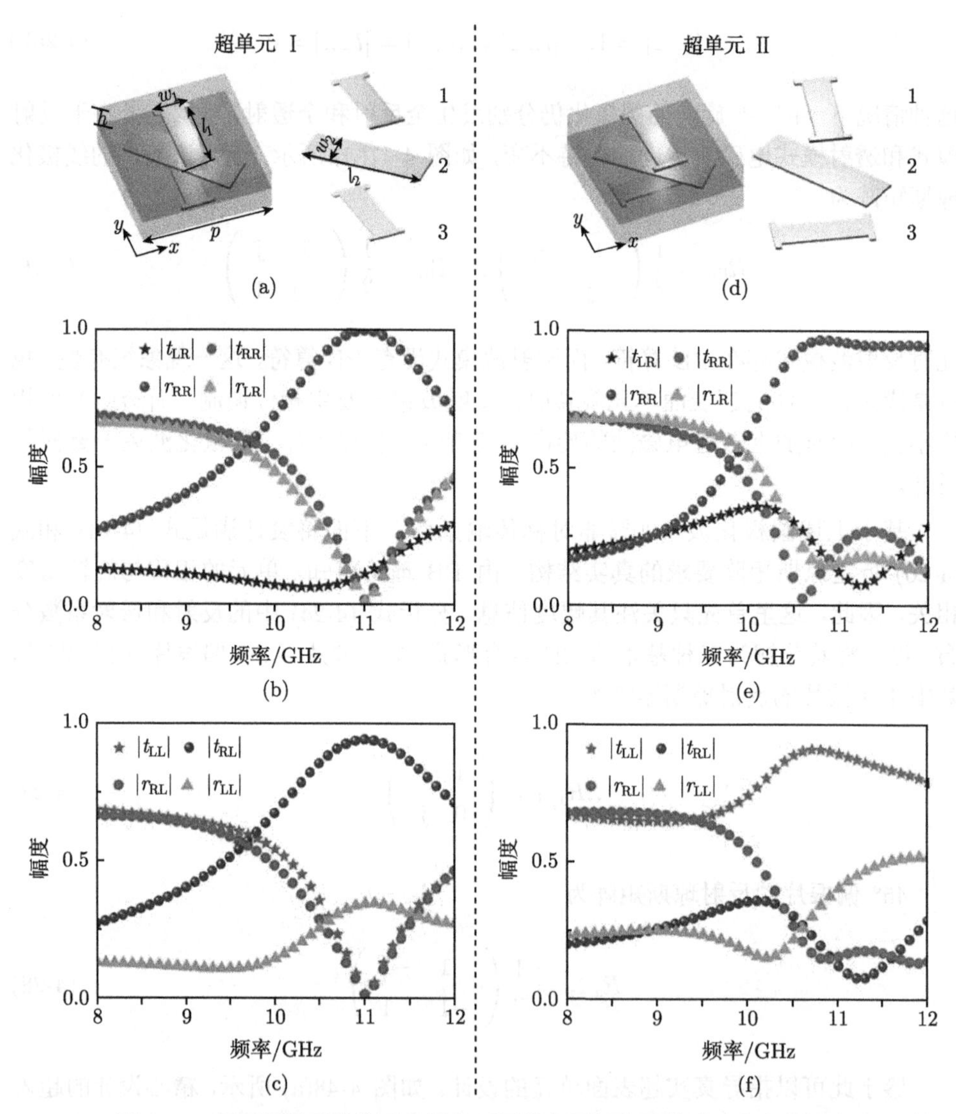

图 4-48　超表面单元结构示意图和不同旋向圆极化波激励时的电磁响应

(a) 超表面单元 I 和 (d) 超表面单元 II 的结构示意图，结构参数为 p=11mm，$w_1 = w_2$=3mm，l_1=7mm 和 l_2=9.6mm；(b)，(e)RCP 和 (c)，(f)LCP 激励时，(b)，(c) 超表面单元 I 和 (e)，(f) 超表面单元 II 的传输和反射幅度

接下来，通过 FDTD 仿真方法来验证两种超表面单元的电磁特性。首先，将 RCP 垂直入射到由超表面单元 I 周期延拓的超表面上，图 4-48(b) 给出了相应的传输和反射频谱。可以看出，在设计频率 f_0=11GHz 处，RCP 入射波发生了全反射 $|r_{RR}| \approx 1$，其余电磁模式 $|r_{LR}|$，$|t_{LR}|$ 和 $|r_{RR}|$ 被完全抑制。而当采用 LCP 激

励时，超表面单元的电磁响应见图 4-48(c)。可以看出，LCP 在 f_0=11GHz 处产生了透射峰，使得 $|t_{\mathrm{RL}}|\approx 1$，并且传输旋向发生了改变。超表面单元 I 实现的电磁特性与琼斯矩阵式 (4-24) 计算结果完全一致。对于超表面单元 II，RCP 激励时的电磁响应与超表面单元 I 基本一致，也在设计频率处发生了全反射，如图 4-48(e) 所示。但对于 LCP 激励时，全透射波的旋向仍为左旋模式，这与超表面单元 I 完全不同。超表面单元 II 的电磁特性验证了式 (4-26) 描述的琼斯矩阵情况。因此，设计的两种超表面单元不仅实现了对圆极化波透射和反射幅度的调控，同时实现了透射波旋向的调控，相比于以往报道的 PB 超表面，电磁调控能力更加强大。

然后，探讨两种超表面单元随旋转角度 θ 变化时中心频率处的电磁响应。当超表面单元 I 沿逆时针方向以 10° 间隔旋转时，图 4-49(a) 给出了 RCP 激励时主模式的反射幅度 $|r_{\mathrm{RR}}|$ 和反射相位 $\varphi_{\mathrm{RR}}^{\mathrm{r}}$ 曲线，反射幅度变化很小，均满足 $|r_{\mathrm{RR}}|>0.91$。反射幅度不完全一致主要是由不同旋转角度时相邻单元间的耦合略有不同引起的，反射相位基本满足 $\Delta\varphi=-2\theta$ 的关系，这与 PB 理论吻合良好。同样的，在 LCP

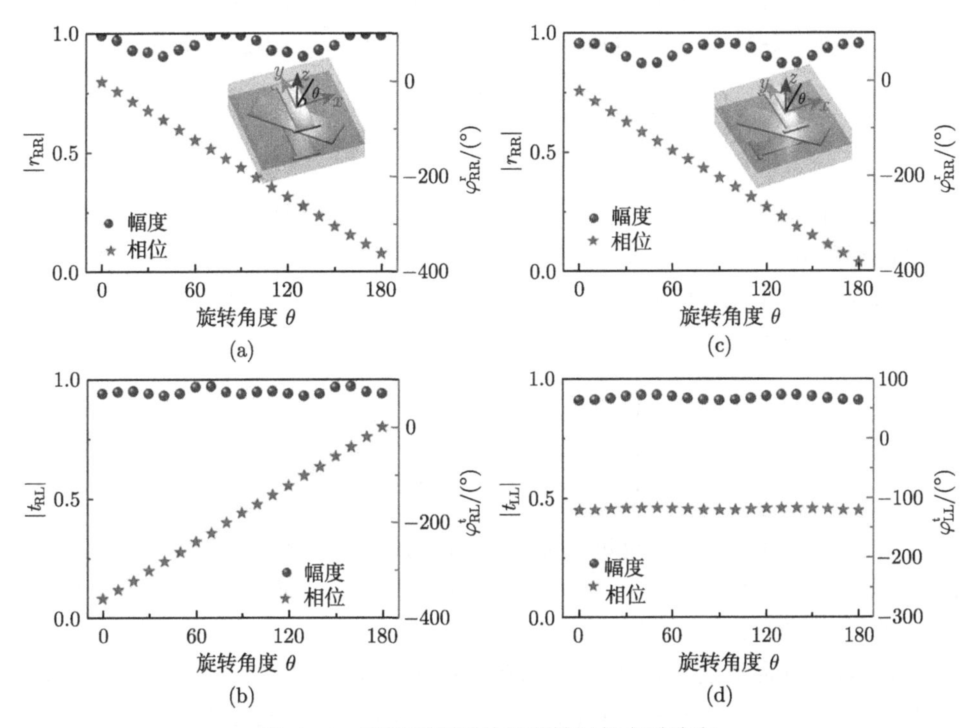

图 4-49 两种超表面单元旋转时的电磁响应

RCP 激励时，(a) 超表面单元 I 和 (c) II 的反射幅度 $|r_{\mathrm{RR}}|$ 和反射相位 $\varphi_{\mathrm{RR}}^{\mathrm{r}}$ 随旋转角度的变化曲线；LCP 激励时，(b) 超表面单元 I 和 (d) II 的透射幅度 $|t_{\mathrm{RL}}|/|t_{\mathrm{LL}}|$ 与透射相位 $\varphi_{\mathrm{RL}}^{\mathrm{t}}/\varphi_{\mathrm{LL}}^{\mathrm{t}}$ 随旋转角度的变化曲线；工作频率为 11GHz

激励时，旋转单元的主透射模式 $|t_{\mathrm{RL}}|$ 均保持较高水平 ($|t_{\mathrm{RL}}|$ >0.93)，而透射相位 $\varphi_{\mathrm{RL}}^{\mathrm{t}}$ 满足 $\Delta\varphi = 2\theta$。图 4-49(a) 和 (b) 验证了超表面单元 I 在透射波和反射波中均携带 PB 算符。当超表面单元 II 旋转时，RCP 激励时的反射特性与超表面单元 I 基本一致。但在左旋圆极化波激励时，透射波幅度 $|t_{\mathrm{LL}}|$ 和 $\varphi_{\mathrm{LL}}^{\mathrm{t}}$ 均保持不变，说明透射波没有携带 PB 算符，这与理论预测完全一致。

4.3.2　透-反射非对称透镜

4.3.1 节设计的超表面单元 I 在透射波束和反射波束中均携带 PB 算符，适合于研制圆极化透-反射超表面器件，本节将超表面单元 I 应用于高效透-反射 PB 超表面透镜的设计。

设置超表面透镜的工作频率为 f_0=11GHz，设计的超表面透镜在 LCP 平面波激励时，可以实现透射波束会聚，如图 4-50(a) 所示，而对于 RCP 平面波激励时，超表面器件可以工作在发散透镜状态，如图 4-50(b) 所示。与报道的双极化透镜不同，这里设计的透镜可以独立地工作在透射模式和反射模式，更为实用。

选择透镜的焦距为 F_1=50mm，两个相位函数 $\varphi_{\mathrm{RL}}^{\mathrm{t}}$ 和 $\varphi_{\mathrm{RR}}^{\mathrm{r}}$ 应该满足:

$$\begin{cases} \varphi_{\mathrm{RL}}^{\mathrm{t}}(x,y) = k_0\left(\sqrt{F_1^2+x^2+y^2}-F_1\right) \\ \varphi_{\mathrm{RR}}^{\mathrm{r}}(x,y) = -k_0\left(\sqrt{F_1^2+x^2+y^2}-F_1\right) \end{cases} \tag{4-29}$$

其中，k_0 为传播常数。图 4-50(e) 和 (f) 分别给出了透射聚焦透镜和反射发散透镜的相位分布，可以明显看出聚焦透镜相位呈抛物状，而发散透镜相位则正好相反。由于超表面单元 I 旋转时对不同旋向激励波相位偏移呈反向变化 $\Delta\varphi = \pm 2\ \theta$，因此非常适合该透镜的设计。单元的旋转角度可计算为

$$\begin{cases} \theta_{\mathrm{RL}}^{\mathrm{t}}(x,y) = \dfrac{1}{2}\varphi_{\mathrm{RL}}^{\mathrm{t}}(x,y) \\ \theta_{\mathrm{RR}}^{\mathrm{r}}(x,y) = \dfrac{1}{2}\varphi_{\mathrm{RR}}^{\mathrm{r}}(x,y) \end{cases} \tag{4-30}$$

由式 (4-30) 中的旋转角度可以设计超表面透镜，选择单元数目为 14×14，设计的超表面透镜的体积为 154mm×154mm×4mm，相当于 $2.65\lambda_0 \times 2.65\lambda_0 \times 0.15\lambda_0$，$\lambda_0$ 为 f_0 处自由空间波长。对设计的超表面透镜进行加工，加工样品见图 4-50(c)。

首先验证样品透射聚焦特性。近场测量装置示意图见图 4-50(d)，采用宽频 LCP 喇叭 (8~14GHz) 垂直照射样品，单极子天线固定在步进电机上，由计算机控制以 1mm 的步进在超表面透射端的 xOz 和 yOz 平面进行近场扫描，扫描区域为 120mm×120mm，测试电场信息由 Agilent E8362C 型矢网采集。测试得到的中心频率 f_0=11GHz 处 xOz 平面上的 $\mathrm{Re}(E_x)$ 分布如图 4-51(a) 所示，相应的仿真结果见图 4-51(b)。可以看出测试和仿真结果吻合良好，LCP 入射的平面波经过超表面

透镜后发生了良好的波束会聚效果。由测得的电场幅度信息可以提取 xOz 和 yOz 平面上的 $|E_x|^2$ 分布，测试和仿真结果分别见图 4-51(c) 和 (d)，进一步验证了透镜的聚焦效应。图 4-51(e) 给出了 f_0 处的 $|E_x|^2$-z 曲线分布，最大值为透镜焦距，测试得到的透镜焦距为 47mm，而仿真值为 49mm(图 4-51(f))。焦距的测试值、仿真值以及设计值吻合良好，验证了设计的准确性。为衡量该透镜的工作效率，首先通过远场分布测试得到透镜的透射率为 $P_{\rm tra}/P_{\rm tot}$，仿真中由图 4-49(b) 中不同角度透射率的均值来衡量，结果显示测试和仿真结果均约为 94%；其次，根据聚焦平面上的能量分布 (积分) 获得 $P_{\rm foc}/P_{\rm tra}$，如图 4-51(e) 和 (f) 中的插图所示，聚焦部分定义在图中白色虚线内，测试和仿真结果分别为 94%和 97%，因此最终测试 (仿真) 效率为 88%(91%)，损失能量分别为透镜的反射和吸收。

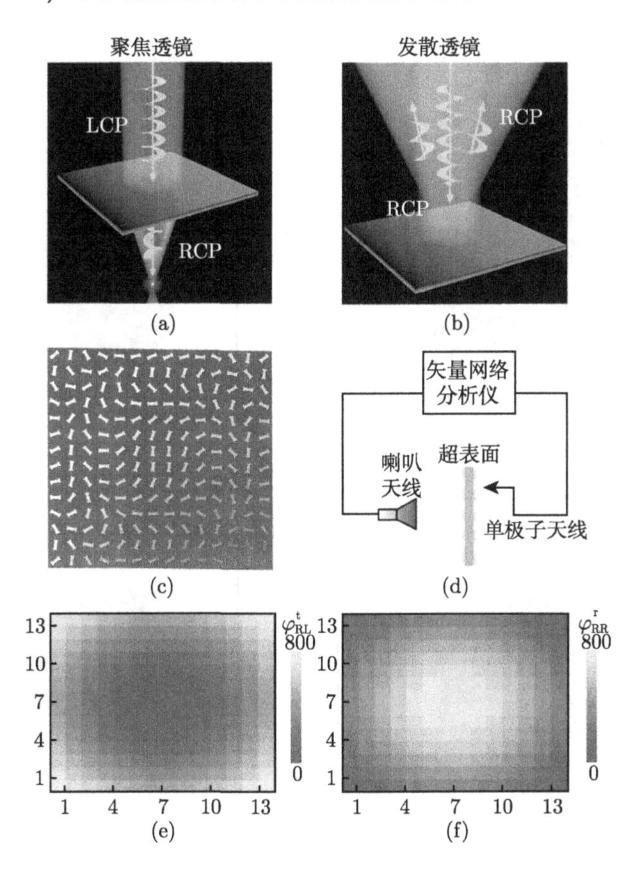

图 4-50 基于超表面单元 I 的透–反射 PB 超表面透镜的设计。(a, b) 透–反射 PB 超表面透镜的工作机理，在 (a)LCP 和 (b)RCP 激励下，可分别工作于 (a) 聚焦透镜和 (b) 发散透镜；(c) 加工样品的正面视图；(d) 透镜近场测试示意图；设计/加工的 (e) 聚焦透镜 $\varphi^{\rm t}_{\rm RL}(x,y)$ 分布和 (f) 发散透镜的 $\varphi^{\rm r}_{\rm RR}(x,y)$ 分布

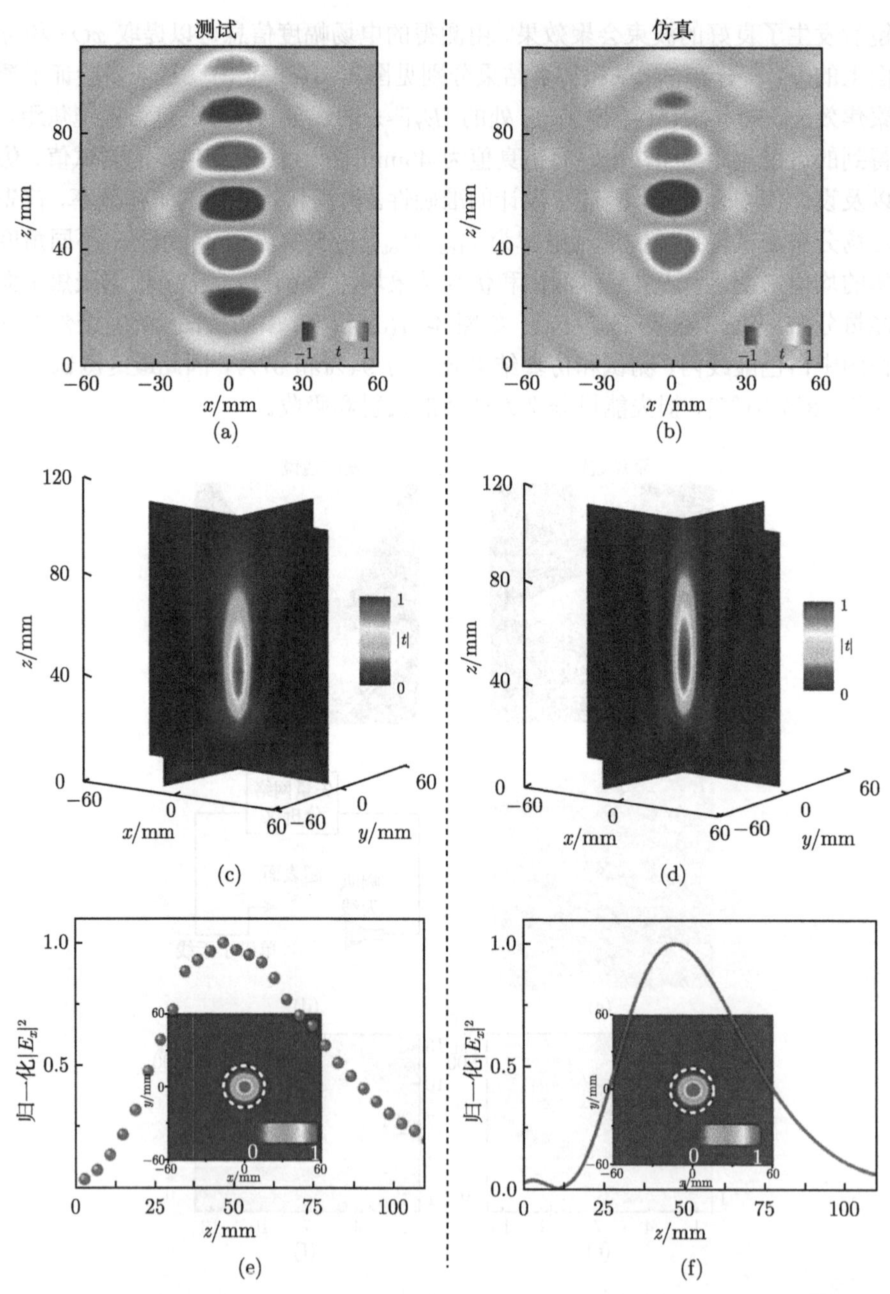

图 4-51　LCP 激励时，仿真和测试的聚集透镜在中心工作频率 f_0=11GHz 时的性能

(a) 测试和 (b)FDTD 仿真得到的透射端 xOz 平面上的 $\mathrm{Re}(E_x)$ 分布；(c) 测试和 (d) 仿真得到的透射端 xOz 和 yOz 平面上的 $|E_x|^2$ 分布；(e) 测试和 (f) 仿真得到的 z 轴上聚焦强度分布，插图分别为透镜焦平面上 (e)z=47mm 和 (f)z=49mm 的电场强度分布；图中所有的场分布均对最大值进行了归一化

接下来，验证发散透镜的电磁特性。实验装置与图 4-50(d) 保持一致，在反射端 xOz 和 yOz 平面分别测量透镜和入射波的电场分布，为了清晰地描述透镜的场分布情况，测量散射场中扣除了入射场信息。如图 4-52(a) 所示的 $\mathrm{Re}(E_x)$ 分布中，LCP 平面波激励时，超表面透镜具有反射波束发散效应，均匀入射的平面波向两侧散射，法向散射强度很弱，保证了发散透镜的高效性，图 4-52(b) 中仿真的 $\mathrm{Re}(E_x)$ 分布与实验结果吻合良好。图 4-52(c) 和 (d) 分别绘制了提取的测试和仿真 $|E_x|^2$ 分布，可以更清楚地看出超表面透镜的发散特性。这里反射发散透镜的效率

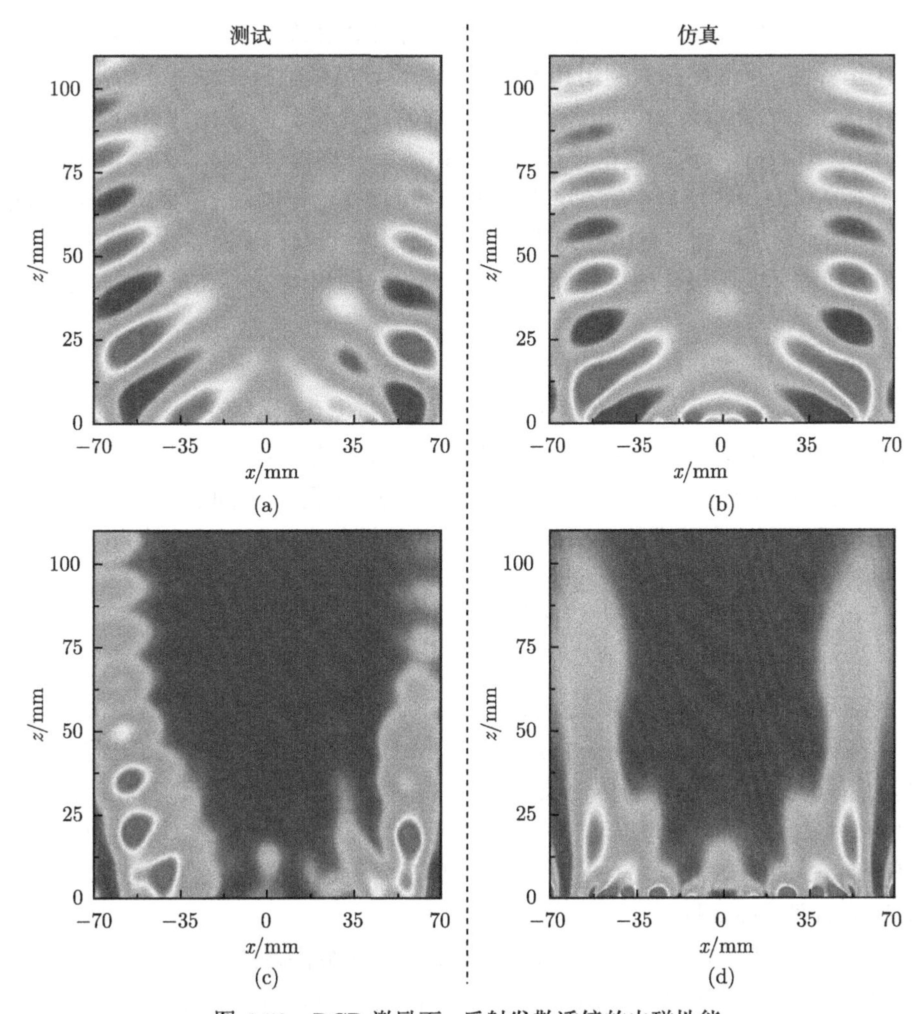

图 4-52 RCP 激励下，反射发散透镜的电磁性能

(a)，(c) 测试和 (b)，(d)FDTD 仿真的 xOz 平面上的 (a)，(b)$\mathrm{Re}(E_x)$ 和 (c)，(d)$|E_x|^2$ 分布；工作频率为 f_0=11GHz，图中所有结果均对最大值进行了归一化

定义为反射右旋波束能量占入射波总能量的比例，可以表征为 $\eta = P_{\text{ref(RCP)}}/P_{\text{tot}}$。

测量过程中，首先测试右旋圆极化波激励等大金属板时的散射场分布，积分获得总的入射场能量，然后测试超表面透镜右旋散射分量，仿真中采用图 4-49(a) 中不同角度反射率的平均值来表征，结果显示测试和仿真的效率分别为 94%和 96%。与报道的发散透镜相比 [170]，这里设计远远打破了 25%的效率限制，为高效 PB 透镜设计提供了新的思路和方法。

4.3.3 透–反射非对称圆极化波束分离器

4.3.2 节中利用超表面单元 I 设计了透–反射 PB 超表面透镜，并实验验证了其高效工作特性，下面将探索利用超表面单元 II 设计高效圆极化波束分离器。

由 4.3.1 节分析可知，超表面单元 II 非常适合设计圆极化波束分离器。如图 4-53(a) 和 (b) 所示，这里设计的圆极化波束分离器可以将 LCP 和 RCP 分别分散到透射空间和反射空间，并且分离角度可以任意控制，这与报道的波束极化分离器相比，增加了更多自由度，同时不同的工作空间有利于提高波束的极化分离比。为实现描述的圆极化波束分离器特性，要求传输相位 $\varphi^{\mathrm{t}}_{\mathrm{LL}}$ 和反射相位 $\varphi^{\mathrm{r}}_{\mathrm{RR}}$ 分别满足：

$$\begin{cases} \varphi^{\mathrm{t}}_{\mathrm{LL}}(x,y) = C_1 \\ \varphi^{\mathrm{r}}_{\mathrm{RR}}(x,y) = \xi x + C_2 \end{cases} \tag{4-31}$$

其中 C_1 和 C_2 为常数，ξ 为相位梯度，依据广义反射定律 $\theta_{\mathrm{r}} = \sin^{-1}(\xi/k_0)$，$\xi$ 决定了反射波束的偏折角度。设置工作频率为 11GHz，并且 $\xi = 0.41k_0$。因此，可以计算每个超元胞由 6 个基本超表面单元构成，其旋转角度分别可以计算为

$$\begin{cases} \theta^{\mathrm{t}}_{\mathrm{LL}}(x,y) = -0.21k_0 x \\ \theta^{\mathrm{r}}_{\mathrm{RR}}(x,y) = 0.21k_0 x \end{cases} \tag{4-32}$$

进而可以设计出圆极化波束分离器，加工样品见图 4-53(c)，样品由 30×30 个基本单元构成，尺寸为 330mm×330mm×4mm。图 4-53(e) 和 (f) 分别给出了 FDTD 仿真的超表面上每个单元的传输幅度 $|t_{\mathrm{LL}}|$、传输相位 $\varphi^{\mathrm{t}}_{\mathrm{LL}}(x)$、反射幅度 $|r_{\mathrm{RR}}|$ 和反射相位 $\varphi^{\mathrm{r}}_{\mathrm{RR}}(x)$ 曲线。可以看出，每个单元传输幅度和反射幅度均保持了很高的水平 ($|t_{\mathrm{LL}}|$ >0.93，$|r_{\mathrm{RR}}|$ >0.95)，且其相位信息与设计值完全一致，这保证了圆极化波束分离器的高效性。

接下来，分别从仿真和实验角度验证圆极化波束分离器的性能。首先考虑 LCP 激励时的透射特性。由图 4-53(d) 可知，采用 LCP 喇叭垂直照射超表面，使用另一个圆极化喇叭 (分别为 LCP 喇叭和 RCP 喇叭) 在距离为 1.2m 的圆周上测试各个角度上的散射能量分布，结果见图 4-54(a) 和 (b)。可以发现几乎所有的 LCP 入射波在较宽频率范围内 (10~12.4GHz) 均直接透过超表面，而在该频率范围外，其

他散射模式会显著增大。图 4-54(d) 和 (e) 给出了相应的 FDTD 仿真结果，两者一致性很好。然后，通过积分不同频率透射波束的能量占总入射能量的比例来计算超表面的效率，结果见图 4-54(f)，最大测试效率出现在 11GHz 附近，达到了 90% 左右，仿真效率更是超过了 92%。损失的能量部分被反射 (测试和仿真比例分别为

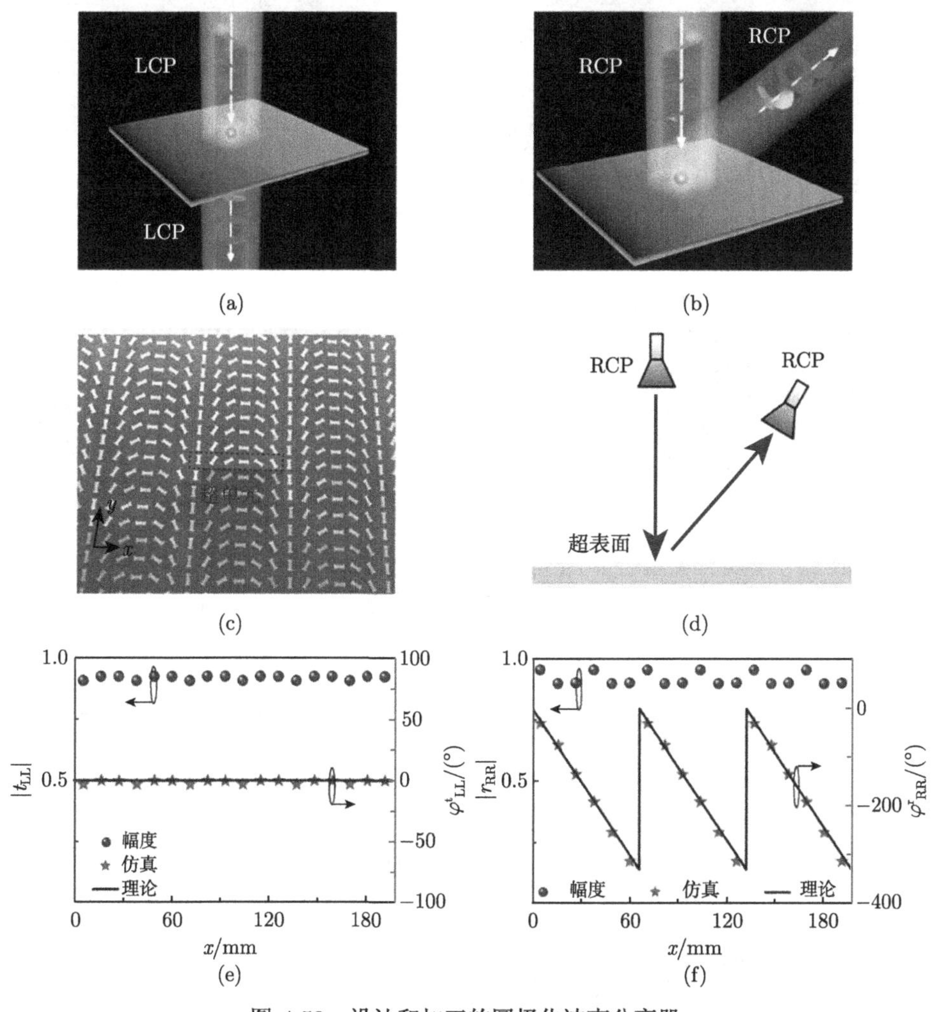

图 4-53 设计和加工的圆极化波束分离器

(a), (b) 圆极化波束分离器的工作原理：(a)LCP 可以实现高效透射；(b)RCP 入射波可以实现反射奇异偏折；(c) 加工的实验样品；(d) 圆极化波束分离器的测试示意图；(e)LCP 激励时，工作频率处 FDTD 仿真的透射幅度 $|t_{LL}(x)|$ 和透射相位 $\varphi^{t}_{LL}(x)$；(f)RCP 激励时，工作频率处 FDTD 仿真的反射幅度 $|r_{RR}(x)|$ 和反射相位 $\varphi^{r}_{RR}(x)$；图 (e) 和 (f) 中的黑色曲线表示理论计算的 $\varphi^{t}_{LL}(x,y)=C_1$ 和 $\varphi^{r}_{RR}(x,y)=\xi x+C_2$

7%和 5%)，部分转化为了交叉极化 (~2%能量)，还有一部分被吸收 (~1%)。实验和仿真的些许误差主要由加工误差以及非完美的入射波前造成。图 4-54(e) 绘制了

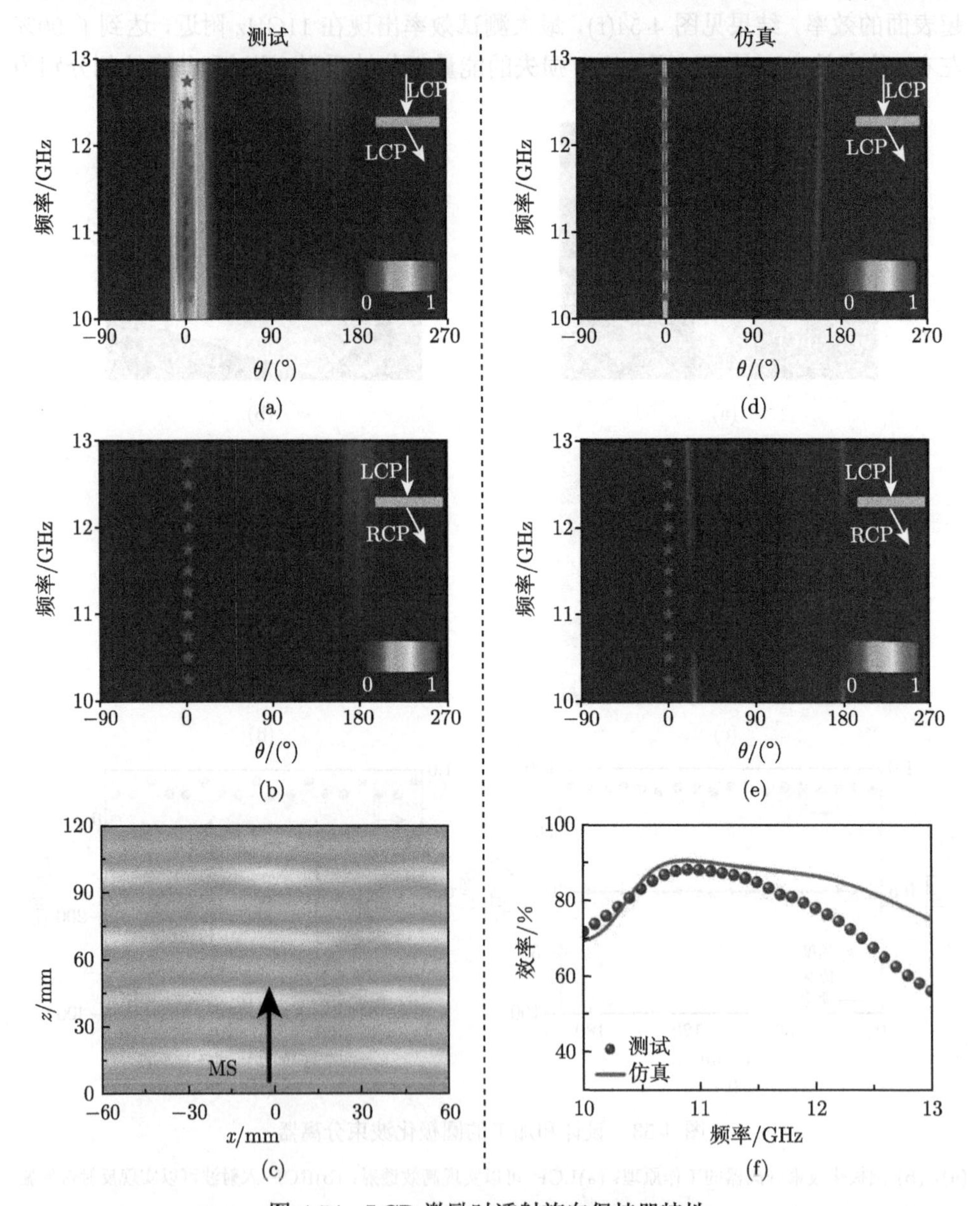

图 4-54　LCP 激励时透射旋向保持器特性

采用 LCP 喇叭激励超表面时，(a)，(b) 测试和 (d)，(e)FDTD 仿真得到的 360° 范围内 (a)，(d)LCP 和 (b)，(e)RCP 的散射场强度分布；(c)f_0 频率处，单极子天线测试的透射端 xOz 面上的 $\mathrm{Re}(E_x)$ 分布；(f)FDTD 仿真和测试的透射旋向保持器的工作效率；这里所有的频谱均对最大值进行了归一化处理

测试的透射面上 11GHz 时的 $\mathrm{Re}(E_x)$ 分布，进一步验证了超表面对左旋圆极化波的高透特性。

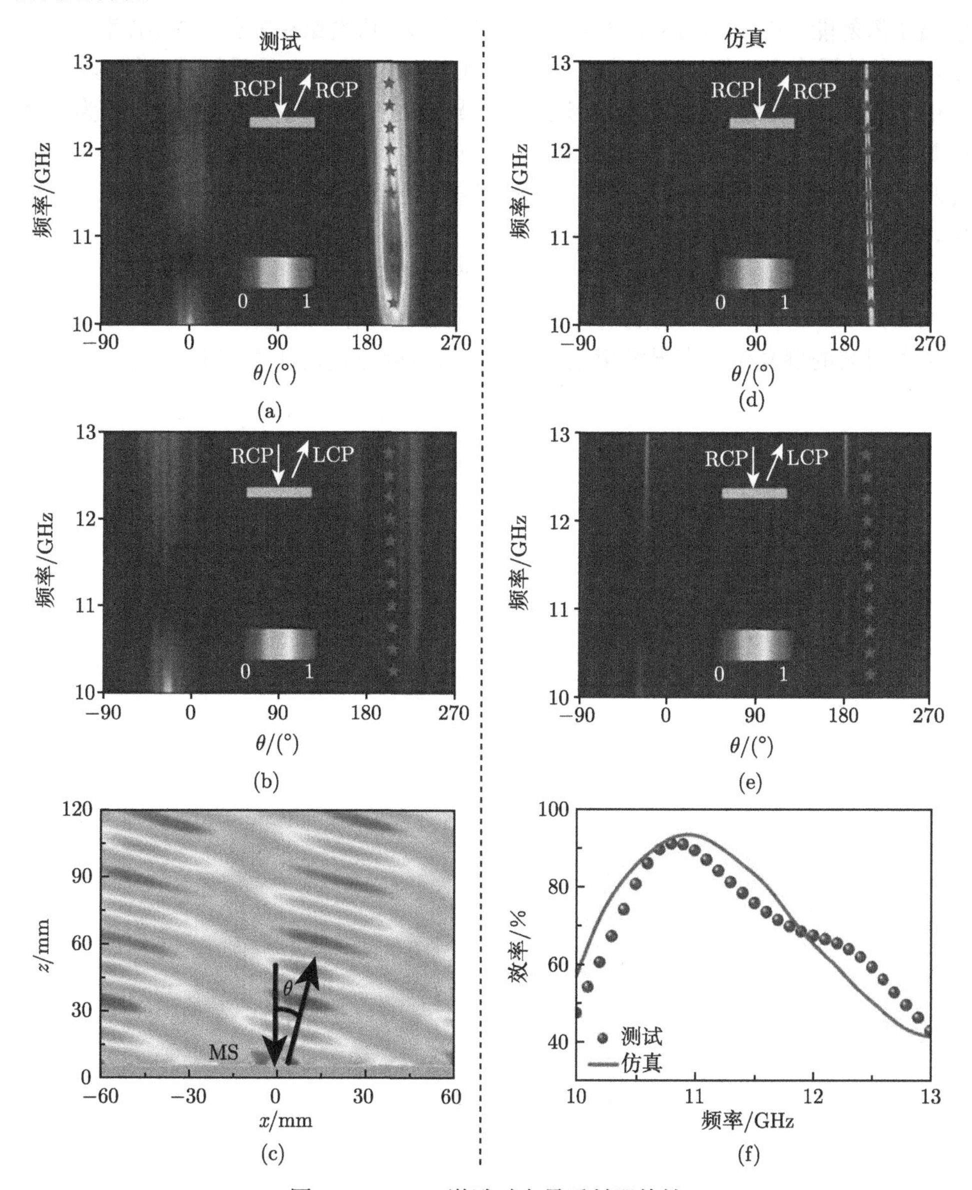

图 4-55 RCP 激励时奇异反射器特性

RCP 喇叭激励超表面时，(a)，(b) 测试和 (d)，(e)FDTD 仿真得到的 360° 范围内 (a)，(d)RCP 和 (b)，(e)LCP 的散射场强度分布；(c) 采用单极子天线测试的反射部分 xOz 面上的 $\mathrm{Re}(E_x)$ 分布；(f)FDTD 仿真和测试的奇异反射器的工作效率。这里所有的频谱均对最大值进行了归一化处理

然后，测试超表面器件在 RCP 激励下的奇异反射性能。除了将发射电磁波的 LCP 喇叭换成 RCP 喇叭外，其余实验装置均与之前完全一致。图 4-55(a) 和 (b) 给出了散射能量随观测角度以及频率的变化图谱，仿真结果如图 4-55(d) 和 (e) 所示，两者结果吻合良好。可以发现在 f_0=11GHz 时，除了奇异反射模式外，其余所有的电磁模式，如镜像反射、零阶透射、奇异透射模式，均被完全抑制，更为重要的是奇异偏折角度与广义 Snell 定律 $\theta_{\mathrm{r}}=\sin^{-1}(\xi_1/k_0)$ 预测的完全一致，如图中实心星形标注所示。同样的，积分奇异偏折波束能量可以计算超表面的绝对工作效率，见图 4-55(f)。最大的测试和仿真效率均出现在 11GHz 附近，分别达到了 91% 和 93%，进一步验证了超表面工作的高效性。最后，测试工作频率处反射端 xOz 平面上的 $\mathrm{Re}(E_x)$ 分布，结果见图 4-55(c)，这里扣除了入射波的影响，可以清楚地发现入射波的确发生了奇异波束偏折，且偏折角度与理论计算完全一致。

第5章　全空间电磁调控机理与透–反射超表面

全空间电磁波前调控一直是研究人员梦寐以求的目标，其在现代通信、军事等领域具有重要的应用前景。目前军事上，由于单部雷达波束扫描范围有限，需要通过组网技术来实现对不同区域目标的发现与识别，组网技术在增加波束调控范围、提高目标识别精度的同时，也大大增加了系统成本和复杂性，同时也增大了自身的雷达散射截面，不利于隐身特性的实现。因此如何提升单个电磁器件的波前调控能力和范围，是亟须解决的科学问题。

本章将基于极化可控思想同时独立地调控透射波和反射波，将透射超表面与反射超表面功能进行有机集成，提出了透–反射超表面 (transmissive-reflective GMS, TRGMS) 的新概念。TRGMS 不是透射超表面和反射超表面功能的简单叠加，而是一种具有多样电磁调控方式，多种奇异功能组合和全空间波束调控范围的新型超表面。TRGMS 基于调控电磁波极化方式的差异，可以分为线性 TRGMS 和几何 TRGMS，本章主要介绍线性 TRGMS 的工作机理、设计方法和广泛应用。

5.1　高效工作机理与设计方法

对于线极化波来讲，广义折射/反射定律表明，超表面对于电磁波的波束调控主要由总波矢决定，总波矢由入射电磁波矢和由超表面相位突变引起的横向波矢两部分组成，可表示为

$$k^{[i]}_{(r_j//t_j)} = \vec{k}_0 \cdot \vec{j} + \xi^{[i]}_{(r_j//t_j)} \tag{5-1}$$

这里，$k^{[i]}_{(r_j//t_j)}$ 表示 $[i]$ 极化电磁波入射时 j 方向出射电磁波的总波矢 (反射总波矢或透射总波矢)，在直角坐标系中，i 和 j 分别可由 x 和 y 两个正交分量表征，对于各向异性介质，采用 x 极化电磁波激发时，总波矢 $k^{[i]}_{(r_j//t_j)}$ 有 4 种不同形式，即 $k^{[x]}_{(r_x)}$，$k^{[x]}_{(r_y)}$，$k^{[x]}_{(t_x)}$ 和 $k^{[x]}_{(t_y)}$。采用 y 极化电磁波激发时，$k^{[i]}_{(r_j//t_j)}$ 也有 4 种不同形式，即 $k^{[y]}_{(r_x)}$，$k^{[y]}_{(r_y)}$，$k^{[y]}_{(t_x)}$ 和 $k^{[y]}_{(t_y)}$。对于两种极化电磁波同时激发时，$k^{[i]}_{(r_j//t_j)}$ 可有 16 种不同组合形式。$\vec{k}_0 \cdot \vec{j}$ 表示入射波矢在 j 方向的分量，$\xi^{[i]}_{(r_j//t_j)}$ 表示 $[i]$ 偏振电磁波入射时由材料在 j 方向产生的反射相位梯度或透射相位梯度，采用不同极化电磁波激励时，$\xi^{[i]}_{(r_j//t_j)}$ 也有 16 种不同组合形式。假设超表面置于 xOy 平面时，在直

角坐标系中，式 (5-1) 可以表示为

$$\begin{pmatrix} k^{[x]}_{(r_x//t_x)} \\ k^{[y]}_{(r_x//t_x)} \\ k^{[x]}_{(r_y//t_y)} \\ k^{[y]}_{(r_y//t_y)} \end{pmatrix} = \vec{k}_0 \cdot \begin{pmatrix} \hat{x} \\ \hat{x} \\ \hat{y} \\ \hat{y} \end{pmatrix} + \begin{pmatrix} \xi^{[x]}_{(r_y//t_y)} \\ \xi^{[y]}_{(r_y//t_y)} \\ \xi^{[x]}_{(r_y//t_y)} \\ \xi^{[y]}_{(r_y//t_y)} \end{pmatrix} \tag{5-2}$$

对于梯度超表面设计来讲，相位梯度可由下式计算：

$$\begin{cases} \xi^{[x]}_{(r_x//t_x)} = \dfrac{\partial \varphi_x(x,y)}{\partial x}, \quad \xi^{[x]}_{(r_y//t_y)} = \dfrac{\partial \varphi_x(x,y)}{\partial y} \\ \xi^{[y]}_{(r_x//t_x)} = \dfrac{\partial \varphi_y(x,y)}{\partial x}, \quad \xi^{[y]}_{(r_y//t_y)} = \dfrac{\partial \varphi_y(x,y)}{\partial y} \end{cases} \tag{5-3}$$

为了更清楚地表征梯度超表面对电磁波的调控特性，图 5-1 给出了不同极化电磁波激励时各向异性超表面所有调控组合形式，由此可把各向异性线性超表面分成 3 类，即反射超表面 (RGMS)，透–反射超表面 (TRGMS) 和透射超表面 (TGMS)。对于 RGMS，可以操控 4 种反射梯度参数 ($\xi^{[x]}_{(r_x)}$，$\xi^{[x]}_{(r_y)}$，$\xi^{[y]}_{(r_x)}$ 和 $\xi^{[y]}_{(r_y)}$)，本书在第 4 章对该部分内容进行了系统研究，传统反射超表面工作机理如图 5-2(a) 所示；TGMS 则可调控 4 种透射梯度参数 ($\xi^{[x]}_{(t_x)}$，$\xi^{[x]}_{(t_y)}$，$\xi^{[y]}_{(t_x)}$ 和 $\xi^{[y]}_{(t_y)}$)，传统透射体系的工作机理如图 5-2(b) 所示；TRGMS 可同时调控反射梯度和透射梯度，共 8 种调控形式，透–反射体系的工作机理如图 5-2(c)，(d) 所示，本章将主要研究 TRGMS 的电磁特性、实现方案和工程应用。可以说，TRGMS 是对超表面体系的重要补充，它极大地拓展了超表面的研究范畴，丰富了波前调控形式，增大了波前调控范围。

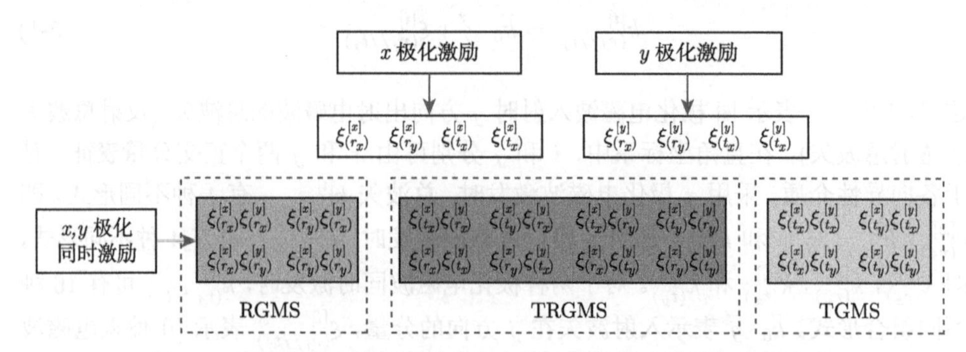

图 5-1　不同极化电磁波激励时各向异性线性超表面所有表现形式

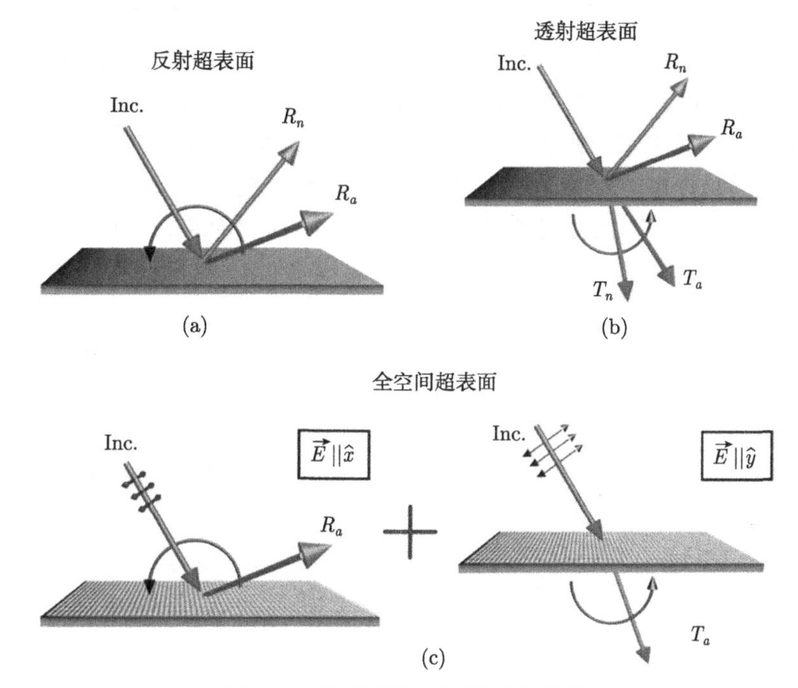

图 5-2 透–反射超表面的工作机理

传统 (a) 反射和 (b) 透射超表面波前调控范围有限，具有效率低，高阶散射模式以及透射和反射波相位锁定等诸多缺陷；(c) 提出的透–反射超表面在 x 极化和 y 极化激励下的高效波束偏折机理

接下来，讨论透–反射超表面的高效实现机制。由之前分析可知，镜像对称的超表面体系电磁特性可由透射系数 T 以及反射系数 R 表征，在无耗的情况下，可以得到

$$|r_{xx}|^2+|t_{xx}|^2=1,\quad |r_{yy}|^2+|t_{yy}|^2=1 \tag{5-4}$$

因此，可以通过调控 r_{xx}，r_{yy}，t_{xx}，t_{yy} 的幅度来实现对透射波和反射波的同时调控，这里考虑两种理想情形：

$$|t_{xx}|=0,\quad |r_{xx}|=1,\quad |t_{yy}|=1,\quad |r_{yy}|=0 \tag{5-5a}$$

$$|t_{xx}|=1,\quad |r_{xx}|=0,\quad |t_{yy}|=0,\quad |r_{yy}|=1 \tag{5-5b}$$

由式 (5-5a) 所知，超表面对 x 极化电磁波表现出全反射，但对 y 极化电磁波表现出全透射，式 (5-5b) 正好相反，两种情况下均实现了对透射波和反射波的同时高效调控。以式 (5-5a) 中的情况为例，如果可以对反射相位 $\varphi_{xx}^{\mathrm{r}}$ 和透射相位 $\varphi_{yy}^{\mathrm{t}}$ 进行独立自由控制，就可以在一块超表面上同时对透射波和反射波分别设计不同的电磁功能，进而实现对透射波和反射波的任意调控。

然后，给出真实超表面单元的设计方法。图 5-3(a) 给出了具有式 (5-5a) 描述的相关电磁特性的单元结构示意图，可以看出基本单元由四层金属层和三层介质相间构成，每层介质采用厚度为 1.5mm 的 F4B 基板，其介电常数为 $\varepsilon_{\rm r}=2.65$。结构的前两层由交叉十字形构成，最后两层结构在 x 方向为连续的条带结构，而 y 方向为较短的贴片构型。此种设计的优势非常清晰：x 方向连续的金属条带可以等效为光栅结构，可以阻挡特定频率处 (f_0=10.6GHz)x 极化电磁波的传输，而不影响 y 极化电磁波的传输，上两层的十字结构可以进一步调节透射波和反射波的幅度和相位信息。

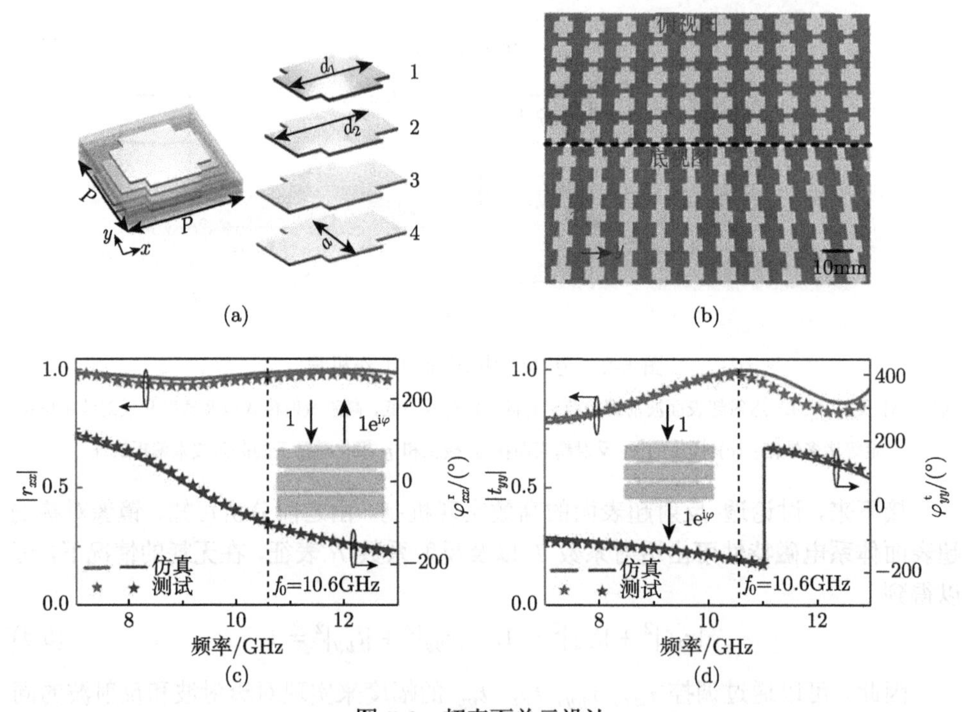

图 5-3　超表面单元设计

(a) 提出的单元结构示意图，尺寸参数为：y 方向贴片宽度 $w_1=5$ mm，x 方向贴片宽度 $w_2=4$ mm，第三和四层条带长度 $d_3=d_4=p=11$ mm，这里 p 为单元周期；(b) 加工的由单元周期排列构成的超表面的正面 (上侧) 和反面 (下侧) 示意图；不同极化波激励时仿真和测试的 (c) 反射和 (d) 透射幅度和相位频谱

为了更清晰地描述超表面单元的工作机理，分别从 x 和 y 极化角度分析其电磁响应情况。首先考虑 x 极化波激励时的情形。需要说明的是，为了增加反射波束的调控自由度，这里采用了两种类型的结构单元，示意图分别见图 5-4(a) 和 (b)。由图 5-4(a) 所示，超表面单元 1 仅在第一层为有限尺寸 ($d_1=8\text{mm}<p=11\text{mm}$)，

图 5-4(c) 绘制了相应的 FDTD 反射频谱，可以看出由于上层贴片单元和下层连续条带间相互作用，在 9GHz 附近产生了磁谐振效应，电流分布见插图。超表面单元 2 中，上两层贴片具有相同尺寸 ($d_1 = d_2$=8.5mm)，与下两层连续条带相互作用可以形成分别位于 6.6GHz 和 11.0GHz 处的两个磁谐振频点，如图 5-4(d) 中的反射频谱所示。低频谐振由上两层贴片及第三层中的连续条带间的相互作用引起，而高频谐振由上两层有限尺寸的贴片间相互耦合作用引起，谐振特性可由图 5-4(d) 中的电流分布进行验证。图 5-4 显示，可以通过调节 $d_1(d_2)$ 尺寸进而改变磁谐振位置，最终可以调控单元的反射相位，同时单元的反射幅度几乎保持不变。

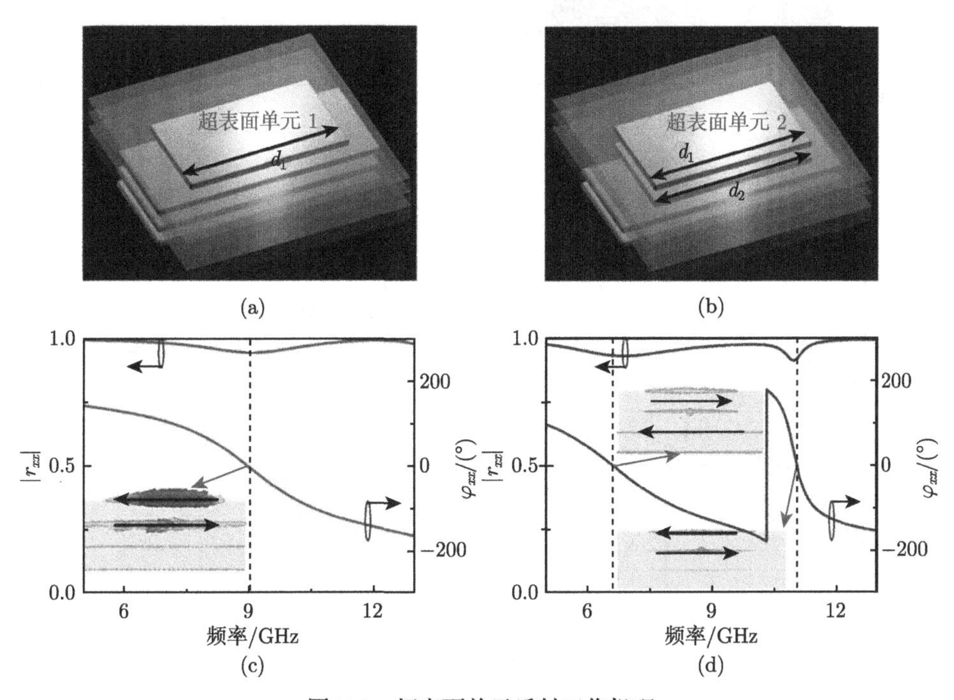

图 5-4 超表面单元反射工作机理

(a) 超表面单元 1 和 (b)2 的结构示意图，此时 d_1=8mm 和 $d_2 = d_1$=8.5mm；(c) 超表面单元 1 和 (d)2 的反射频谱以及谐振点处的电流分布示意图

其次考虑 y 极化波激励时的情形。这里采用等效介质模型描述透射体系电磁响应来分析超表面单元 y 极化的电磁响应。单元结构示意图和等效介质模型分别见图 5-5(a) 和 (d)。不同的金属层分别用 A 和 A' 的等效介质参数来表征，FDTD 仿真和等效介质模型计算的透射系数分别如图 5-5(b)，(c) 和图 5-5(e)，(f) 所示。可以看出，FDTD 仿真与等效介质模型的透射系数曲线变化趋势一致，均存在 3 个透射峰，但透射峰位置有一定偏移，这主要是由等效介质模型不能描述不同层间的

强电磁耦合效应引起的，尽管如此，等效介质模型仍可以很好地描述多层耦合时的透射行为，可以用于指导 y 方向单元设计。多层耦合单元可以获得多个 FP 共振点，进而可以通过调节结构尺寸控制透射相位，同时保持较高的透射效率。

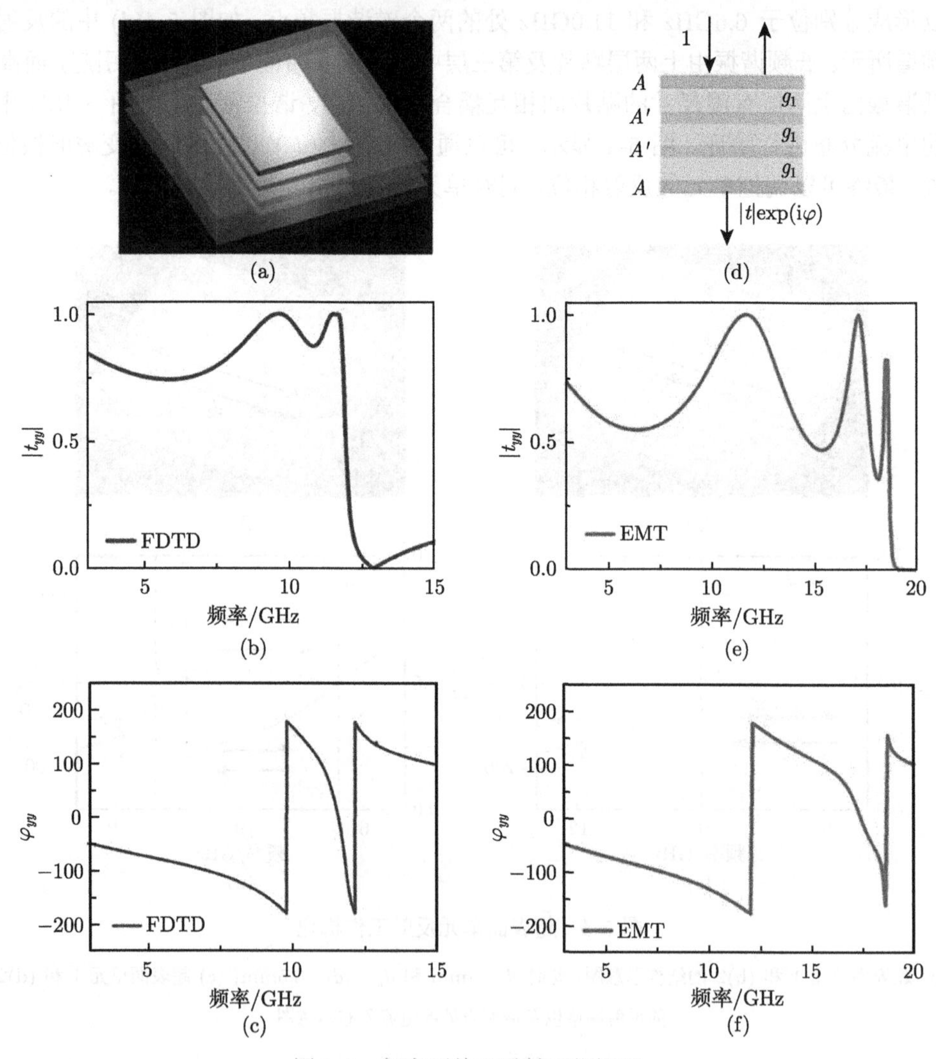

图 5-5　超表面单元透射工作机理

透射体系的 (a) 结构示意图和 (d) 等效介质模型，参数 g_1=1.4mm 和 $\varepsilon_r = 2.65$，y 方向贴片尺寸为 a=8mm；FDTD 仿真的超表面单元的 (b) 传输幅度和 (c) 传输相位曲线；等效介质计算得到的 (e) 传输幅度和 (f) 传输相位曲线

基于以上分析，选择特定的超表面单元对其电磁特性进行验证。将超表面单元进行 30×30 的周期延拓，加工的样品正面和反面照片如图 5-3(b) 所示，单元结构

参数为 $a = 6.3\text{mm}$，$d_1 = 9\text{mm}$ 和 $d_2 = 11\text{mm}$。x 极化电磁波激励下仿真和测试的反射频谱见图 5-3(c)，在 7~13GHz 频率范围内，该单元存在一个磁谐振 (9.1GHz)，且 $\varphi_{xx}^{\mathrm{r}}$ 由 180° 变化到 −180°。y 极化激励下的透射频谱见图 5-3(d)，可以发现 7~13GHz 频率范围内的透射率满足 $|t_{yy}| > 0.84$，且透射相位发生了 360° 的偏移。

交叉扫描单元的结构参数，可以获得理想工作频率 f_0=10.6GHz 处的反射和透射系数，见图 5-6。由图 5-6(a) 和 (b) 可知，x 极化波激励下，d_1 和 d_2 参数在 $5 < d_1 < 10.8, d_2 = 11$ 和 $8 < d_1 = d_2 < 9$ 范围内变化时，反射相位覆盖范围达到了 360°，且反射幅度满足 $|r_{xx}| > 0.92$，同时可以看出，反射相位仅对 d_1 和 d_2 参数变化敏感，几乎不随 a 参数变化。相反，在 y 极化电磁波激励下，如图 5-6(c) 和 (d) 所示，透射相位主要由 a 参数决定，而几乎不随 d_1 和 d_2 参数变化，当 $4 < a < 8.5$ 时，透射相位覆盖范围大于 360°，透射幅度 $|t_{yy}| > 0.84$。因此，提出的超表面单元可以实现对反射波和透射波的独立自由高效调控，再根据电磁功能的相位需求，可以设计高效透–反射超表面器件。

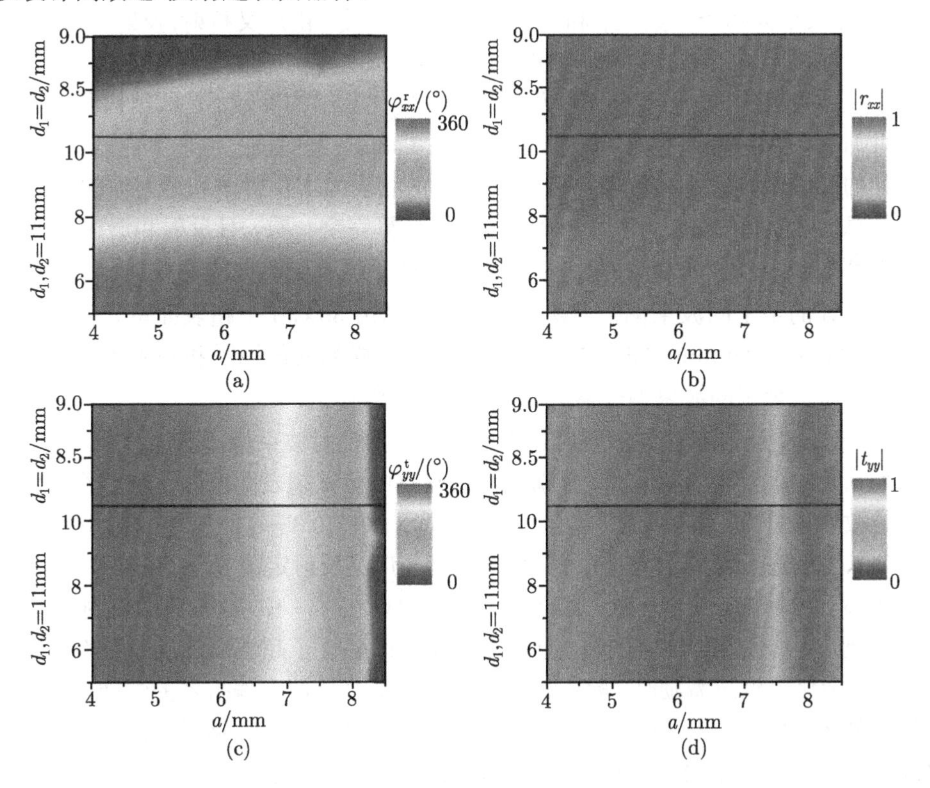

图 5-6 随着结构参数 a 和 $d_1(d_2)$ 变化时，x 极化电磁波激励情况下的 (a) 反射相位 $\varphi_{xx}^{\mathrm{r}}$ 和 (b) 反射幅度 $|r_{xx}|$，y 极化电磁波激励下的 (c) 透射相位 $\varphi_{yy}^{\mathrm{t}}$ 和 (d) 透射幅度 $|t_{yy}|$ 分布

5.2 全空间超表面器件

5.1 节提出的超表面单元可以实现对反射波和透射波的独立、自由和高效调控，非常适合于全空间超表面器件设计，本节将从仿真和实验角度系统探索全空间波束偏折器以及双功能超表面器件的设计与应用。

5.2.1 全空间波束偏折器

基于设计的超表面单元，首先设计高效全空间波束调控器。超表面上的相位函数 $\varphi^{\mathrm{r}}_{xx}$ 和 $\varphi^{\mathrm{t}}_{yy}$ 需要满足以下分布：

$$\begin{cases} \varphi^{\mathrm{r}}_{xx}=C_0+\xi_1\cdot x \\ \varphi^{\mathrm{t}}_{yy}=C_1+\xi_2\cdot x \end{cases} \tag{5-6}$$

其中 C_0 和 C_1 为两个常数，ξ_1 和 ξ_2 为两个相位梯度，由广义折射/反射定律可知，这两个参数决定了透射波和反射波的偏折角度，工作频率设置为 f_0=10.6GHz。选择 6 个基本单元构成一个超元胞，根据图 5-6 优化其结构参数，具体结构参数见图 5-8，此时式 (5-6) 满足 $\xi_1=-0.43k_0$ 和 $\xi_2=0.43k_0$，其中 k_0 为传播常数。为了验证设计的准确性，图 5-7 给出了 FDTD 计算的超表面上反射波和透射波的幅度和相位信息，可以看出 $\varphi^{\mathrm{r}}_{xx}$ 和 $\varphi^{\mathrm{t}}_{yy}$ 分布与理论计算完全一致，且反射和透射幅度保持在很高水平 ($|r_{xx}|$ >0.93 和 $|t_{yy}|$ >0.86)，保证了超表面器件的高效性。

对设计的全空间波束偏折器进行加工，样品由 30×30 个超表面单元构成，总尺寸为 330mm×330mm，图 5-7(a) 和 (b) 给出了样品的俯视图和底视图。然后从实验角度验证全空间波束调控器的性能。主要步骤如下：

第一步，验证 x 极化波激励时超表面作为奇异反射波束偏折器的性能。采用 x 极化喇叭天线垂直照射超表面，分别在微波暗室中测试超表面反射、透射区域不同角度的散射场分布，结果如图 5-9(a) 和 (b) 所示。在 10.35~11.15GHz 频率范围内，大部分入射波被反射到了特定角度，测试角度与广义反射定律 $\theta_{\mathrm{r}}=\sin^{-1}(\xi_1/k_0)$(图中的实心五星标记) 完全一致。器件最好性能出现在 f_0=10.6GHz 处，此时除了奇异反射模式，其余几乎所有的散射模式均被抑制，验证了超表面的高效特性。第二步，在 y 极化电磁波激励时，验证超表面作为透射奇异波束偏折器的性能，测试的散射场分布如图 5-9(d) 和 (e) 所示。可以发现在 10.2~11GHz 频率范围内，透射电磁波绝大部分发生了奇异偏折，且偏折角度与广义折射定律 $\theta_{\mathrm{t}}=\sin^{-1}(\xi_2/k_0)$(图中的实心五星标记) 计算结果完全一致。同样的，器件最好性能发生在 10.6GHz。

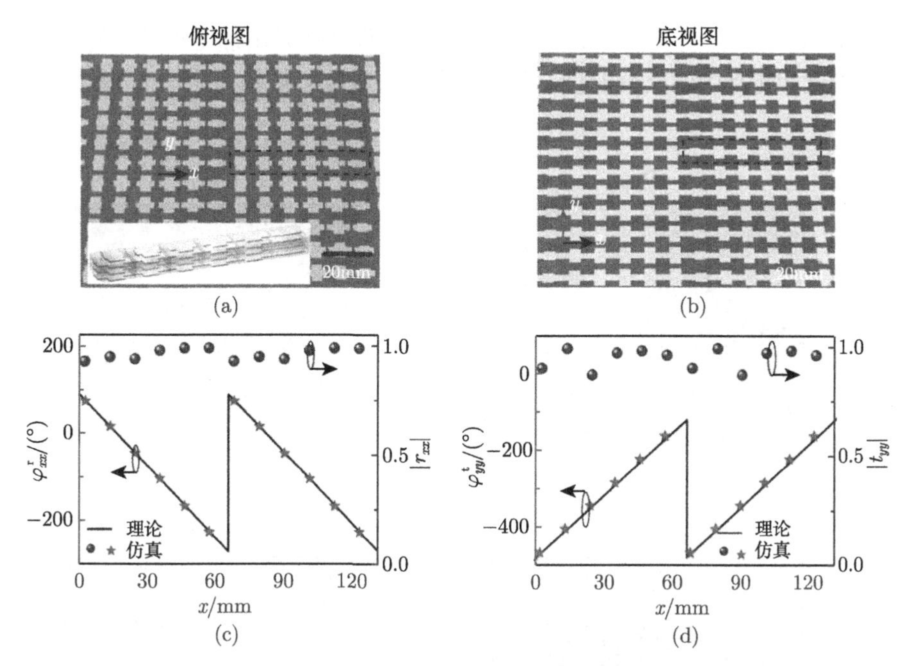

图 5-7 设计/加工全空间波束偏折器

加工的全空间波束调控器样品的 (a) 俯视图和 (b) 底视图，插图为超元胞结构示意图；FDTD 计算的超表面上的 (c)$\varphi_{xx}^{\mathrm{r}}(x)$ 和 $|r_{xx}(x)|$,(d)$\varphi_{yy}^{\mathrm{t}}$ 和 $|t_{yy}|$ 分布，理论曲线由 $\varphi_{xx}^{\mathrm{r}}=C_0-0.43k_0\cdot x$ 和 $\varphi_{yy}^{\mathrm{t}}=C_1+0.43k_0\cdot x$ 获得

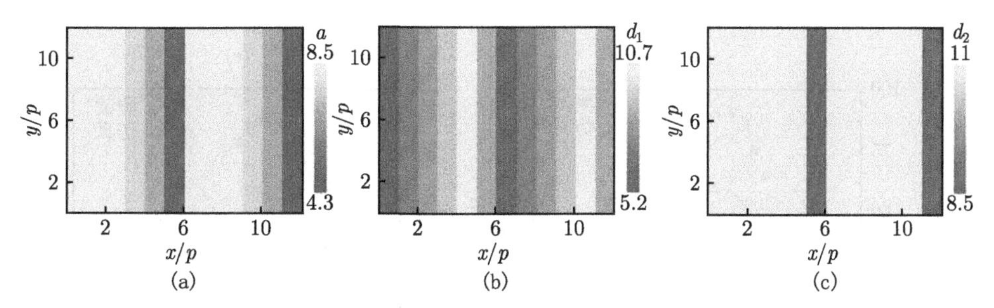

图 5-8 提取的全空间波束调控器的 (a)a，(b)d_1 和 (c)d_2 分布

单位均为 mm

第三步，定量分析全空间超表面器件的绝对工作效率。这里，波束偏折器的效率评估方法可以被借鉴，全空间波束调控器的效率定义为奇异波束 (奇异反射波束或透射波束) 携带能量占总入射波束能量的比例，总入射波束能量可由等大金属板散射场的积分获得，而奇异波束携带能量则由波束所在角度范围内的散射场积分获得。图 5-9(c) 和 (f) 分别给出了 x 和 y 极化激励下仿真和测试的绝对效率曲线，可以看出测试的奇异反射效率峰值为 91%，而奇异透射效率峰值为 85%，仿真结果分

别为 93%和 88%，仿真和测试结果吻合良好，些许差异由加工误差、测试误差等引起。测试和仿真中的其余能量一部分被介质层吸收耗散掉，另一部分散射到其他模式。

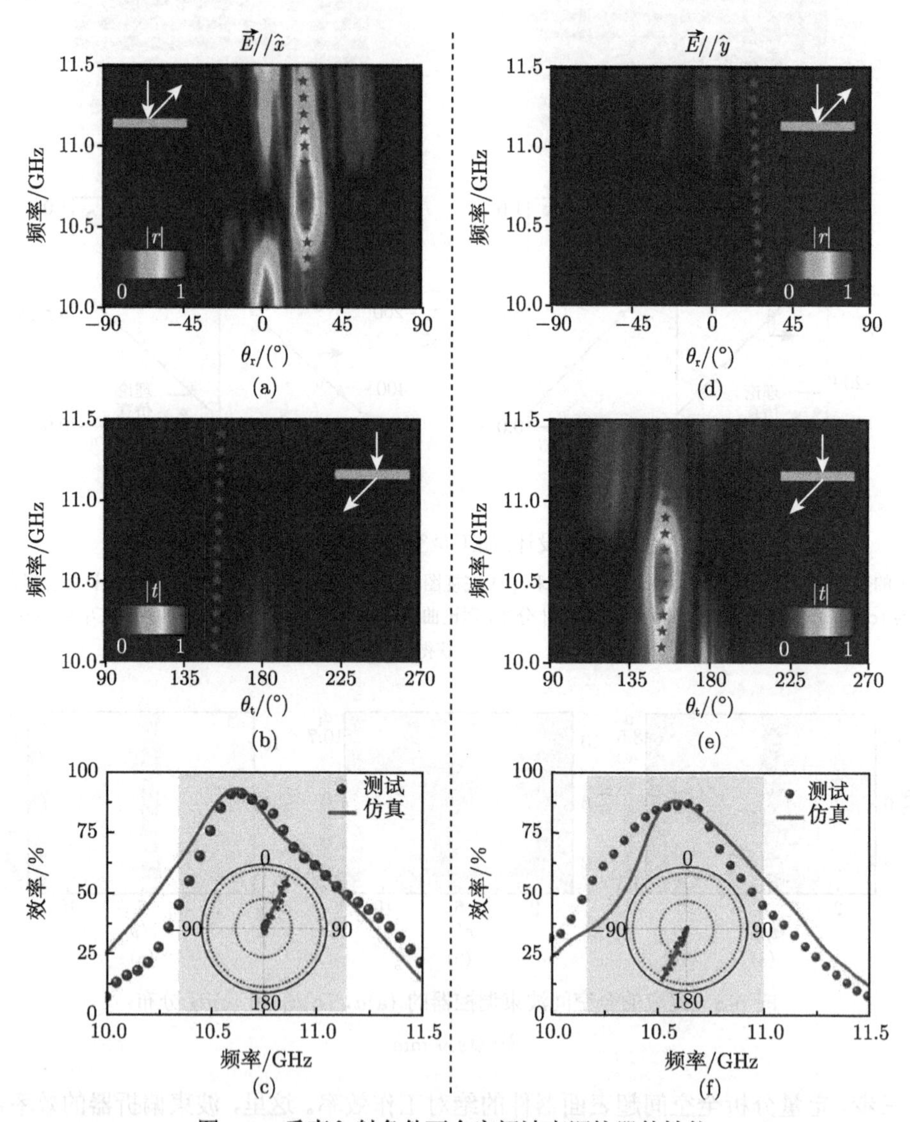

图 5-9　垂直入射条件下全空间波束调控器的性能

(a)，(b)x 极化波和 (d)，(e)y 极化波激励时，测试的散射场强度分别在 (a)，(d) 反射面和 (b)，(e) 透射面上随频率以及探测角度的分布；仿真和测试的超表面作为 (c) 反射波束偏折器和 (f) 透射波束偏折器时的绝对效率；(c) 和 (f) 中的插图分别表示 x 和 y 极化波激励下 10.6GHz 时测试与仿真的散射场分布

采用 CST 软件对该超表面器件的电磁散射特性进行仿真，结果见图 5-10，可以看出，对于不同极化的激励波，仿真与测试结果均非常接近，测试中偏折波束较宽主要由喇叭天线发射的非理想平面波引起。

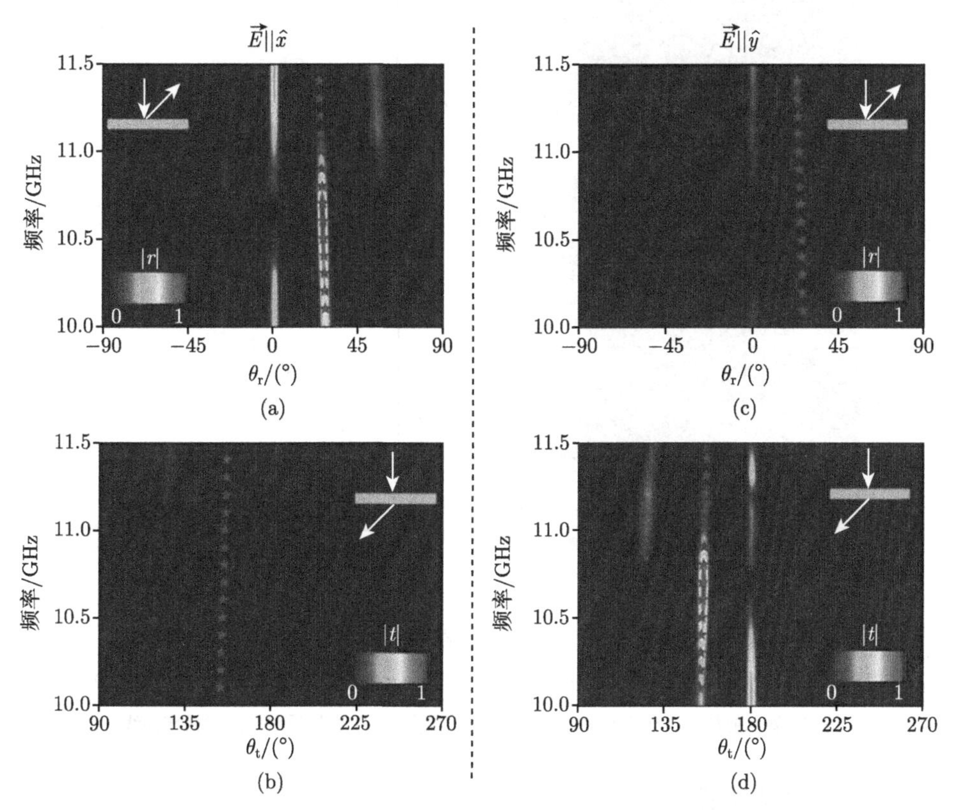

图 5-10 (a)，(b)x 极化波和 (c)，(d)y 极化波激励时，FDTD 仿真的散射场强度分别在超表面的 (a)，(c) 反射面和 (b)，(d) 透射面上随频率以及探测角度的分布

图 5-11(a) 给出了全空间波束调控器在斜入射条件下的散射场分布。可以看出，不管对于 x 极化入射波还是 y 极化入射波，超表面在 $-75°$ 到 $25°$ 入射角范围内均保持了优良性能，其奇异偏折角度 (奇异反射或奇异透射) 均与广义折射/反射定律计算结果一致，且超表面性能并未随入射角度变大而急剧恶化，说明该器件对入射角度并不非常敏感。计算斜入射条件下奇异波束的绝对效率，仿真和测试对比结果如图 5-11(b) 和 (c) 所示，在 $-50°$ 到 $10°$ 入射角范围内，全空间波束调控器的效率均保持在 75%以上，更大角度情况下，波束偏折效率会进一步降低，这主要由两个原因造成：一是大角度入射情况下单元相位与垂直入射情况下差别较大，使得超表面上的相位分布不再严格满足式 (5-6)；二是大角度入射时单元的幅度 (反射或透射) 性能恶化，导致超表面调控反射波和透射波的能力降低。总的来说，超表

面在斜入射条件下能进行正常工作，且具有优良电磁性能。

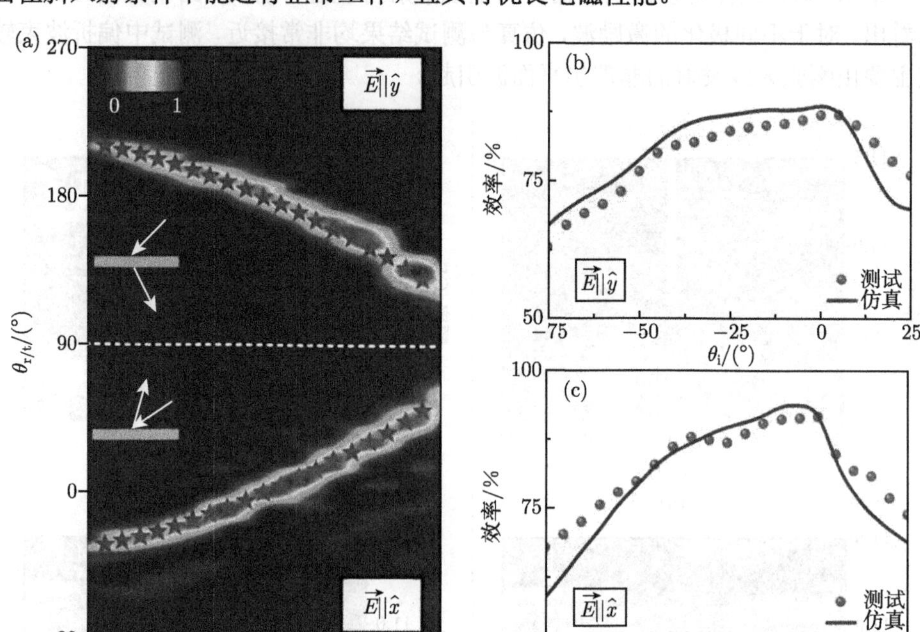

图 5-11　全空间波束调控器在斜入射情况下的性能

(a) 不同角度入射情况下，散射场在 y 极化激励时的透射部分 (上边) 和 x 极化激励时的反射部分散射情况；斜入射情况下仿真和测试的 (b) 奇异透射和 (c) 奇异反射的绝对效率曲线

5.2.2　全空间双功能器件

上面透-反射超表面良好的电磁特性可以用来设计双功能器件，并且不同电磁功能分别工作在反射和透射模式，具有更高的设计自由度，下面将系统介绍反射奇异偏折-透射聚焦超表面的设计与实验。

如图 5-12(a) 和 (e) 所示，设计的双功能超表面可以在反射奇异偏折和透射聚焦效应功能之间自由切换。要实现该目标，超表面上的相位分布 $\varphi_{xx}^{\mathrm{r}}$ 和 $\varphi_{yy}^{\mathrm{t}}$ 分别满足：

$$\begin{cases} \varphi_{xx}^{\mathrm{r}}(x,y) = C_2 + \xi_3 x \\ \varphi_{yy}^{\mathrm{t}}(x,y) = k_0(\sqrt{F_3^2 + x^2 + y^2} - F_3) \end{cases} \tag{5-7}$$

其中 C_2 为常数，ξ_3 是相位梯度，F_3 为透射透镜的焦距，这些值均可以自由选择。为不失一般性，中心频率仍选择在 f_0=10.6GHz，同时设置 $\xi_3 = 0.51k_0$ 和 $F_3 = 85\text{mm}$。选择超表面上的单元数目为 15×15，计算得到的反射和透射相位分别如图 5-13(a) 和 (b) 所示，反射相位满足线性梯度分布，而透射相位满足抛物面分布。由图 5-6

中结构参数与反射和透射系数的关系，可以得到不同相位需求时的结构分布，超表面上的结构参数分布见图 5-14，同时可以提取不同位置处的反射幅度和透射幅度分布，结果如图 5-13(c) 和 (d) 所示，可以得出 $|r_{xx}| > 0.92$，$|t_{yy}| > 0.86$，保证了超表面不同功能的高效性。

对设计的双功能超表面样品进行加工，正视图和底视图分别见图 5-12(b) 和 (f)，样品总尺寸为 165mm×165mm。接下来验证超表面的双功能特性。第一步，在 x 极化波激励时，对反射奇异偏折功能进行验证。采用 x 极化喇叭天线垂直照射超

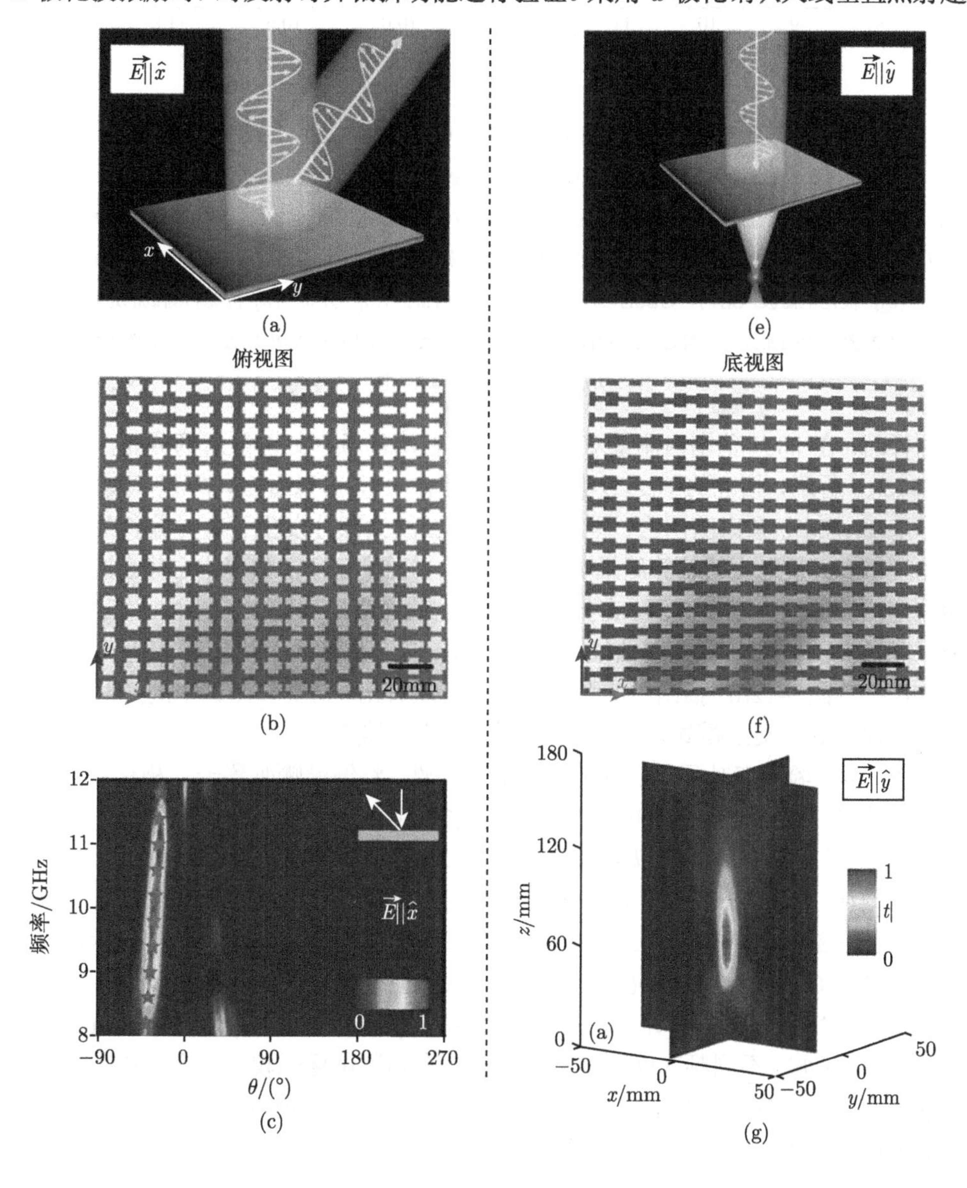

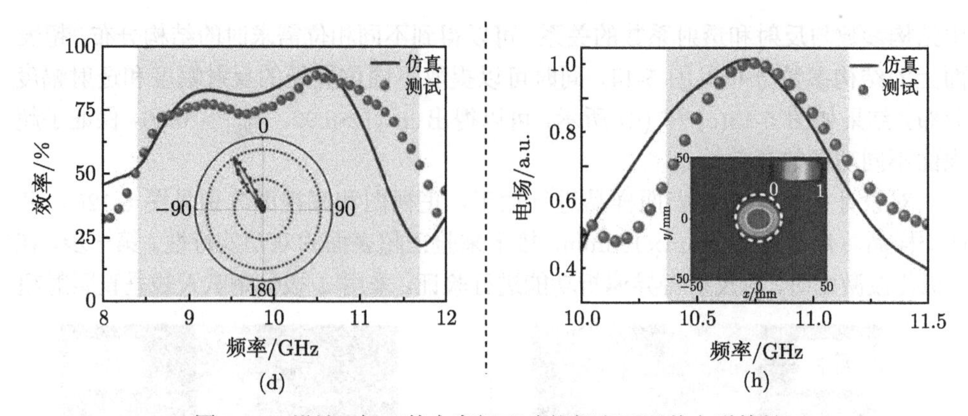

图 5-12　设计、加工的全空间双功能超表面及其电磁特性

全空间双功能超表面的工作机理示意图，可以实现 (a)x 极化的奇异反射波束偏折和 (e)y 极化的透射聚焦功能；加工样品的 (b) 正视图和 (f) 底视图；(c)x 极化波激励时测试的散射场随测试角度以及频率变化时的散射场分布；(d) 仿真和测试的反射奇异偏折的绝对效率曲线，插图为 10.6GHz 时仿真和测试的散射场分布；(g)y 极化电磁波入射时，测试的 xOz 和 yOz 平面上的 $|E_y|^2$ 分布；(h) 仿真和测试的透镜不同频率焦点处的散射场强曲线，插图为 10.6GHz 处测试焦平面上 $z=$ 84 mm 的电场强度分布；图中所有的场均对最大值进行了归一化

表面样品，在 360° 范围内测量双功能超表面在不同频率处的散射场分布，结果如图 5-12(c) 所示，相应的 FDTD 仿真结果见图 5-15，可以看出，两者一致性很好，在 8.4~11.7GHz 频率范围内，垂直入射的平面波大部分发生了奇异偏折效应，偏折角度与广义反射定律计算结果吻合良好 (实心五星标记)。偏离中心频率时，超表面的电磁调控能力逐步减弱，奇异偏折波束电场强度逐步变小。图 5-12(d) 给出了测试和仿真的波束偏折效率曲线，在 10.6GHz 处，仿真效率达到了 92%，测试值为 88%，从图 5-12(d) 插图中的散射场分布可以看出，仿真和测试中的散射场只存在奇异反射这一支主模式，其他电磁模式均被压制得很小。

第二步，验证双功能超表面的透射聚焦特性。将馈源喇叭置于 y 极化状态，垂直照射样品，在透射端测量电场分布，提取的 10.6GHz 时 xOz 和 yOz 平面上的 $|E_y|^2$ 分布见图 5-12(g)，可以清楚地看到，入射的平面波在超表面透射端发生了波束会聚效应，提取 z 轴上的场强分布，结果见图 5-16(c)，由此可以确定测试焦距为 84mm，这与设计的焦距 F_3=85mm 吻合良好。如图 5-16(a) 和 (b) 所示，测试的 xOz 和 yOz 平面上的 $\mathrm{Re}(E_y)$ 分布再一次验证了良好的聚焦效应，同时从提取的不同轴上场强分布可以计算出透镜焦点大小 (focus size, FS) 为 FS=19mm。由图 5-12(h) 可知，不同频率处透镜焦点处的仿真和测试场强较为吻合，能量最大值出现在中心频率处，在 10.4~11.2GHz 范围内，焦点处场强保持在 0.75 以上，说明了超表面的宽带工作特性。然后，基于 4.3.2 节中透射透镜效率评估方法，首先，通

过远场分布测试得到透镜的透射率为 $P_{\text{tra}}/P_{\text{tot}} \approx 91.2\%$，如图 5-17 所示，透射率也可根据图 5-13(d) 中每个超表面单元透射率的均值来确定 (~0.92)，其次，根据聚焦平面上的能量分布，如图 5-12(h) 中插图所示，可以计算出透射能量的聚焦比例为 $P_{\text{foc}}/P_{\text{trans}} \approx 93.4\%$，最终确定透射透镜在 10.6GHz 时的效率为 85.2%。

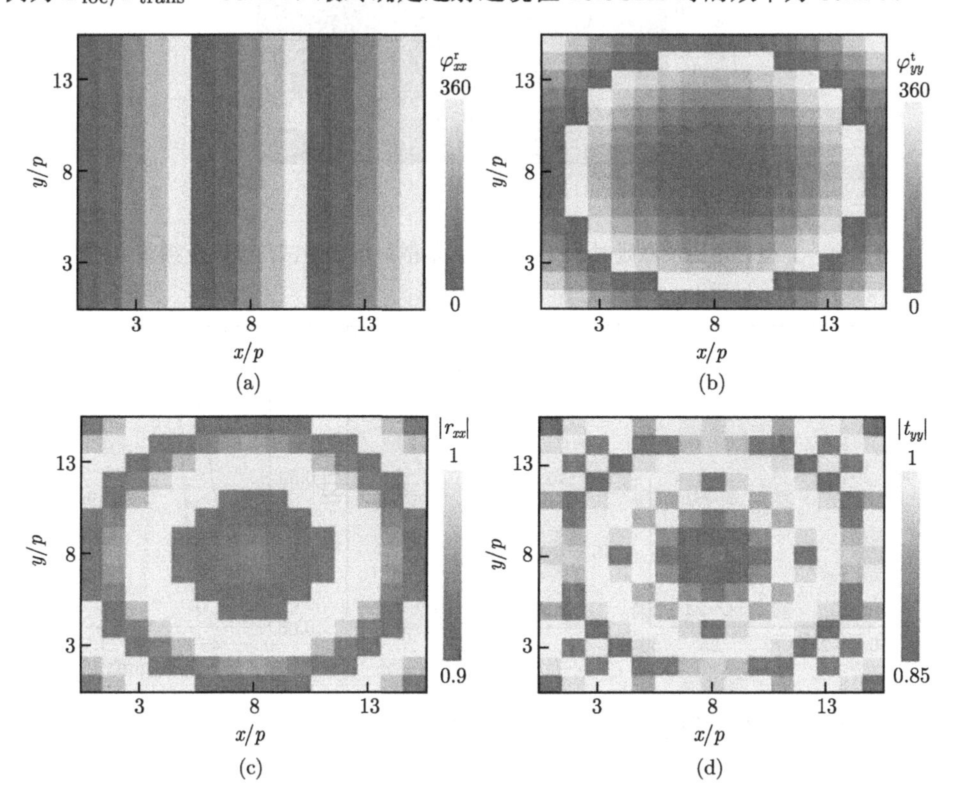

图 5-13 FDTD 仿真的双功能超表面上的 (a) 反射相位，(b) 透射相位，(c) 反射幅度和 (d) 透射幅度分布

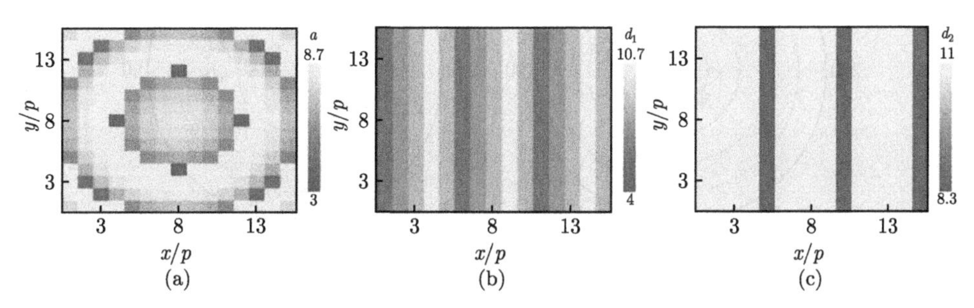

图 5-14 提取的全空间双功能超表面的 (a)a，(b)d_1 和 (c)d_2 分布

单位均为 mm

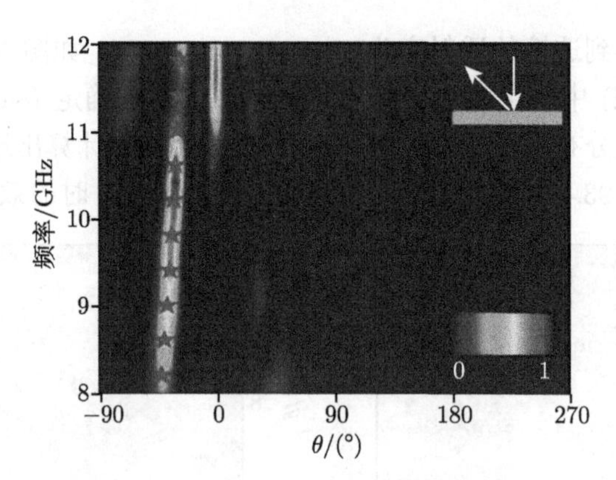

图 5-15　x 极化电磁波激励时，FDTD 仿真的散射场随测试角度以及频率的分布

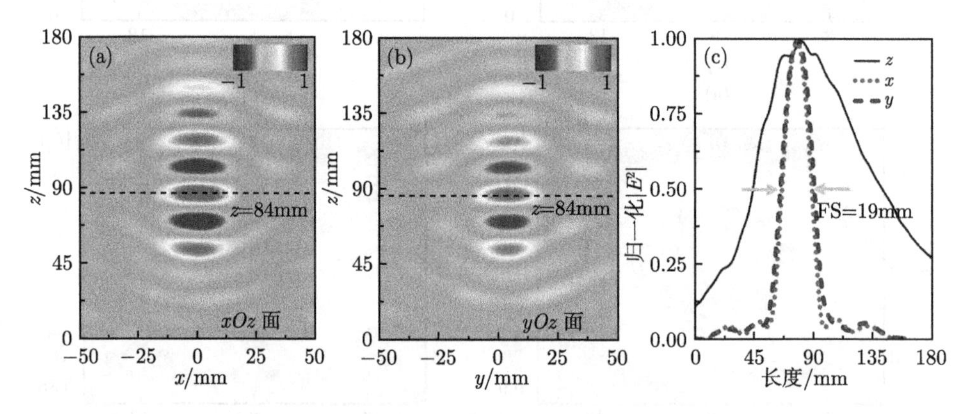

图 5-16　y 极化电磁波激励时，测试的 (a)xOz 和 (b)yOz 平面上的 Re(E_y) 分布；(c) 提取的不同平面上透镜的 $|E_y|^2$ 分布

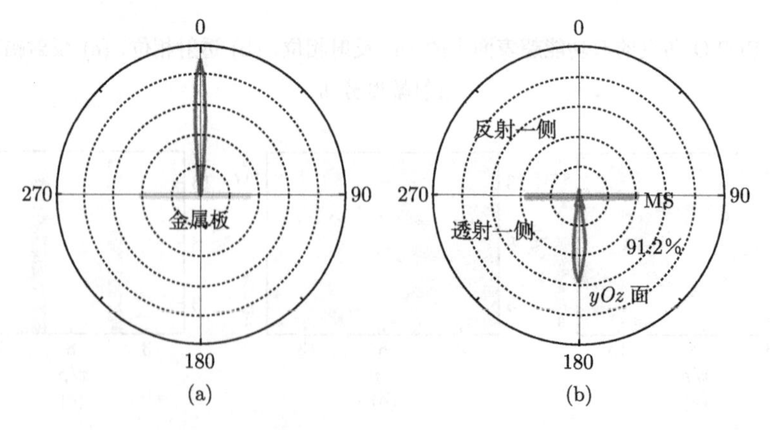

图 5-17　10.6GHz 时，(a) 等大金属板和 (b) 双功能超表面上的 yOz 平面上的测试散射场分布

总之，全空间双功能超表面分别在反射模式和透射模式中实现了波束奇异偏折与聚焦特性，且效率高达 85.2%~88%。

5.3 集成透-反射阵

远距离通信系统的迅猛发展对高增益天线的性能提出了更高要求，微带阵列天线，因为其体积小、质量轻、工作机制简单，广受研究人员和工程师的青睐。然而，目前研究的微带阵列天线，如反射阵或透射阵，要么工作于反射状态，要么工作于透射状态，同时集成透射阵和反射阵的优良性能的天线系统至今还未报道，并且传统反射阵天线受到馈源遮挡，导致性能下降，传统透射阵带宽窄，口径效率低，均成为制约微带阵列天线发展的瓶颈。

采用透-反射超表面设计的反射阵和透射阵天线集成系统如图 5-18 所示，天线系统由超表面和馈源天线两部分构成，工作频率设置为 f_0=10GHz。通过简单转换馈源天线的极化方式，可以实现透射阵与反射阵间的自由切换，同时系统作为反射阵时，提出了有效减小馈源遮挡的方案，作为透射阵时，显著提升了天线的带宽。

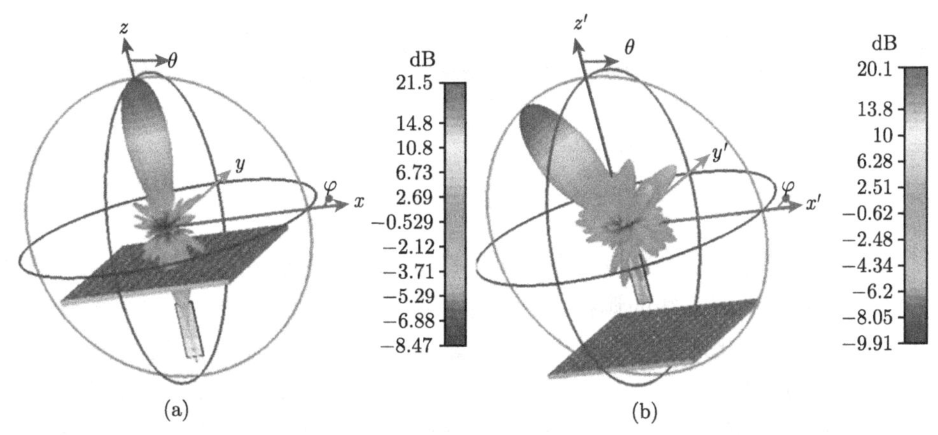

图 5-18 天线集成系统在 10GHz 时的三维方向图

(a)y 极化和 (b)x 极化激励时，系统分别工作于透射阵和反射阵模式

众所周知，将点源置于超表面透镜的焦点处，可以将点源发射的球面波转化为平面波，进而实现高增益辐射，这也是透射阵和反射阵的工作机理。要实现透射阵和反射阵的有机集成，需要设计能同时实现透射聚焦和反射聚焦效应的超表面，且两者需具有相同的焦距，如图 5-19 所示。为了避免馈源对反射波束的遮挡，这里设计反射阵出射波前方向使其偏离法向一定角度，基于光路可逆原理，也就是说反射透镜可以会聚特定角度的斜入射平面波，见图 5-19(b)，其中角度 θ 可根据馈源大小以及透镜焦距进行选择，以保证遮挡效应最小。5.1 节中的透-反射超表面可

以实现对透射波和反射波的自由高效调控，非常适合于构造此透–反射超表面透镜体系。

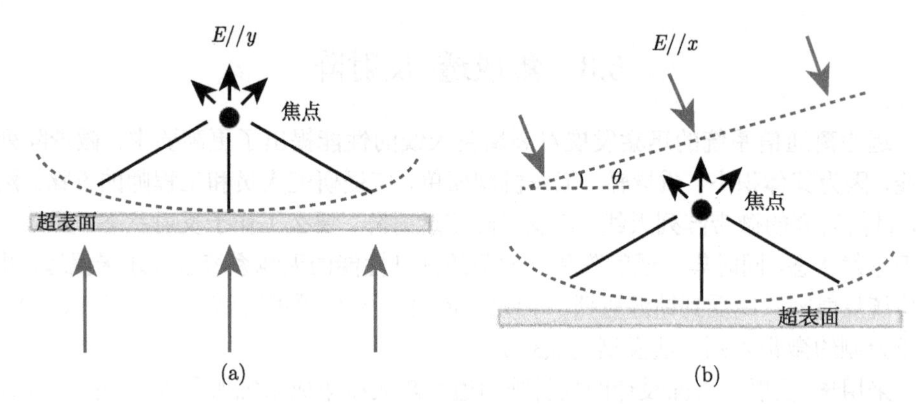

图 5-19 透–反射超表面透镜工作原理

(a) 采用 $E//y$ 电磁波垂直照射时，超表面透镜具有透射聚焦功能；(b) 采用 $E//x$ 电磁波斜入射时，超表面透镜具有反射聚焦功能

由以上分析可知，要实现透射阵与反射阵天线系统的集成，最重要的步骤就是设计透–反射超表面透镜。透镜表面需要满足的相位分布 $\varphi_{yy}^{\mathrm{t}}$ 和 $\varphi_{xx}^{\mathrm{r}}$ 分别为

$$\begin{cases} \varphi_{yy}^{\mathrm{t}}(x,y) = k_0\left(\sqrt{F_1^2+x^2+y^2}-F_1\right) \\ \varphi_{xx}^{\mathrm{r}}(x,y) = k_0\left(\sqrt{F_2^2+x^2+y^2}-F_2\right)+\xi_0 x \end{cases} \tag{5-8}$$

由于透射透镜和反射透镜具有相同的焦距，因此设置 $F_1 = F_2$=50mm，设置 ξ_0=0.55k_0，减小馈源天线的遮挡效应。这里超表面单元结构与 5.1 节中一致，仅将单元尺寸稍微变化即可将工作中心频率调整为 10GHz。选择超表面单元数目为 15×15，尺寸为 165mm×165mm，加工超表面样品，图 5-20(a) 和 (b) 分别给出了样品的正视图和底视图。样品每个单元的透射相位 $\varphi_{yy}^{\mathrm{t}}$，反射相位 $\varphi_{xx}^{\mathrm{r}}$，透射幅度 $|t_{yy}|$ 以及反射幅度 $|r_{xx}|$ 分布分别见图 5-20(c)~(f)，可以看出超表面单元相位分布与式 (5-8) 表征一致，且在工作频率 f_0=10GHz 时，幅度满足 $|t_{yy}|$ >0.86 和 $|r_{xx}|$ >0.92，由此确保超表面透镜的高效性。

接下来通过 FDTD 仿真的方法验证超表面的电磁特性。首先验证透射透镜功能。如图 5-21(a) 所示，在 y 极化电磁波垂直入射时，E_y 场在透射面内发生了能量会聚。由图 5-21(b) 中提取的 xOz 和 yOz 平面上的 $|E_y|^2$ 场，可以确定透镜焦点位置为 48mm，这与设计的 50mm 非常接近，些许差异是由超表面的有效尺寸造成的。然后在斜入射条件下测试反射聚焦特性。这里，斜入射角度可由广义反射定律计算为 $\theta = \pi + \sin^{-1}(\xi_0/k_0)$=147°。反射情况下，为了避免入射波的影响，在散射场

中将斜角度入射场信息扣除。由图 5-21(c) 中的 $\mathrm{Re}(E_x)$ 分布可以看出，反射波也发生了波束会聚，同样地根据图 5-21(d) 中两个正交面上的 $|E_x|^2$ 分布，可以提取反射焦距为 F_2=47mm，与设计值 (F_2=50mm) 吻合良好。

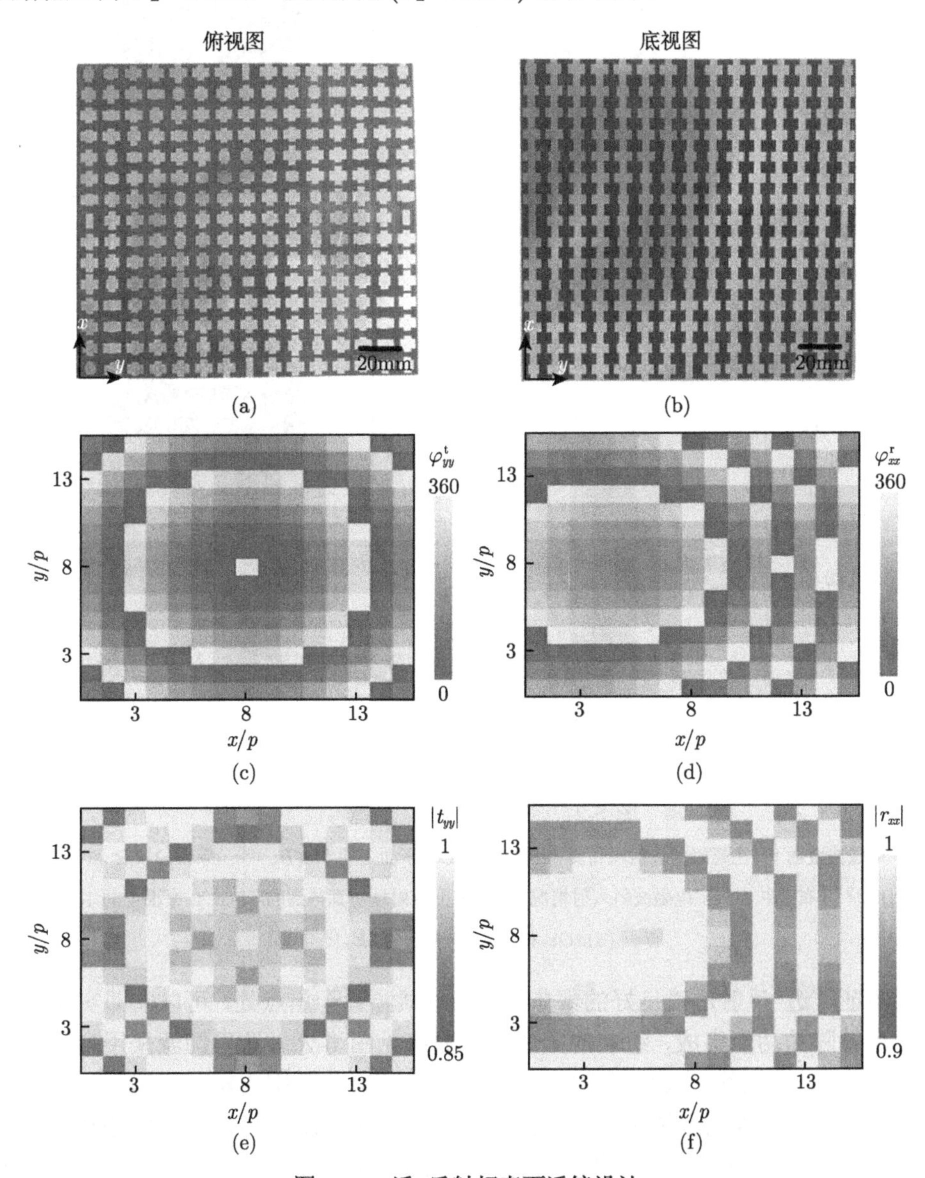

图 5-20 透–反射超表面透镜设计

加工样品的 (a) 正面和 (b) 背面视图；样品表面每个单元 (c) 传输相位 $\varphi^{\mathrm{t}}_{yy}$，(d) 反射相位 $\varphi^{\mathrm{r}}_{yy}$，(e) 透射幅度 $|t_{yy}|$ 和 (f) 反射幅度 $|r_{xx}|$ 分布

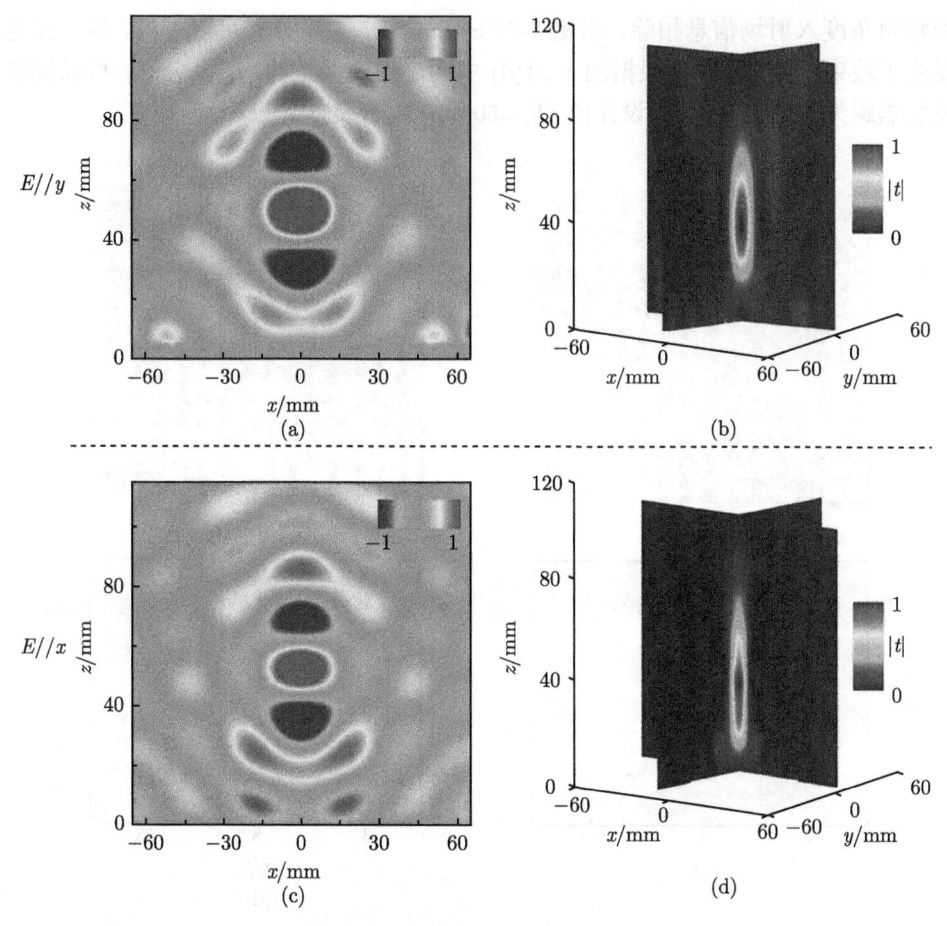

图 5-21　设计的超表面透镜特性

$E//y$ 电磁波激励下，在超表面透射端仿真得到的 (a)xOz 平面上的 Re(E_y) 分布和 (b)xOz 和 yOz 平面上的 $|E_y|^2$ 分布；在 $E//x$ 电磁波斜入射情况下，超表面反射端仿真得到的 (c)xOz 平面上的 Re(E_x) 分布和 (d)xOz 和 yOz 平面上的 $|E_x|^2$ 分布

验证了透-反射透镜良好的聚焦特性，将馈源置于焦点处，可以立即实现透射阵与反射阵的功能集成，组装的集成天线系统见图 5-22。这里馈源采用自行设计的宽带 Vivaldi 天线，天线尺寸电小，且在 6~16GHz 范围内辐射电磁波方向图一致性更好。中间蓝色泡沫用于起支撑作用同时确定馈源与超表面间的距离，由于 Vivaldi 天线的相位零点不在介质板边缘，因此优化 l=45mm 时得到集成天线系统的性能最佳。白色泡沫用于固定 Vivaldi 天线，同时提供不同极化的激励信号。

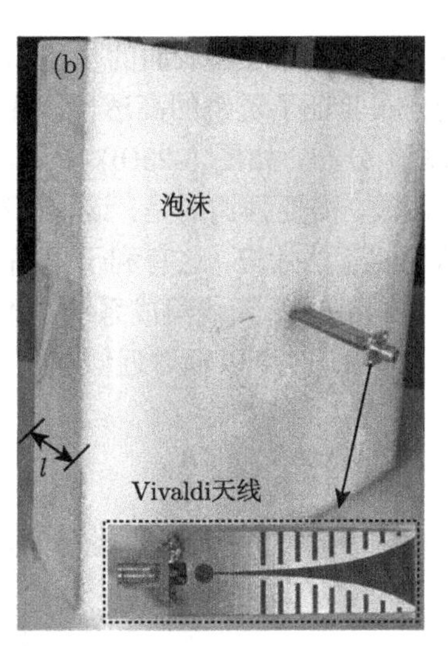

图 5-22 加工和组装的天线集成系统

(a) 组装天线的正面和 (b) 背面视图；(b) 中插图为 Vivaldi 馈源天线

为了验证集成天线系统的性能，采用 FDTD 仿真得到不同极化激励时的电场分布，如图 5-23 所示。在中心频率 f_0=10GHz 时，使用 y 极化的 Vivaldi 天线激励超表面透镜，yOz 平面上的 $\mathrm{Re}(E_y)$ 分布见图 5-23(a)，可以清楚地看到，Vivaldi

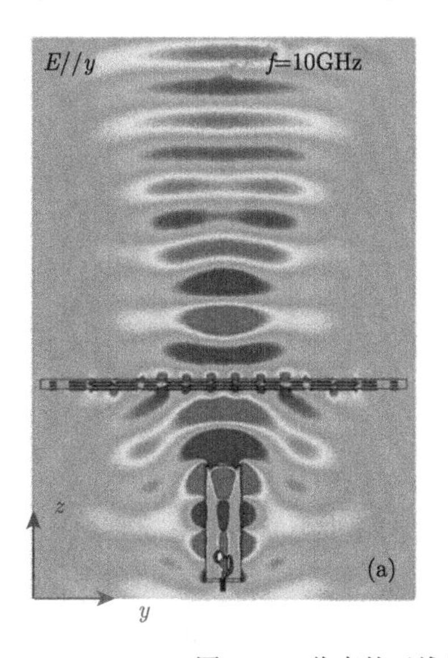

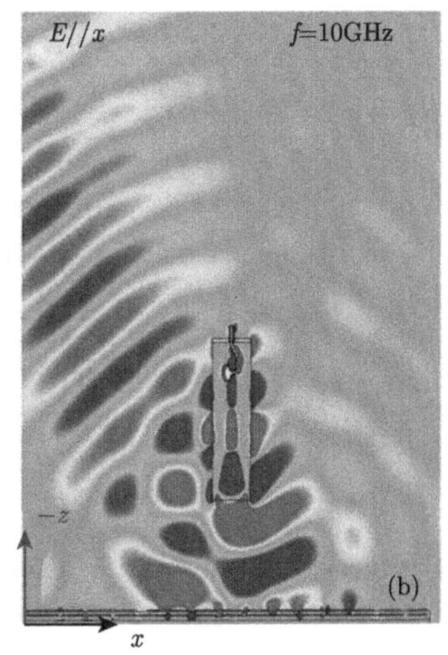

图 5-23 仿真的天线集成系统的电场分布

馈源天线在 (a)y 极化和 (b)x 极化波激励下天线系统在 (a)yOz 平面上和 (b)xOz 平面上的 (a)E_y 场和 (b)E_x 场分布

天线发射的球面波经过超表面的校正作用后，转化为平整的平面波，同时超表面下连续的场分布验证了透镜的高透性。将 Vivaldi 天线旋转 90°，仿真得到 xOz 平面上的 $\mathrm{Re}(E_x)$ 分布，如图 5-23(b) 所示，说明经过超表面的波前校正后，反射波为斜角度平面波，需要强调的是，该种情况下，绝大部分反射波绕过了馈源，极大地降低了馈源的遮挡效应，这有利于提高反射阵天线的口径效率。

如图 5-24 所示，天线集成系统在不同情况下具有不同的辐射特性。Vivaldi 馈源天线在 10GHz 时可以辐射近似球面波，如图 5-24(a) 所示。在 l=45mm 处加载

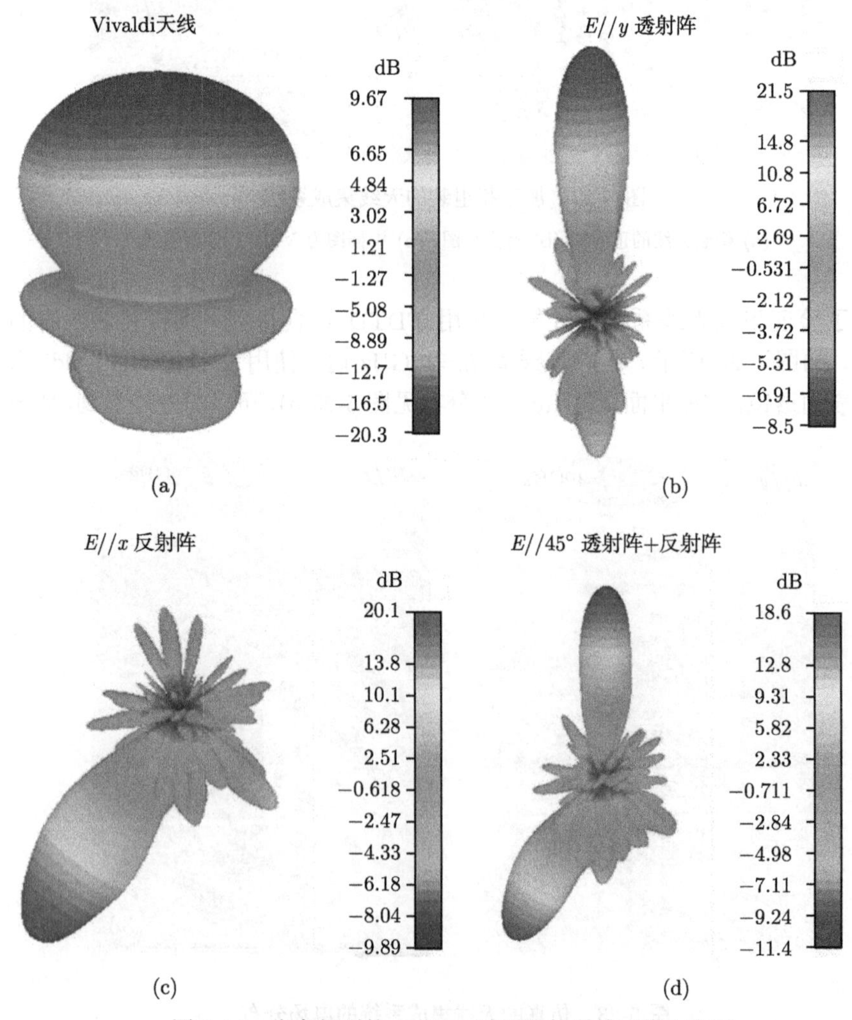

图 5-24 仿真得到的 10GHz 时不同体系的三维方向图

(a)Vivaldi 天线的三维方向图；天线集成系统在 (b)y 极化，(c)x 极化和 (d)45° 极化激励时的三维方向图

超表面透镜后，采用 $E//y$ 极化波进行激励，天线系统工作于透射阵模式，在透射端产生窄波束高增益辐射，方向图见图 5-24(b)，增益比 Vivaldi 天线增益提高了 11.8dB。当 Vivaldi 天线电场沿 x 方向时，天线系统工作于反射阵模式，辐射波束为高增益斜出射模式。更为有趣的是，将 Vivaldi 天线沿 45° 倾斜放置，此时天线集成系统同时具有透射阵和反射阵的优良性能，三维方向图见图 5-24(d)，可以清楚地看到两个高增益波束分别出现在透射端和反射端，该特性是之前所有报道的阵列天线无法实现的，具有潜在的工程应用价值，为新型雷达波束调控提供了新的思路。

在微波暗室中对不同极化激励时天线集成系统的远场方向图进行测试，结果见图 5-25。图中仿真和测试结果吻合良好，验证了设计的准确性和有效性。采用 y 极化 Vivaldi 天线激发时，图 5-25(a) 和 (b) 给出了透射阵在 yz 和 xz 平面上的主极化和交叉极化曲线，测试 (仿真) 的增益分别达到了 21.4dB(21.5dB)，两个平

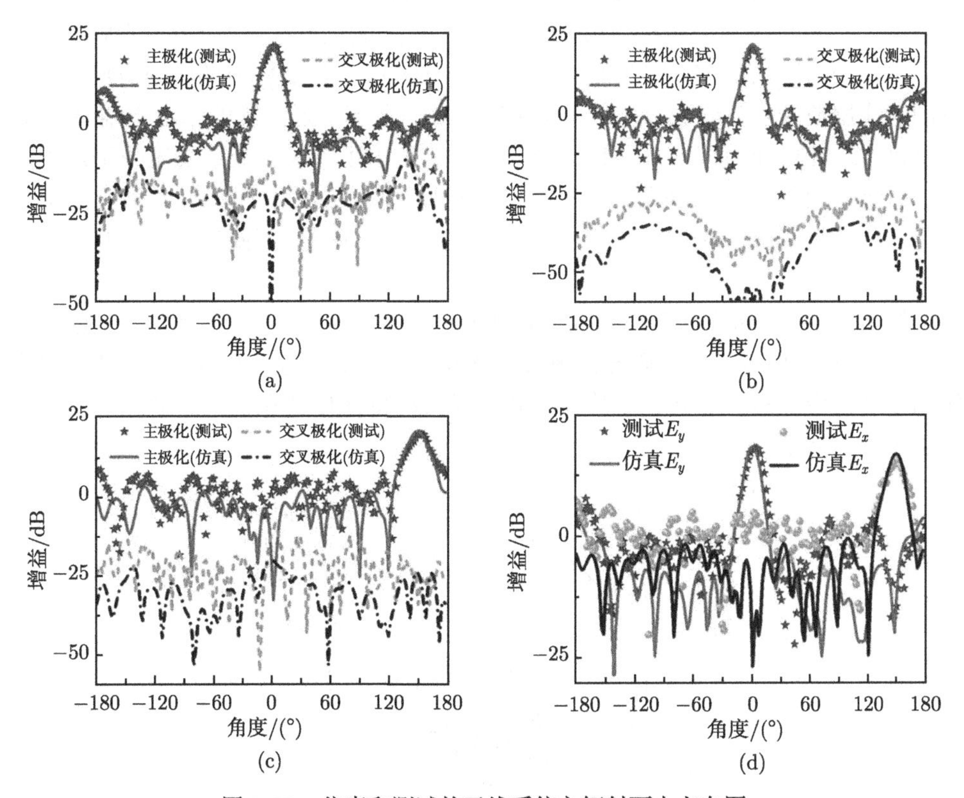

图 5-25 仿真和测试的天线系统主辐射面上方向图

作为透射阵时，仿真和测试的 (a)yz 平面和 (b)xz 平面方向图；(c) 作为反射阵，仿真和测试的 xz 平面方向图；(d) 作为透射阵和反射阵的集成体系，测试得到的 E_x 和 E_y 分量分布

面上的 HPBW 分别为 13.6°(13.5°) 和 12.2°(12.2°)，前后比优于 13.5dB(14.3dB)，与馈源天线 (前后比约为 17dB) 相比，恶化的后瓣主要是由超表面并非 100% 透射造成的，测试和仿真的交叉极化电平均优于 −25dB。Vivaldi 天线工作于 x 极化状态时，天线系统工作于反射阵模式，仿真和测试的 xz 平面上的方向图见图 5-25(c)。测试偏折波束角度为 148.3°，这与仿真的 147.5° 极为接近，同时测试 (仿真) 增益分别为 20dB(20.1dB)。Vivaldi 天线沿 45° 激励时，天线系统的 E_y 和 E_x 分量方向图分别如图 5-25(d) 所示，可以看出，仿真和测试结果中均存在两个高增益辐射波束，E_y 极化的测试 (仿真) 增益为 18.5dB(18.6dB)，而 E_x 极化为 16.8dB(17.1dB)，需要指出的是，这两种辐射模式的隔离度均达到了 15dB 以上。然后基于公式 $\eta = G/D_{\max}=G/(4\pi S/\lambda_0^2)\times 100\%$ 计算集成天线系统的口径效率，S 为天线面积，对于透射阵，$S=PQ$，测试 (仿真) 的口径效率为 36.3%(37.2%)；对于反射阵，$S=PQ\cos^2\theta$，测试 (仿真) 的口径效率为 37.4%(38.2%)；而对于透射阵和反射阵的集成体系，测试 (仿真) 的口径效率为 36.5%(37.6%)。

最后，测试天线系统的工作带宽。当天线集成系统工作在透射阵模式时，图 5-26(a) 给出了三个代表频率 9.4GHz，10GHz 和 10.3GHz 时的辐射方向图，此时的天线增益分别为 20.5dB，21.4dB 和 20.4dB，因此，透射阵的 1dB 增益带宽大于 0.9GHz，相对带宽大于 9.14%。图 5-26(b) 给出了天线集成系统工作于反射阵模式时的不同频率处 xz 平面上的方向图。在 9.3~10.4GHz 范围内，天线系统增益变化范围小于 1dB，波束辐射角度从 144° 变化到了 150°，因此反射阵相对带宽大于 11.2%。

综上，FDTD 仿真和微波测量结果显示了天线系统优异的辐射性能，验证了基于透–反射超表面设计透射阵与反射阵天线集成系统的可行性和有效性，新天线系统的多功能辐射特性、高定向性以及高口径效率特性使其在远距离通信系统中具有重要应用前景。

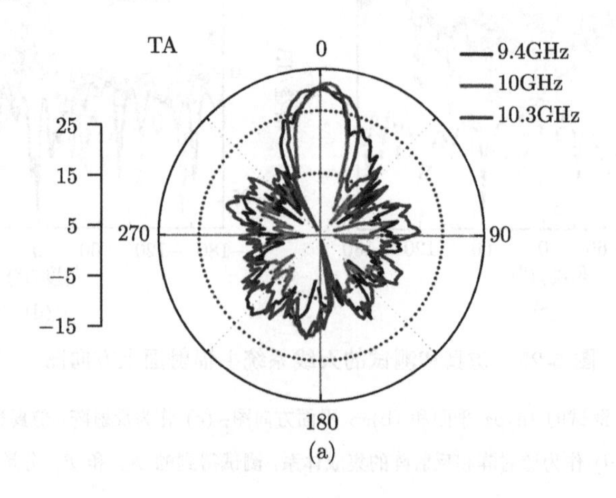

(a)

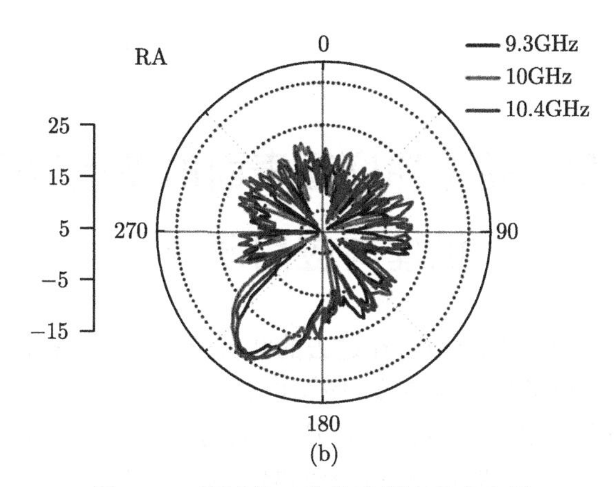

(b)

图 5-26 测试的三个代表频率的方向图

(a) 测试的 9.4GHz，10GHz 和 10.3GHz 时透射阵天线 yz 平面方向图；(b) 测试的 9.3GHz，10GHz 和 10.4GHz 时反射阵天线 xz 平面方向图

第6章　新型梯度超表面的漫反射隐身机理与应用研究

隐身是一个亘古不变的话题，在过去的几百年时间里一直存在于神话传说和小说中，如哈利·波特的隐身斗篷等。所谓电磁隐身，是指目标的信号特征在一定电磁频段范围内无法被雷达等探测设备发现和识别，从而迫使敌方电子探测系统和武器平台降低战斗效力，提高我方武器的突防能力和生存能力。随着雷达探测技术的快速发展，隐身特性逐渐成为衡量飞行目标性能优劣的重要指标。雷达对目标的探测主要取决于被探测对象的雷达散射截面 (RCS)，因此，缩小 RCS 成为实现隐身最重要的手段。

传统的隐身技术主要通过改变飞行目标外形和涂覆雷达吸波材料 (radar absorbing material，RAM) 实现 RCS 的缩减，如 B-2 轰炸机，除了通过其扁平的外形设计实现雷达探测隐身外，在机体表面还涂覆 4 层 RAM，以实现 RCS 缩减最大化，类似方式实现雷达隐身的还有 F-22 猛禽战机。但由于快速飞行目标的空气动力学因素限制，通过外形设计实现 RCS 缩减会引起目标机动性急剧下降，同时多层涂覆 RAM 会增加目标重量和厚度，另外能适用多波段的高吸收率 RAM 比较昂贵，使得其在目标隐身应用中的代价很高。有关资料表明，B-2 和 F-22 每飞行一次就需更换 RAM，每次更换需 35h，成本花费高昂。鉴于外形和 RAM 隐身存在的诸多缺陷，研究人员开始探索更为经济有效的方法手段来实现目标隐身。

目前世界各国科学家都在致力于新机理隐身研究，期望有朝一日这一技术能够真正用到实际中去，成为代替传统 RAM 的新型隐身材料。根据实现方法和工作机制，新机理隐身技术可以分为以下五类：①基于光学变换的超材料隐身衣，以地毯隐身衣为代表，基本原理是基于麦克斯韦方程组的形式不变性，实质是让电磁波既不反射、散射，也不吸收，而是让电磁波沿着物体表面传播，类似于小溪里的流水，经过石头时溪流会绕过石头后再合拢并继续向前，就像未遇到过石头等任何障碍物一样；②基于散射对消技术的等离子体激元 (SPP) 隐身衣，主要通过很小或者负的介电常数或磁导率超材料产生一个本地极化矢量，由于该极化矢量与目标产生的极化矢量反相且互相抵消，从而降低了目标的散射强度，基于该原理，该技术后来发展成较为实用的超薄披衣技术，主要通过精心设计披衣的等效表面阻抗，利用其响应入射电磁波时产生的反相散射场来破坏性地干扰目标的散射场；③传输线隐身衣，通过一个精心设计的传输线匹配网络将入射电磁波耦合到每个传输线网格中，然后通过传输线网格引导耦合电磁波绕着网格周围传输而不与目标发生交互作用；④基于随机超表面的漫反射 RCS 减缩技术，主要通过随机排列和优化相位为 0° 和 180° 的两种单元，产生相消干涉，打散一致相位分布，能量在不同单元交界面处发生无规则散射并最终被有效散射到空间各个方向；⑤利用超薄超材料的电磁谐振损耗吸收电磁波能量，使得入射电磁波打到目标后反射 RCS 显著减小。

以上隐身方法各具优点和缺点，基于光学变换的超材料隐身衣虽然能获得理想的隐身效果且隐身区域不受限制，但依赖要求苛刻的非均匀各向异性材料参数，难于实现，且块状材料笨重，加工复杂，限制了其应用和推广。SPP 散射对消技术属于光频隐身，微波段 SPP 仅是人工电磁结构对光波段电磁特性的一种模拟，难以对消高阶散射项。传输线网格隐身仅限于小网格目标，隐身区域非常受限。谐振吸波隐身将电磁散射能量转换为热量，但带宽很窄且过高的热量增加了红外探测被发现的可能。2007 年，棋盘结构的人工磁导体 (AMC) 超表面首次被应用于 RCS 缩减领域 [201]，虽然其窄带特性、极化敏感性以及特定区域 (后向)RCS 减缩限制了它的实际应用，但该方法极大激发了人们对宽带、极化不敏感、大角度入射和双站 RCS 减缩的研究热潮，是漫反射隐身技术的起源。虽然漫反射隐身技术在宽带方面得到了长足发展 [202]，同时由于不受隐身区域与材料限制，重量轻，且超薄披衣通过赋形技术能与任意武器平台表面共形 [104,105,107−109,113,203−215]，在新机理隐身技术中优势明显，但多数报道只能在某个极化下和某些方向上 (后向散射) 保持低 RCS 水平，而当探测信号极化发生改变时，不再具有隐身特性；另外由于能量只能打散在个别有限方向，根据能量守恒定理有限散射方向上的能量必定较大，仍然存在很大的截获发现概率，这对于双站或多站检测技术，该方案仍然失效。为尽可能使电磁散射变得均匀往往需要复杂耗时的优化，使得设计非常复杂、效率低、不具有鲁棒性。如何解决全极化、固有均匀全漫反射成为电磁隐身领域亟须解决的一个重要科学问题。

本节提出了一种基于旋转抛物梯度数字超表面来降低目标 RCS 的学术思想和设计方法，不同以往特定线极化波激励下随机超表面和数字超表面的 RCS 减缩方法，这里提出采用抛物梯度数字超表面来解决均匀固有全漫反射问题，采用旋转 PB 相位来解决全极化电磁隐身问题。抛物梯度数字超表面能在各个方向上将电磁散射能量均匀打散，如图 6-1 所示，其所采用的收敛和发散抛物梯度如插图所示，且 RCS 减缩特性不依赖入射波极化，可以是任意极化角的线极化波，也可以是任意旋向 (左旋或右旋) 的圆极化波，同时全极化、固有均匀全漫反射特性对超表面的位和子阵阵列布局不敏感，无需优化，具有鲁棒性好、入射角大、带宽超宽、厚度薄、易加工等优异特性。

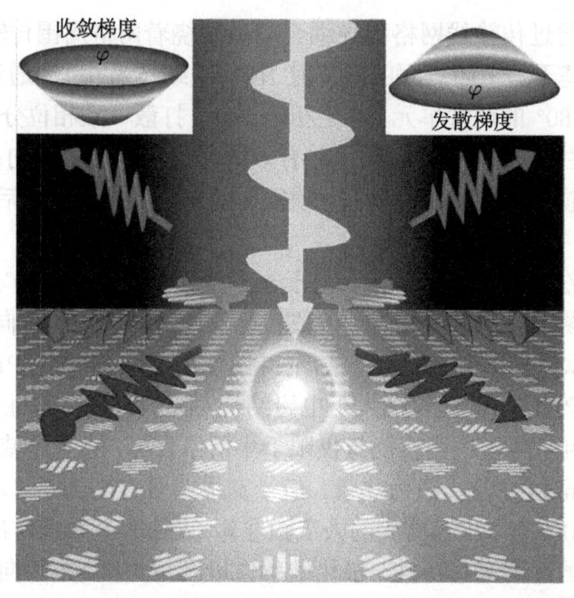

图 6-1　具有极化不依赖、固有均匀漫反射特性的功能示意图

6.1　抛物梯度实现固有均匀全漫反射的理论基础

下面将从理论上来表征固有均匀全漫反射，并分别从傅里叶变换 (FFT) 和天线阵列理论来推导演绎本节提出的抛物梯度超表面具有固有的均匀全漫反射特性，该框架下我们可以预测甚至定量描述完美均匀漫反射所需要的幅度和相位分布。这里，所提确定性方法无需大量耗时的优化流程，对于简化设计、提高效率尤其重要。阵列理论认为所有具有不同幅度/相位与位置的天线具有相同的远场方向图。对于点 M 处的远场 ($r_0 \gg d$, d 为天线单元之间的间距) 可以视为所有天线单元的辐射 (散射) 场在该点处的叠加 $\vec{E}=\sum\limits_{n=1}^{N}\vec{E}_n$。第 n 个天线的辐射场可写成

$$\vec{E}_n=\mathrm{i}C\mathrm{e}^{-\mathrm{i}\omega t}\cdot I_n\frac{\mathrm{e}^{\mathrm{i}k_r r_n}}{r_n}f_n(\theta,\varphi)\,\hat{e}_{n,\theta} \tag{6-1}$$

在远场区域，存在如下假设

$$\begin{gathered}\frac{1}{r_0}=\frac{1}{r_1}=\frac{1}{r_2}=\cdots=\frac{1}{r_n}=\cdots=\frac{1}{r_N}\\ \theta_0=\theta_1=\theta_2=\cdots=\theta_n=\cdots=\theta_N\\ \varphi_0=\varphi_1=\varphi_2=\cdots=\varphi_n=\cdots=\varphi_N\\ f_0(\theta_0,\varphi_0)=f_1(\theta_1,\varphi_1)=\cdots=f_n(\theta_n,\varphi_n)\end{gathered} \tag{6-2}$$

该假设下点 M 处总场可计算为

$$\begin{aligned}\overrightarrow{E}&=\mathrm{i}C\frac{\mathrm{e}^{-\mathrm{i}\omega t}I_0}{r_0}f_0\left(\theta_0,\varphi_0\right)\hat{e}_\theta\cdot\sum_{n=1}^{N}\frac{I_n}{I_0}\cdot\mathrm{e}^{\mathrm{i}\overrightarrow{k}\cdot\left(\overrightarrow{r_n}-\overrightarrow{r_0}\right)}\\&=\overrightarrow{E_0}\left(\theta_0,\varphi_0\right)\cdot\sum_{n=1}^{N}\frac{I_n}{I_0}\cdot\mathrm{e}^{\mathrm{i}\overrightarrow{k}\cdot\left(\overrightarrow{r_n}-\overrightarrow{r_0}\right)}=\overrightarrow{E_0}\left(\theta_0,\varphi_0\right)\cdot f_{\mathrm{array}}\left(\theta,\varphi\right)\end{aligned}\tag{6-3}$$

公式 (6-3) 天线阵列的远场辐射方向可以写成单个天线的远场辐射方向图与阵因子方向图的乘积。

$$\left|\overrightarrow{E}\left(\theta,\varphi\right)\right|=\left|\overrightarrow{E_0}\left(\theta_0,\varphi_0\right)\right|\times\left|f_{\mathrm{AF}}\left(\theta,\varphi\right)\right|\tag{6-4a}$$

$$\left|\overrightarrow{S}\left(\theta,\varphi\right)\right|\propto\left|\overrightarrow{E_0}\left(\theta_0,\varphi_0\right)\right|^2\times\left|f_{\mathrm{AF}}\left(\theta,\varphi\right)\right|^2\tag{6-4b}$$

对于二维天线阵，假设各电流元本身的幅度和相位满足 $\frac{I_n}{I_0}=m_{x,y}\mathrm{e}^{\mathrm{i}\varphi_{x,y}}$，其路径引起的相位差可计算为

$$\begin{aligned}\Delta\phi\left(x,y\right)&=\overrightarrow{k_r}\cdot\left(\overrightarrow{r_n}-\overrightarrow{r_0}\right)\\&=k_0\left(\sin\theta\cos\varphi\hat{e}_x+\sin\theta\sin\varphi\hat{e}_y\right)\cdot\left(-x\hat{e}_x-y\hat{e}_y\right)\\&=-k_0x\sin\theta\cos\varphi-k_0y\sin\theta\sin\varphi\end{aligned}\tag{6-5}$$

因此进一步可得二维天线阵的总场表达式

$$\begin{aligned}\left|f_{\mathrm{AF}}\left(\theta,\varphi\right)\right|&=\sum_{x_n}\sum_{y_m}m_{x_n,y_m}\mathrm{e}^{\mathrm{i}\varphi_{x_n,y_m}}\mathrm{e}^{-\mathrm{i}k_0x_n\sin\theta\cos\varphi}\mathrm{e}^{-\mathrm{i}k_0y_m\sin\theta\sin\varphi}\\&=\iint\mathrm{d}x\mathrm{d}y\left[m\left(x,y\right)\mathrm{e}^{\mathrm{i}\varphi\left(x,y\right)}\mathrm{e}^{-\mathrm{i}k_0x\sin\theta\cos\varphi}\mathrm{e}^{-\mathrm{i}k_0y\sin\theta\sin\varphi}\right]\end{aligned}\tag{6-6}$$

这里 x_n 和 y_m 为单元在 x、y 方向上的位置信息，$k_0=2\pi/\lambda$ 为真空波矢。

二维反射超表面中，单元可认为是一个平行于地板放置的小电流元，其辐射特性可用 $\cos\theta$ 近似。忽略反射系统损耗时，各单元反射幅度趋近于 $1(m\left(x,y\right)=1)$，可得超表面在空间某点处的总场为

$$\begin{aligned}\left|\overrightarrow{S}\left(\theta,\varphi\right)\right|&\propto\cos^2\theta\times\left|f_{\mathrm{array}}\left(\theta,\varphi\right)\right|^2\\&=\cos^2\theta\left|\iint\mathrm{d}x\mathrm{d}y\mathrm{e}^{\mathrm{i}\varphi\left(x,y\right)}\mathrm{e}^{-\mathrm{i}k_0x\sin\theta\cos\varphi}\mathrm{e}^{-\mathrm{i}k_0y\sin\theta\sin\varphi}\right|^2\end{aligned}\tag{6-7}$$

因此要想获得某种期望的远场方向图，我们仅需优化各单元本地反射相位分布。

下面基于上述理论对完美均匀漫反射进行定性表征，得到实现该功能需要的理想条件，为设计提供普适性准则和指导。完美漫反射系统应该将入射电磁波散射到无限方向上且波束峰值能量严格一致 (为常数)，即满足

$$\begin{aligned}\left|\overrightarrow{S}\left(\theta,\varphi\right)\right|_{\mathrm{perfect}}&=C_0\\\iint\mathrm{d}\theta\mathrm{d}\varphi\left|\overrightarrow{S}\left(\theta,\varphi\right)\right|_{\mathrm{perfect}}&=1\end{aligned}\tag{6-8}$$

进一步可得极化坐标系 (r,θ) 下一维超表面实现完美漫反射的条件。

$$\begin{aligned}&\sin^2\theta\times\left|\int \mathrm{d}x\mathrm{e}^{\mathrm{i}\varphi(x)}\mathrm{e}^{-\mathrm{i}k_0x\cos\theta}\right|^2=C\\&\Rightarrow\int \mathrm{d}x\mathrm{e}^{\mathrm{i}\varphi(x)}\mathrm{e}^{-\mathrm{i}k_0x\cos\theta}=\frac{C}{\sin\theta}\end{aligned}\tag{6-9}$$

其中 $\theta\in[0,\pi]$，同理可得二维超表面满足完美漫反射的条件。

$$\begin{aligned}&\left|\vec{S}\left(\theta,\varphi\right)\right|\infty\cos^2\theta\left|\iint \mathrm{d}x\mathrm{d}y\mathrm{e}^{\mathrm{i}\varphi(x,y)}\mathrm{e}^{-\mathrm{i}k_0x\sin\theta\cos\varphi}\mathrm{e}^{-\mathrm{i}k_0y\sin\theta\sin\varphi}\right|^2\\&\Rightarrow\iint \mathrm{d}x\mathrm{d}y\mathrm{e}^{\mathrm{i}\varphi(x,y)}\mathrm{e}^{-\mathrm{i}k_0x\sin\theta\cos\varphi}\mathrm{e}^{-\mathrm{i}k_0y\sin\theta\sin\varphi}=\frac{C}{\cos\theta}\end{aligned}\tag{6-10}$$

其中 $\theta\in[0,\pi],\varphi\in[0,2\pi]$，然而式 (6-9) 和式 (6-10) 没有解析解，不能直接得到完美 $\varphi(x)$，$\varphi(x,y)$ 分布。但我们可以基于阵列理论和泰勒展开优化得到相位分布的数值解。为便于分析，以一维情形为例，基于数值方法寻找漫反射的最优相位分布。为描述任意相位分布，用具有初始系数 a_n 的泰勒展开式来表示相位，这里 a_n 根据初始假定的标准聚焦相位 $\varphi_{\text{int}}(x)=\sum\limits_{n=0}^{N_{\max}}a_{n,\text{int}}\cdot x^n=k_0\left(f_0-\sqrt{x^2+{f_0}^2}\right)$ 通过拟合确定。然后基于上述标准，通过优化各系数 a_n 使得散射场随角度变化时的波动达到最小，得到最佳相位分布，并将最佳相位分布与初始抛物相位进行比对。经过 121 次迭代优化后得到的最优相位分布与散射方向图如图 6-2 所示，可以看出最终优化相位分布与初始抛物相位非常相似，仍为焦距为 f_{opt}=28.7mm 的抛物相位，优化只是改变了焦距长度并未改变相位分布属性，同时还可以看出，即使在初始焦距 f_0=50mm 下超表面同样具有很好的漫反射效果。

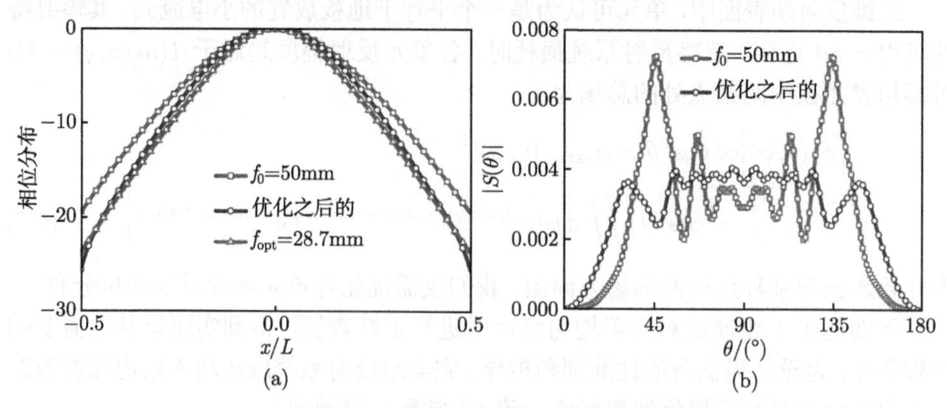

图 6-2 基于泰勒展开和阵列理论优化结果

(a) 相位分布；(b) 理论计算散射方向图；为不失一般性，选择一维超表面尺寸 L=200mm，工作波长 λ_0=20mm 以及初始焦距为 f_0=50mm，最大泰勒展开系数的阶数为 $N_{\max}$=20

6.1.1 线性梯度超表面

下面分别以线性梯度和抛物梯度对比来说明抛物梯度超表面的固有漫反射特性。假设一维超表面包含有限个无穷小单元，具有线性相位分布 $\varphi(x)=\xi x$，$x\in[-L/2,L/2]$。通过积分化简可知其远场散射方向图是一个辛格函数

$$\frac{1}{L}\int_{-L/2}^{L/2}\mathrm{d}x\mathrm{e}^{\mathrm{i}\xi x}\mathrm{e}^{-\mathrm{i}k_0 x\cos\theta}=\sin c\left[\left(\xi-k_0\cos\theta\right)L/2\right] \tag{6-11a}$$

$$\left|\overrightarrow{S}(\theta)\right|=\sin^2\theta\times\left|\int\mathrm{d}x\mathrm{e}^{\mathrm{i}\xi x}\mathrm{e}^{-\mathrm{i}k_0 x\cos\theta}\right|^2=\sin^2\theta\sin c^2\left[\left(\xi-k_0\cos\theta\right)L/2\right] \tag{6-11b}$$

对于口径足够大的超表面，$k_0L\gg1$，远场散射仅发生在某个角度上 $\cos\theta_c=\xi/k_0$，$\theta\in\theta_c+\left[-\frac{2\pi}{L},\frac{2\pi}{L}\right]$，如图 6-3(a) 所示。当超表面尺寸比较小时，由于单元的场辐射 $\sin^2\theta$ 起决定作用，超表面散射方向图的能量随着 L 减小不断衰减，如图 6-3(b) 所示。

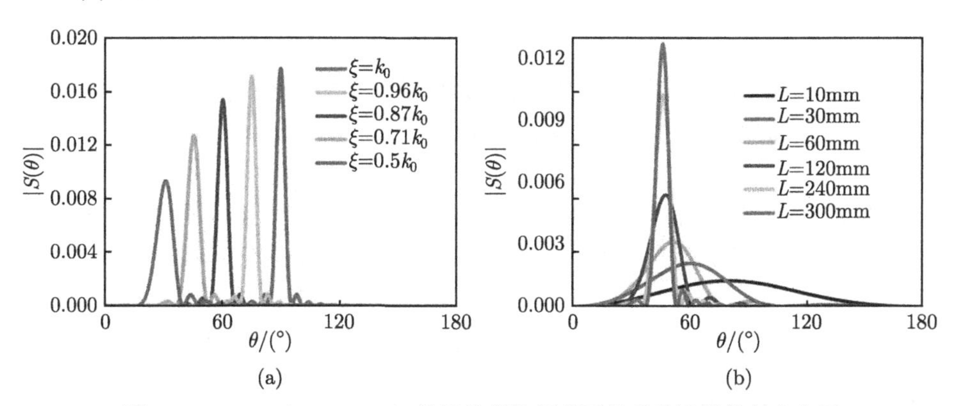

图 6-3 10GHz(λ_0=30mm) 处线性相位超表面的理论计算散射方向图

(a) 不同的 ξ，此时 L=300mm；(b) 不同的尺寸 L，此时 $\xi=\sqrt{2}k_0/2$

6.1.2 抛物梯度超表面

基于相似方法，我们可得抛物梯度超表面的远场散射方向图。在焦距 F 下，一维 (1D) 抛物梯度相位满足

$$\varphi(x)=k_0\left(F-\sqrt{x^2+F^2}\right) \tag{6-12}$$

该情形下远场散射方向图可计算为

$$\left|\overrightarrow{S}(\theta)\right|=\sin^2\theta\times\left|\frac{1}{L}\int_{-L/2}^{L/2}\mathrm{d}x\mathrm{e}^{\mathrm{i}k_0\left(F-\sqrt{x^2+F^2}\right)}\mathrm{e}^{-\mathrm{i}k_0 x\cos\theta}\right|^2 \tag{6-13}$$

图 6-4 给出了式 (6-13) 的积分计算散射方向图，可以看出当 $F \leqslant F_0$=5mm 和 $L \geqslant L_0$=60mm(抛物超表面相位分布满足完整 360° 覆盖) 时，一维抛物梯度确实能够很好地将入射电磁波打散到两个方向上，然而当相位覆盖范围小于 360°($F \geqslant F_0$ 或 $L \leqslant L_0$) 时，劈裂的散射方向图将合并成一个散射波束，而且相位覆盖范围越大，散射角越大。

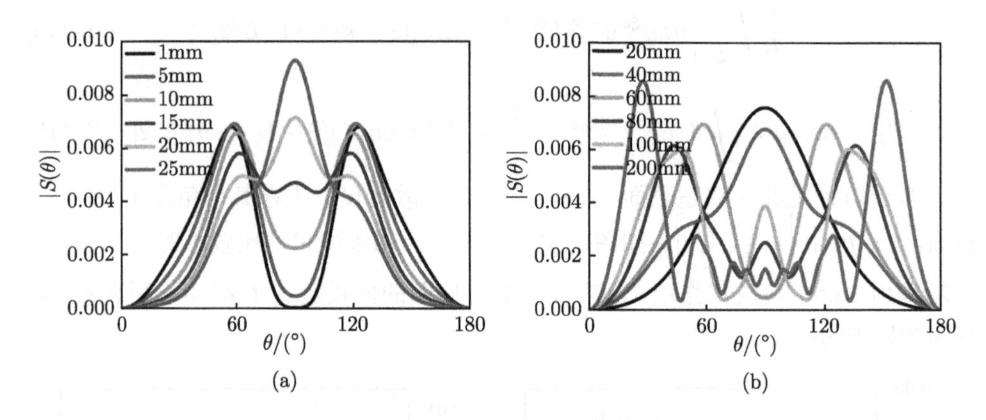

图 6-4 10GHz(λ_0=30mm) 处 1D 抛物梯度超表面的理论计算散射方向图

(a) 不同的 F，此时 L=60mm；(b) 不同的尺寸 L，此时 F=5mm

下面进一步计算二维 (2D) 抛物梯度超表面的散射方向图，其相位满足 $\varphi(x,y) = k_0\left(F - \sqrt{x^2+y^2+F^2}\right)$。如图 6-5 所示，当 L=300mm 时，在 φ=45°，135°，225°，

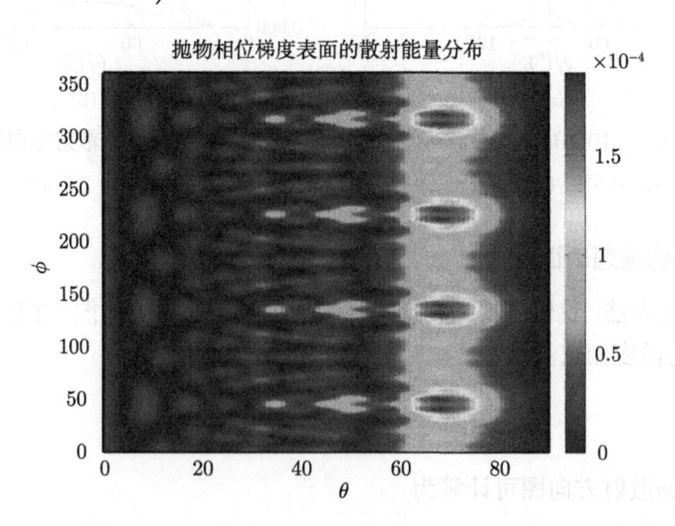

图 6-5 10GHz(λ_0=30mm) 处 2D 抛物梯度超表面的理论计算二维场分布

F=5mm，L=300mm，$x \in [-L/2, L/2]$，$y \in [-L/2, L/2]$

315° 处明显看到四个亮光斑，需要说明的是方位面上有方向性的散射方向图是由超表面的方形布局引起的，该布局使得超表面从中心到阵面边缘各单元的路径不同。该结论可从图 6-6 进一步得到验证，当 L 从 300mm 减小到 30mm 时，超表面趋近于圆形布局，在方位面上会形成更多波束且幅度均一性更好。因此当 L=60mm 时，会在 φ=0°，90°，180° 和 270° 上观察到其余四个波束。

从图 6-6(b) 可以看出，当 $L=L_0$=60mm 时在俯仰面上会形成更多的波束，使得超表面的散射能量在俯仰角上趋于一致。然而当 L 偏离 L_0 时，在镜像方向或更大俯仰角上角只观察到单个波束，这与图 6-4 所示的 1D 抛物梯度超表面得出的结论吻合。因此在超表面设计中选择子阵尺寸为 L=60mm，来权衡考虑方位面内和俯仰面内的散射能量均一化。

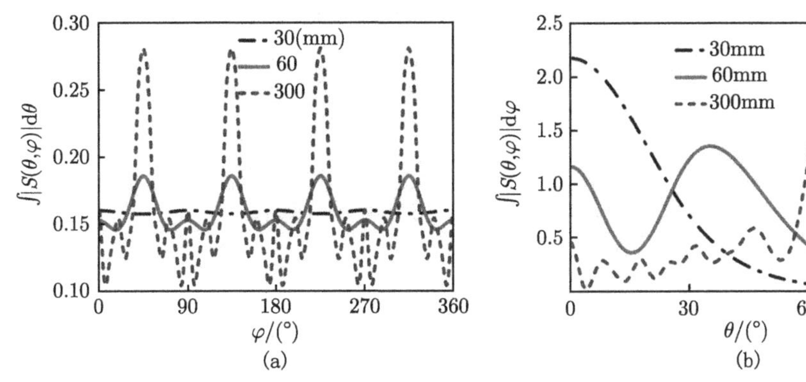

图 6-6 10GHz(λ_0=30mm)处 2D 抛物梯度超表面随方位角φ和俯仰角θ的理论散射方向图 F=5mm，L 从 30mm 增加到 300mm；(a)$\int_0^{90°}|S(\theta,\varphi)|\mathrm{d}\theta$；(b)$\int_0^{360°}|S(\theta,\varphi)|\mathrm{d}\varphi$

图 6-6 中得出的结论指导我们在实际设计时应尽可能将超表面设计成圆形布局。为进一步进行验证，下面在离散情形下对实际有限尺寸的超表面进行模拟，这里以 m^2+n^2 的值来控制超表面在两个维度上的单元数量从而控制外形布局。如图 6-7(a) 所示，近圆布局的超表面散射方向图较图 6-6(a)L=300mm 时均一化了许多。如图 6-7(b)~(f) 所示，当 $18\leqslant m^2+n^2<25$，超表面近似圆布局，椭圆度 $\rho\approx1$，而当 $m^2+n^2=25$ 时 $(m=4,n=3)$，椭圆度恶化，圆形布局过渡到方向布局，局部方位角上的方向性增强且中心散射变弱，说明圆形抛物梯度超表面具有比较理想的均匀漫反射行为，而当形状改变不具有旋转对称性时会引起局部散射不同程度的增强。

下面基于 FFT 从实空间变换到 k 空间来观察能量分布，进一步验证抛物梯度阵的多波束漫反射特性，1D 线性梯度的 FFT 变化可写成

$$F(k_x)=\frac{1}{L}\int_{-\frac{L}{2}}^{\frac{L}{2}}\mathrm{e}^{\mathrm{j}\xi x}\mathrm{e}^{-\mathrm{j}k_x x}\mathrm{d}x=\frac{2}{L}\operatorname{sinc}\left[\frac{1}{2}(\xi-k_x)L\right] \tag{6-14}$$

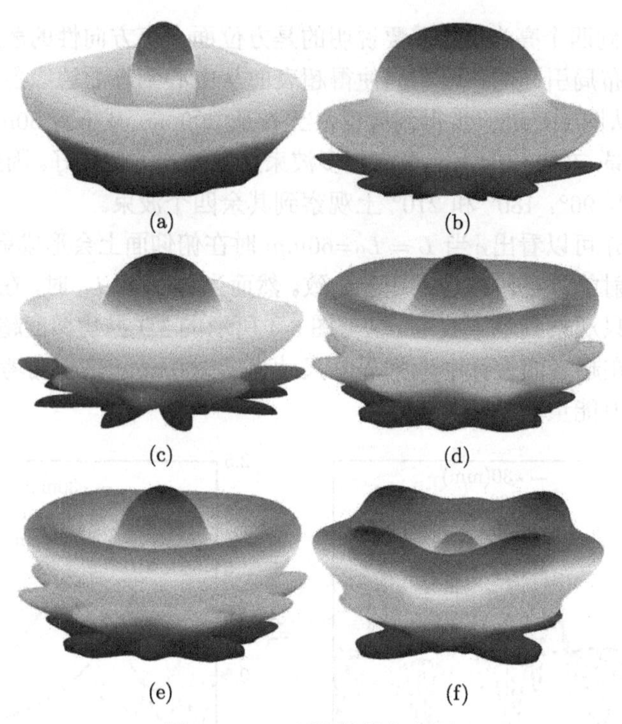

图 6-7　3D 理论散射方向图

(a)5×5 超表面子阵 (L=60mm，$m^2+n^2\leqslant 5$，$m,n=-2,-1,0,1,2$) 情形；(b)～(f)9×9 超表面子阵 (L=108mm，$m,n=-4,-3,-2,-1,0,1,2,3,4$) 情形；(b)$m^2+n^2\leqslant 16$，(c)$m^2+n^2=18$，(d)$m^2+n^2=20$，(e)$m^2+n^2=24$ 以及 (f)$m^2+n^2=25$，这里 m、n 分别代表超表面单元沿 x、y 轴的位置

1D 抛物梯度的 FFT 变化可写成

$$F(k_x)=\frac{1}{L}\int_{-L/2}^{L/2}\mathrm{e}^{\mathrm{i}\xi x^2}\mathrm{e}^{-\mathrm{i}k_x x}\mathrm{d}x=\mathrm{e}^{-\mathrm{i}\frac{k_x^2}{4\xi}}\cdot\frac{1}{L}\int_{-L/2-\frac{k_x}{2\xi}}^{L/2-\frac{k_x}{2\xi}}\mathrm{e}^{\mathrm{i}\xi x'^2}\mathrm{d}x' \tag{6-15}$$

式 (6-14)、式 (6-15) 与式 (6-11)、式 (6-13) 有相似的表达形式，因此线性梯度和抛物梯度情形下从典型天线的近场幅度/相位分布计算远场散射特性类似于信号处理领域的 FFT 变化。因为近场幅度/相位分布与远场散射是 FFT 变化对

$$E_N(x,y,z)\overset{\mathrm{FFT}}{\Leftrightarrow}E_F(\varphi,\theta) \tag{6-16}$$

图 6-8 给出了线性和抛物梯度超表面的 k 空间能量分布。从图 6-8(a) 和 (b) 可以看出，线性梯度下 ξ_0 的改变导致 k 空间中波矢的搬移或实空间中散射方向图的搬移；而抛物梯度情形下，其 FFT 能量分布图在很宽的波矢 k_x 范围内波动，表明拥有抛物梯度的超表面能将能量打散在很多角度上且具有近似均匀的波束幅度，这是一个非常好的特性。虽然抛物梯度并非完美漫反射的最佳相位分布，但其与最

佳相位分布近似。与线性梯度情形下的波矢搬移不同，抛物梯度情形下 ξ_0 的增加导致散射波矢分量更加丰富 (波束数量更多)。

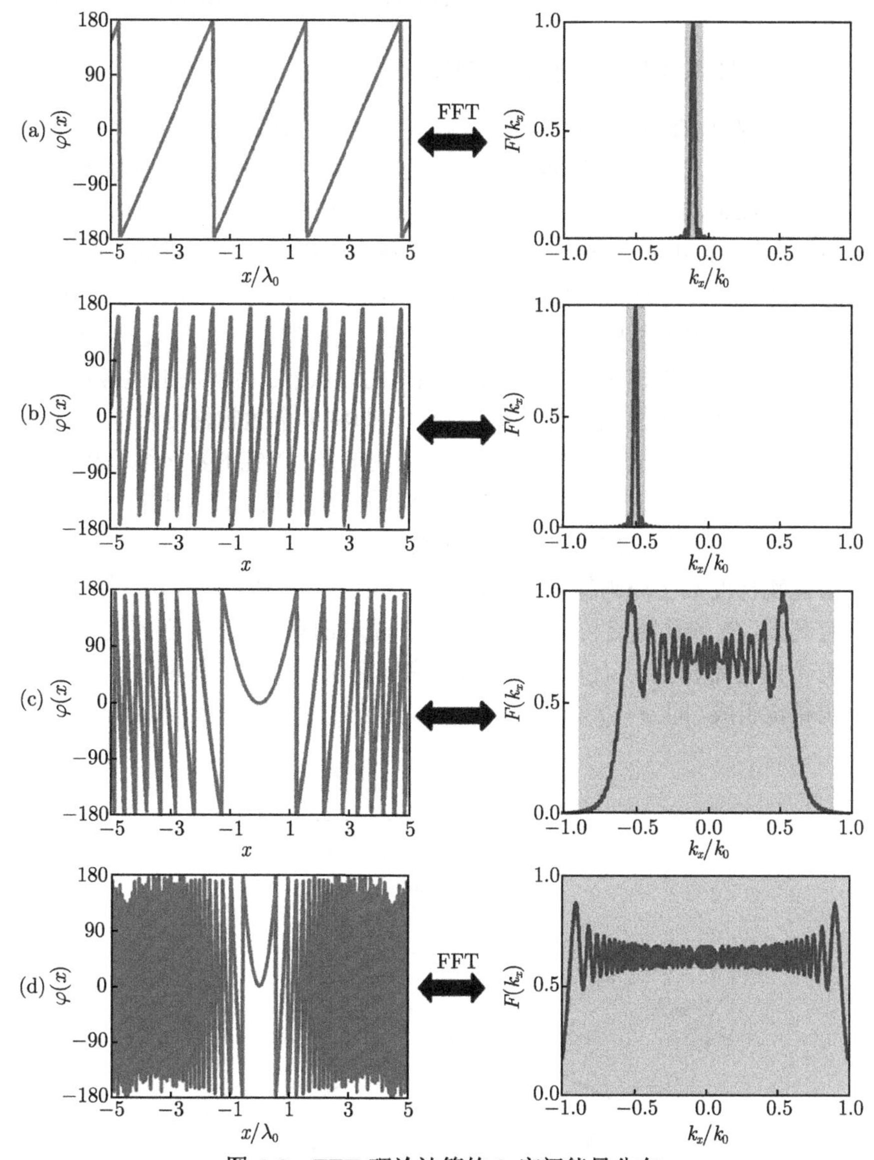

图 6-8 FFT 理论计算的 k 空间能量分布

(a)，(b) 线性梯度超表面的能量分布；(c)，(d) 抛物梯度超表面的能量分布；(a) 中 L=10，N=200 和 $\xi_0=2$；(b) 中 L=10，N=200 和 $\xi_0=10$；(c) 中 L=10，N=1000 和 $\xi_0=2$；(d) 中 L=10，N=1000 和 $\xi_0=10$，这里 N 为采样率

6.2　多位数字抛物梯度电磁隐身超表面设计与结果

6.2.1　全凸/全凹等焦距抛物梯度数字超表面

6.1 节天线阵列理论和 FFT 理论从源头上验证了抛物梯度超表面打散电磁波的有效性和可行性，并提供了抛物梯度设计的相关准则。但需要说明的是，直接使用 6.1 节单个抛物相位在实际隐身设计中会遇到下述问题：①实际电磁波并非理想平面波，具有波束中心且波束尺寸有限，当波束中心并未落在目标 (超表面中心) 时，抛物梯度相位引起的漫反射特性迅速恶化；②为满足实际需求，真实的超表面并不是理想的对称规则圆形布局，而多数情形是任意形状和尺寸，这就导致超表面边缘处的抛物相位产生扭曲失真，产生不期望的强散射。为解决上述难题，我们在抛物梯度超表面的基础上引入数字编码调制，即将单个抛物梯度相位由多个具有不同编码的超表面子阵抛物梯度代替。需要说明的是，单纯的数字编码超表面并不具有固有打散电磁波的属性，往往需要优化编码来获得最优漫反射特性，因此设计完美漫反射特性的核心依然是抛物梯度超表面。

本节抛物梯度数字编码超表面的设计步骤由三步组成，如图 6-9 所示。①首先设计具有高效、宽频反射交叉极化转换的 PB 超表面单元；②基于该类超表面单元设计具有不同初始相位 $\varphi_0(\xi)$ 的系列抛物梯度超表面子阵，其相位由基本抛物相位和编码相位组成，即 $\varphi=\varphi_{\text{foc}}(x)+\varphi_0(\xi)$；③根据任意编码序列 ξ 组合对上述超表

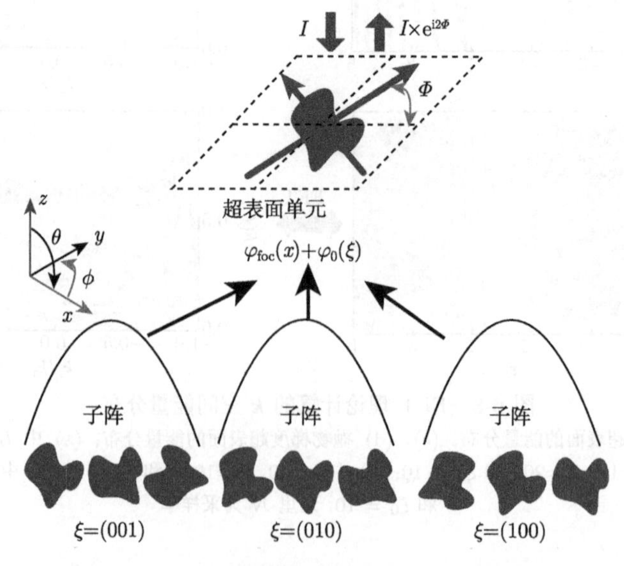

图 6-9　多位抛物梯度数字超表面设计方法示意图

面子阵进行排列，形成最终超表面。如图 6-10(c) 所示，超宽带全极化均匀漫反射电磁隐身器件为有限尺寸的旋转抛物梯度数字超表面，由 $L\times M$=5×5 个周期相同但相位不同的超表面子阵按编码序列排列构成，这里不同颜色代表不同相位子阵，每个子阵由 $P\times Q$=5×5 个基本单元组成，其相位分布满足发散/收敛 (−/+) 抛物梯度分布

$$\varphi(m,n)=\pm\frac{2\pi}{\lambda}\left(\sqrt{(mp)^2+(np)^2+F^2}-F\right)\mp 2\pi+\varphi_0(\xi) \tag{6-17}$$

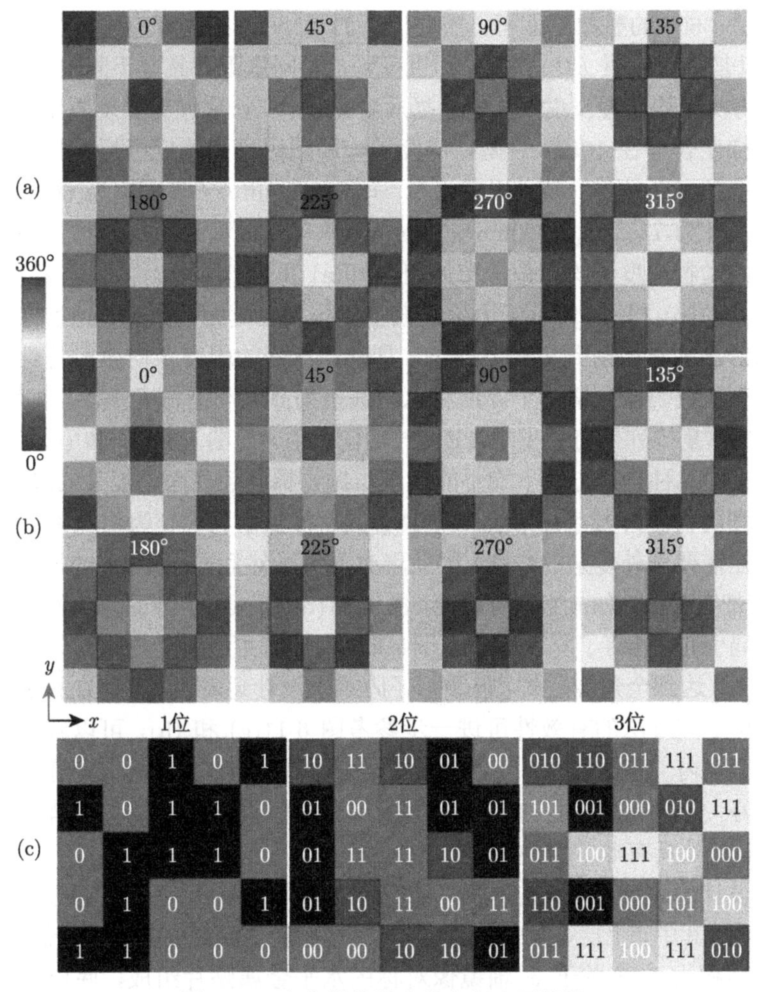

图 6-10 多位抛物梯度数字超表面设计

(a) 发散和 (b) 收敛抛物梯度情形下 8 种超表面子阵的相位分布，对应的编码序列 ξ 为 “000”(“0” or “00”)，“001”，“010”(“01”)，“011”，“100”(“1” 或者 “10”)，“101”，“110”(“11”) 和 “111”; (c) 随机产生的 1 位，2 位和 3 位超表面的编码序列/矩阵

这里 F 为焦距，$\varphi(0,0)$ 表示子阵中心的相位，ξ 为编码序列，$\varphi_0(\xi)$ 为序列 ξ 子阵的附加相位，用于区别不同编码子阵，$\varphi_0(\xi)$ 与编码序列 ξ 之间满足 $\varphi_0(\xi)=2\pi\xi/2^N$，$N$ 为数字超表面的位数，ξ 与 N 满足 $\xi=1,\cdots,2^N-1$。对于 1 位抛物梯度数字超表面，0、1 子阵附加相位分别为 $\varphi_0(\xi)=0°$ 和 180°；对于 2 位抛物梯度数字超表面，00、01、10 和 11 子阵附加相位分别为 $\varphi_0(\xi)=0°$、90°、180° 和 270°；对于 3 位抛物梯度数字超表面，000、001、010、011、100、101、110 和 111 子阵附加相位分别为 $\varphi(\xi)=0°$、45°、90°、135°、180°、225°、270° 和 315°。通过 F 可以控制 $\xi=0$ 子阵上的相位覆盖范围，使其完整覆盖 360°，其余子阵上大于 360° 的相位自动减去 360° 的整数倍即可。需要说明的是 N 位抛物梯度子阵的设计方法有多种，可以是不同焦距 $F(\xi)$ 的子阵，也可以是相同焦距下具有不同附加相位 $\varphi_0(\xi)$ 的子阵，为实现均匀漫反射，这里选择后者来设计 N 位抛物梯度数字超表面。本节各抛物梯度设计在 10GHz，抛物梯度子阵和编码序列确定好后根据寻根算法即可确定整个超表面结构，单元周期为 $p_x=p_y$=12mm，子阵周期为 60mm×60mm，超表面总尺寸为 $L_x\times L_y$=300mm×300mm，总单元数目为 25×25 个。最终设计的发散和收敛抛物梯度子阵相位分布如图 6-10(a) 和 (b) 所示。

如图 6-11(b) 和 (d) 所示，无论周期重复排列还是编码排列，抛物梯度超表面均能将入射波能量散射到更多方向上，具有非常好的固有多向散射特性。然而均匀子阵只有在编码排列情形下才能将入射波散射到几个有限角度上，如图 6-11(c) 所示，否则重复排列下将会出现 PEC 式后向散射。如图 6-11(e) 和 (f) 所示，随机子阵在给定的几种排列方式下均不能实现与抛物梯度超表面相媲美的漫反射特性。现有均匀和随机子阵数字超表面均不具备固有漫反射特性，为将能量散射到更多角度上往往需要额外复杂的优化，因此现有方法虽然后向 RCS 带宽较宽，但双站 RCS 减缩带宽受限。如 6.1 节所讨论，图 6-11(b) 和 (d) 子阵的方向性散射方向图由方形布局引起，若将子阵设计成圆形布局，电磁波束散射能量将均匀地分布在各方位角度上，达到全角度散射，但圆形子阵难于设计超表面，尤其在相邻子阵连接处存在盲区。该方法的有效性可进一步参考图 6-11(g) 和 (h)，可以看出无论是在 φ 面还是 θ 面内，所提抛物梯度方法均能产生比现有方法多得多的散射波束，能量均一性变好，尤其是在 θ 面内，能量的均一性非常好，而现有均匀子阵数字超表面方法在 θ=6° 处具有非常强的散射。

最终设计的超宽带单元结构如图 6-12(a) 所示，单元由三层金属结构和 2 层介质板组成，其中，上层金属结构由 5 个关于 y 轴镜像对称的垂直金属贴片组成，中层金属结构由 5 个关于 x 轴镜像对称的水平金属贴片组成，底层金属结构为金属背板，该拓扑结构保证该体系是一个纯反射体系，没有任何传输。工作时电磁波垂直入射，y、x 极化电场作用会在平行于极化方向的金属贴片上产生感应电流，而金属背板作用使得金属结构和背板在侧面还会产生位移电流，y、x 极化两种情形下感应电流和位移电流均有效形成闭合回路并产生磁谐振。上、中层金属结构中 3 组不同参数的贴片会产生工作于不同频率的 3 个磁谐振模式，通过色散工程方法设计上、中层金属结构参数可以控制 $y(f_1^{(y)}$、$f_2^{(y)}$ 和 $f_3^{(y)})$、$x(f_1^{(x)}$、$f_2^{(x)}$ 和 $f_3^{(x)})$ 极化下谐振频率位置和反射相位，使其依次交替级联，获得最佳 180° 相位差带宽。为保证最佳带宽，x、y 极化下相位斜率相同，为不失一般性，选取 7 个典型频率满足 $\dfrac{\partial\varphi_{xx}(f)}{\partial f}\approx\dfrac{\partial\varphi_{yy}(f)}{\partial f}$，即 $f=(f_1^{(x)}+f_2^{(x)})/2$，$f=(f_2^{(x)}+f_3^{(x)})/2$，$f=(f_1^{(y)}+f_2^{(y)})/2$，$f=(f_2^{(y)}+f_3^{(y)})/2$，$f=(f_2^{(y)}+f_1^{(x)})/2$，$f=(f_2^{(y)}+f_2^{(x)})/2$，$f=(f_3^{(y)}+f_2^{(x)})/2$。

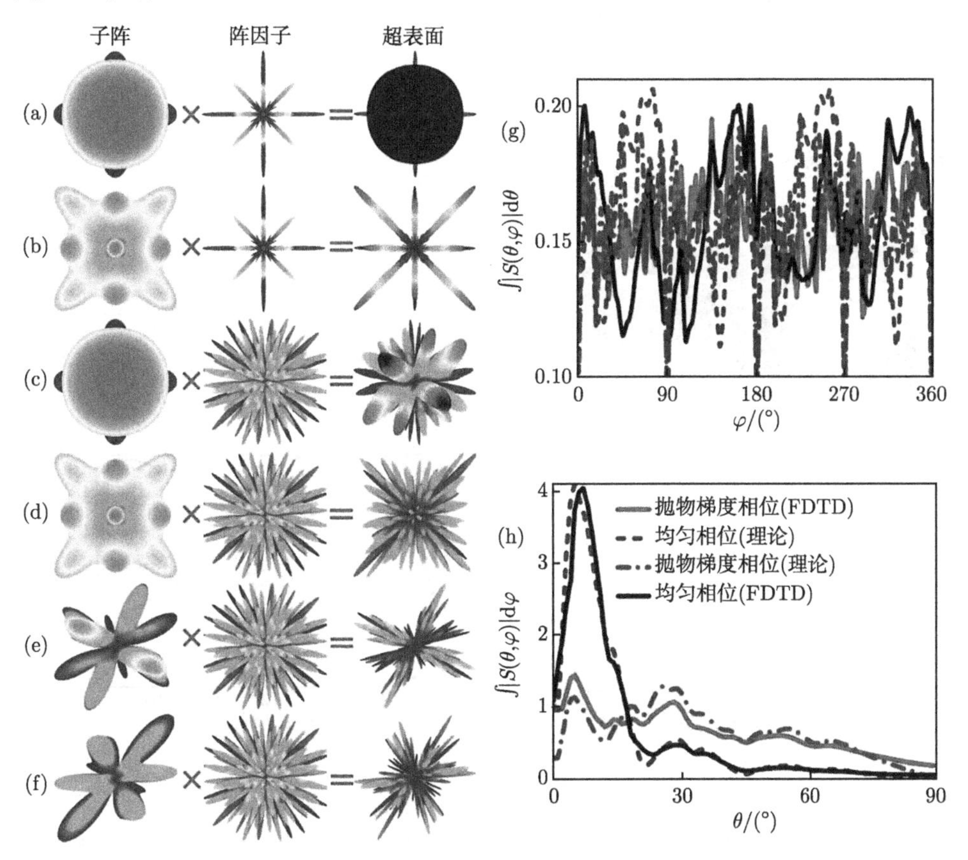

图 6-11 不同情形下基于阵列理论计算的超表面散射方向图

(a) 均匀子阵周期重复排列；(b) 抛物梯度子阵周期重复排列；(c) 均匀子阵数字编码排列；(d) 抛物梯度子阵数字编码排列；(e) 随机子阵数字编码排列，随机子阵中各单元排列方式与编码序列相同；(f) 随机子阵数字编码排列，随机子阵中各单元服从序列 A=[1, 1, 1, 0, 0; 0, 0, 1, 1, 0; 1, 0, 1, 1, 1; 0, 1, 1, 0, 0; 1, 0, 0, 1, 0]；14.6GHz 处超表面 (g)φ 面内 $\int_0^{90°}|S(\theta,\varphi)|\mathrm{d}\theta$ 和 (h)θ 面内 $\int_0^{360°}|S(\theta,\varphi)|\mathrm{d}\varphi$ 理论与 FDTD 计算的总散射方向图

如图 6-12(b)~(d) 所示，x、y 极化电磁波激励下，反射幅度谱中均呈现三个浅反射谷，对应于三个弱磁谐振，且三个反射谷交替出现，同时反射幅度在整个观察频率范围 6~18GHz 内均高于 0.95，接近于完美反射。从反射相位谱可以看出，φ_{xx} 和 φ_{yy} 的相位曲线在观测频率范围内几乎平行，相位差 $(\varphi_{yy}-\varphi_{xx})$ 在 6.95~17.6GHz 范围内保持在 180° 附近 (180°±45°)。右旋圆极化波激励下超表面的同极化反射幅度 $|r_{\mathrm{RR}}|$ 在 6.95~17.6GHz 范围内均大于 0.89，圆极化消光比 $\sigma = 20\log_{10}|r_{\mathrm{RR}}|/|r_{\mathrm{LR}}|$ 均大于 5.6dB，具有很好的极化纯度。同时还可以看出超表面的同极化反射相位与旋转角 φ 呈现严格的 -2φ 或 2φ 关系，具有非常稳定的相位梯度。超表面的绝对带宽达到 10.6GHz，相对带宽达到 86.2%。

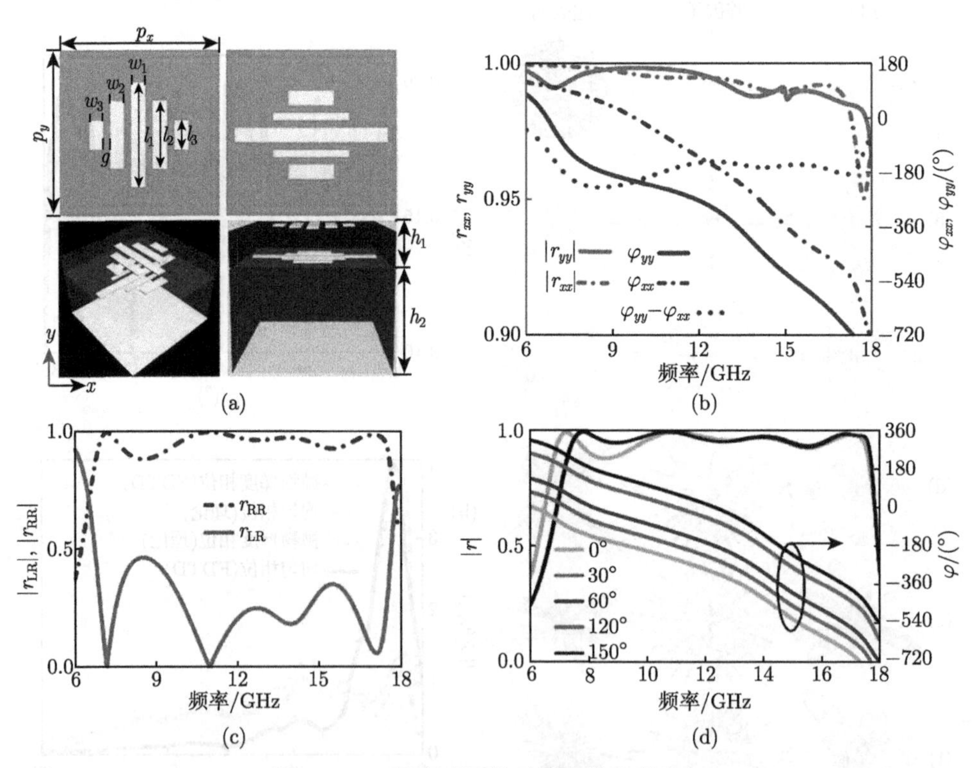

图 6-12　双层超表面单元的宽带电磁响应

(a) 单元结构，包括上层、中层金属结构和底层金属背板；(b)LP 波和 (c)CP 波激励下单元的反射幅度和反射相位频谱；(d) 圆极化波激励时不同旋转角下超表面单元的反射幅度和反射相位频谱，优化得到的上层金属结构的几何结构参数为 l_1=7.11mm，l_2=4.59mm，l_3=1.98mm，$w_1 = w_2 = w_3$=1mm 和 g=0.5mm，中层金属结构的几何结构参数为 l_1=10.8mm，l_2=5.4mm，l_3=3.24mm，$w_1 = w_3$=1mm，$w_2 = g =$ 0.5mm，$p_x = p_y$=12mm；介质板采用聚四氟乙烯玻璃布板 (F4B-2)，介电常数 ε_{r} =2.65，电正切损耗 tanσ=0.001，金属厚度为 0.036mm，介质板厚度分别为 h_1=0.3mm 和 h_2=3mm；下标 L 和 R 分别代表 CP 波的左、右旋向

为获得不依赖于极化的漫反射特性，使得超宽带 RCS 减缩特性对任意极化方向的线极化 (LP)、左旋和右旋圆极化 (CP) 波激励均适用，采用 PB 相位实现上述抛物梯度相位。根据各子阵抛物梯度相位分布，并通过寻根算法和旋转具有相同结构参数的超表面单元，最终设计的 8 种子阵结构和 1 位、2 位和 3 位数字超表面结构如图 6-13 所示。

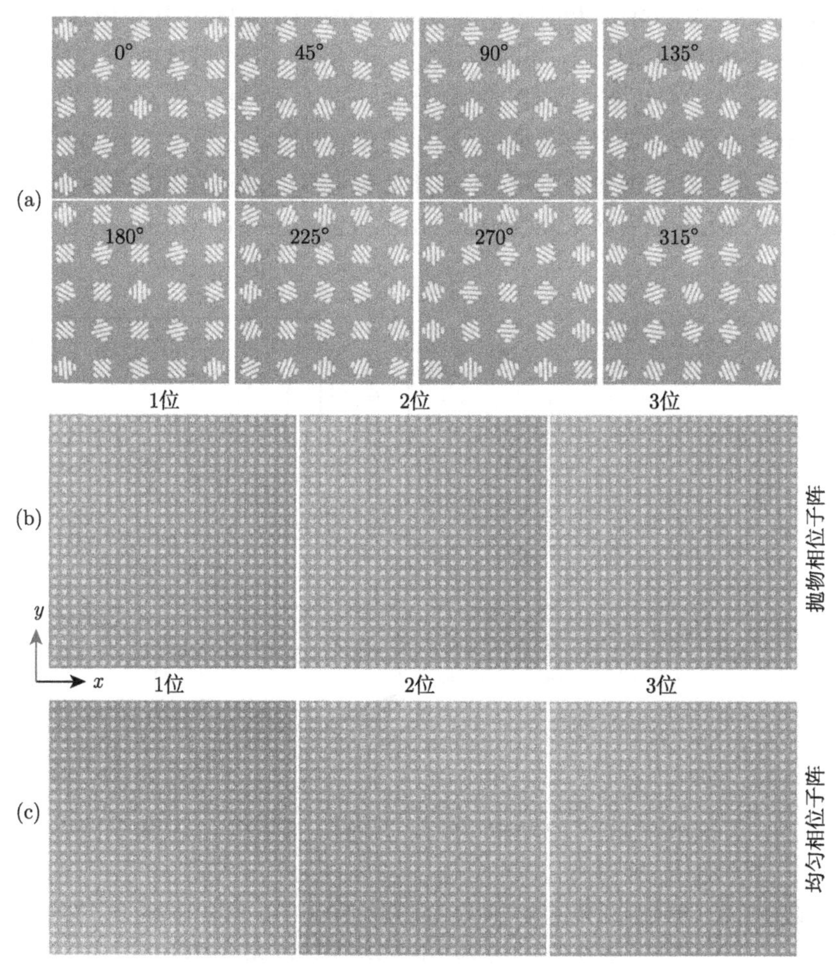

图 6-13 (a)3 位发散抛物梯度数字超表面的 8 种子阵上层结构图，分别对应于编码位 “000” (“0” 或 “00”)，“001” (“1” 或 “01”)，“010”(“10”)，“011”(“11”)，“100”，“101”，“110” 和 “111”；(b)1 位、2 位和 3 位发散抛物梯度数字超表面的上层结构图；(c)1 位、2 位和 3 位均匀数字超表面的上层结构图，所有超表面均具有相同的尺寸

为说明抛物梯度数字编码超表面的先进性，采用商业仿真软件 CST 对周期抛物梯度超表面进行电磁仿真，如图 6-14(a) 所示，超表面由 5×5 个如图 6-13 所示

的 “000” 子阵在二维方向周期延拓构成，总单元数目为 25×25 个，总口径大小为 $L_x \times L_y$=300mm×300mm。如图 6-14(b) 所示，即使抛物梯度子阵均匀周期分布，超表面也具有很好的后向散射抑制特性，x、y、LCP 和 RCP 四种极化下散射特性几乎相同，具有完美的极化不依赖性，在 6.95~17.6GHz 均可观察到明显的 RCS 减缩特性，RCS 减缩带宽与图 6-12 显示的单元工作带宽完全吻合，其中 6 dB RCS 减缩带宽为 9.5~17.6 GHz，相对带宽达 60%，6.95~9.5 GHz 范围内 RCS 减缩低于 6dB，由单元的相位偏差引起。如图 6-14(c)、(d) 所示，工作带宽内，散射波束较均一地分布在 φ=0°、45°、90°、135°、180°、225°、270° 和 315° 等 8 个方向上，该特性在宽频范围内具有非常好的鲁棒性，由于能量重新分布在更多方向，根据能量守恒定律，超表面的后向散射必定减小，而在低频 (6GHz)、高频边缘频率 18GHz 之外，主轴和对角上的散射波束逐渐消失，出现类似于良导体 (PEC) 的单波束后向散射特性。

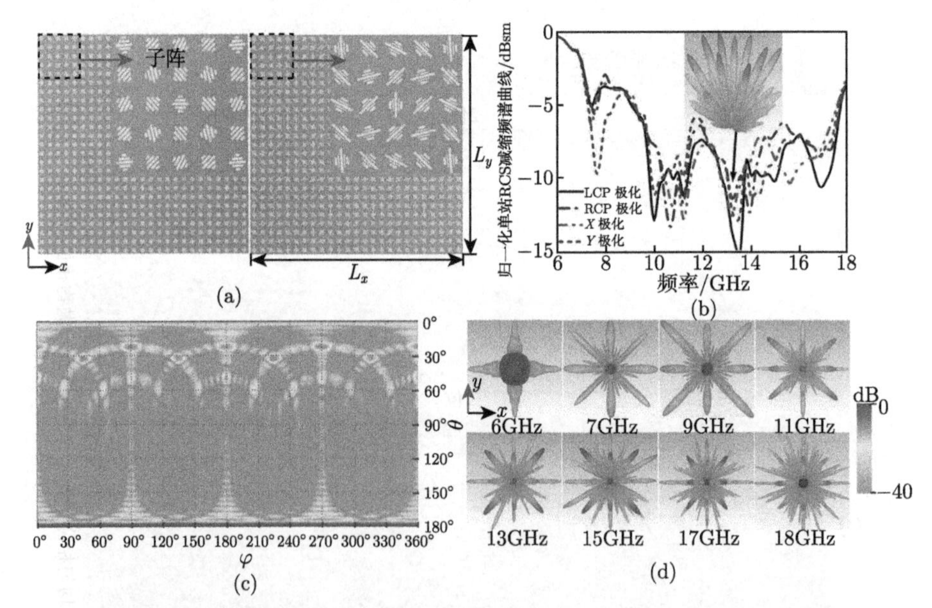

图 6-14　抛物梯度子阵周期延拓下超表面的 (a) 拓扑结构、(b) 单站 RCS、(c)13.2GHz 处的散射能量分布与 (d) 几个代表频率处的散射方向图

仿真时，xOy 面对应的四个边界均设置成开放边界，平面波沿 $-z$ 方向垂直入射

上述结果表明旋转抛物梯度子阵具有固有打散电磁波的能力和特性，而且该特性对不同极化具有很好的鲁棒性。同时，还应看到尽管电磁波经方形旋转抛物梯度子阵后散射波束有一定打散，但并不能得到全向均匀散射波束。若进行多位数字设计，根据惠更斯原理和漫反射理论，其能量将以这些固有波束为子波源，干涉产生更多的新子波源，空间散射能量较周期抛物梯度超表面将更加平滑、均匀，

能量被打散和均一化在更多角度上。为进行验证，图 6-15 给出了仿真计算的 1 位抛物梯度数字超表面散射特性，这里均匀子阵数字超表面的散射特性用于比较说明所提方法的先进性。可以看出，整个观察频段内数字超表面的后向 RCS 相比于图 6-14 所示的非数字超表面明显减小，7.4GHz，10.4GHz，13.2GHz，14.7GHz 和

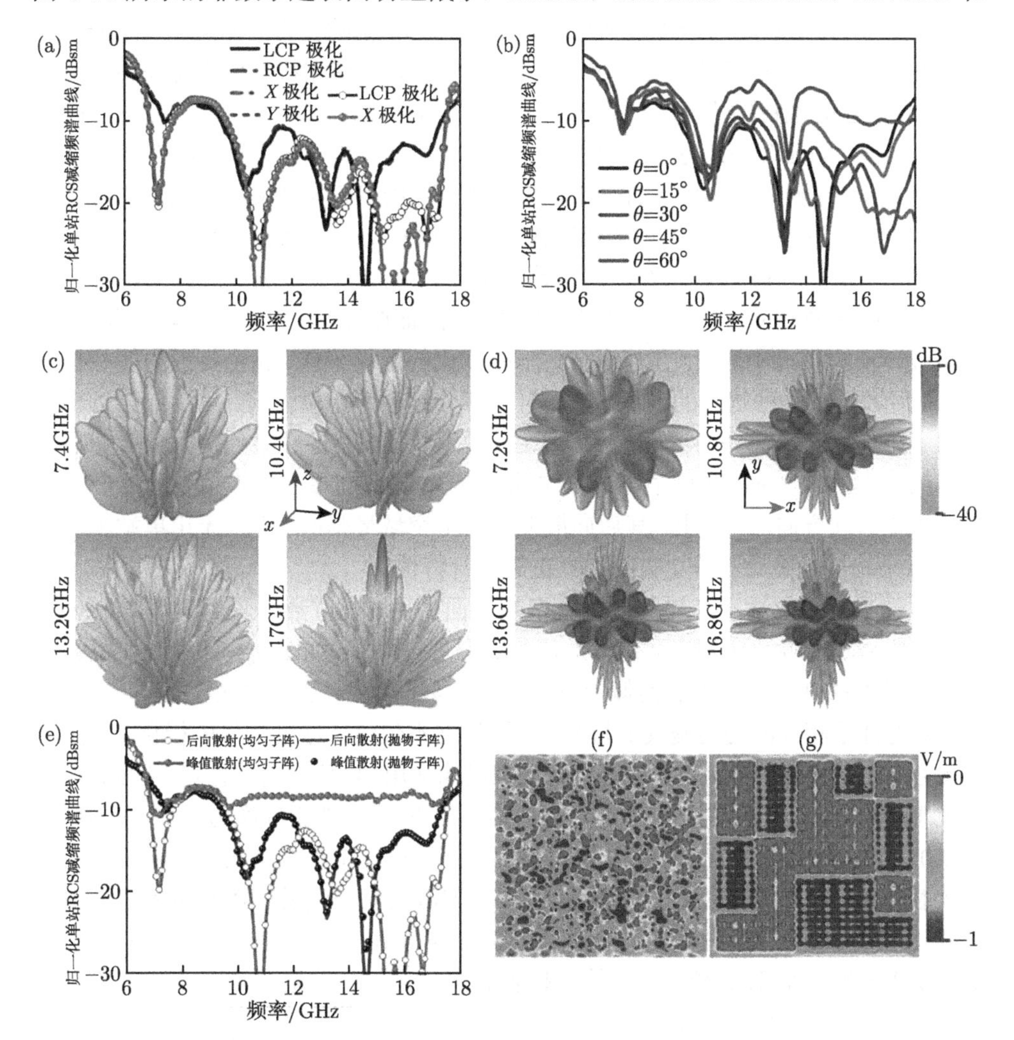

图 6-15 1 位抛物梯度数字超表面的仿真漫反射特性

其结构如图 6-13(b)、(c) 所示；(a) 不同极化和 (b) 不同入射角下 (x 极化) 的单站 RCS 减缩特性，其中抛物梯度子阵用“点画线”表示，均匀子阵用“符号标记”表示；垂直入射时不同频率处 (c) 抛物梯度子阵与 (d) 均匀子阵数字超表面的三维散射方向图；(e) 垂直入射时抛物子阵 (蓝色) 和均匀子阵 (红色) 数字超表面的最大和后向 RCS 减缩；x 极化下垂直入射时 13.2GHz 处 (e) 抛物梯度子阵与 (g) 均匀子阵数字超表面在 z=5mm 面内的近场 E_x 分布

16.8GHz 处出现 5 个 RCS 减缩谷且在 13.2GHz 和 14.7GHz 处 RCS 减缩达到 20dB 以上。7.5dB RCS 减缩带宽为 7~18GHz，与单元 PB 相位带宽完全吻合，相对带宽达 88%。随着入射角 θ 增大抛物梯度数字超表面的后向 RCS 逐渐恶化，但 θ=60° 入射情形下依然保持较好的超宽带 RCS 减缩特性，RCS 减缩值在上述宽频范围内均低于 −5dB。虽然均匀子阵数字超表面也能获得相似的宽带后向 RCS 减缩特性，甚至在高频处具有更低的后向 RCS，但其良好的 RCS 减缩特性仅维持在后向散射方向上，而在其他特定方向上散射较强，均匀子阵数字超表面只能将电磁信号打散在偏离 θ=0° 的几个特定方向上而很难做到均匀打散，其部分漫反射特性使得目标在双站 RCS 探测体制下仍然有很大的发现概率，隐身性能失效。相反，抛物梯度数字超表面能在超宽带工作频率范围内将电磁信号均匀打散在各个方向上，形成无规律、杂乱且在高低角和方位角上趋近于均匀分布的全漫反射波。上述均匀子阵超表面的部分漫反射特性与抛物梯度数字超表面的全漫反射特性可以从近场 E_x 分布进一步解释。前者为大量杂乱无章、碎片化的近场分布，完全打散了等相位波前，而后者只有两种状态的近场分布，只能部分打散等相位波前。虽然部分频率处均匀子阵数字超表面获得更好的后向 RCS 减缩特性，其各频率处最大散射明显比后向散射大，RCS 减缩值在 −8.5dB 左右，但本节抛物梯度子阵超表面的最大散射发生在后向方向 θ=0° 上，其后向散射代表全空域最强散射值，无论单站和双站 RCS 减缩均能超宽带工作，实现了真正的隐身特性。

为说明所提方法不依赖于多位数字超表面的“编码位数”，采用相同方法对 2 位和 3 位抛物梯度数字超表面进行数值仿真和理论计算，如图 6-16 和图 6-17 所示。与 1 位抛物梯度数字超表面类似，2 位和 3 位抛物梯度数字超表面在 7~18GHz 范围内具有几乎相同的均匀漫反射特性，且该特性不依赖于激励信号的极化，对任意极化方向的线极化、左旋和右旋圆极化波激励均适用，电磁散射特性对“编码位数”不敏感。2 位、3 位抛物梯度超表面的 7.5dB RCS 减缩带宽依次为 6.95~17.7GHz 和 7.05~17.55GHz。2 位、3 位均匀子阵数字超表面与 1 位情形类似，电磁信号仍被散射到几个特殊方向，形成部分漫反射。均匀漫反射和漫反射特性的物理机制可以通过近场 E_x 分布来理解和进一步佐证，如图 6-16(f)、(h) 与图 6-17(f)、(h) 所示。抛物梯度情形下 2 位、3 位数字超表面碎片化、杂乱无章的近场分布表明近场被显著打散，解释并验证了抛物梯度超表面均一化远场散射波束的固有能力和特性，而均匀子阵 2 位、3 位数字超表面附近只显示 4 种和 8 种状态的近场分布，只能部分打散电磁波。2 位、3 位均匀子阵数字超表面最大散射处的 RCS 减缩为 −9.3dB 和 −9.7dB，比抛物梯度情形下最大散射处的 RCS 减缩平均要高 5dB。大量仿真结果还表明抛物梯度数字超表面的超宽带漫反射特性对编码序列具有很好的鲁棒性，因此无需优化编码序列，而均匀子阵超表面的散射特性显著依赖于编码位数和编码序列，由子阵以及子阵内单元的排列方式决定。

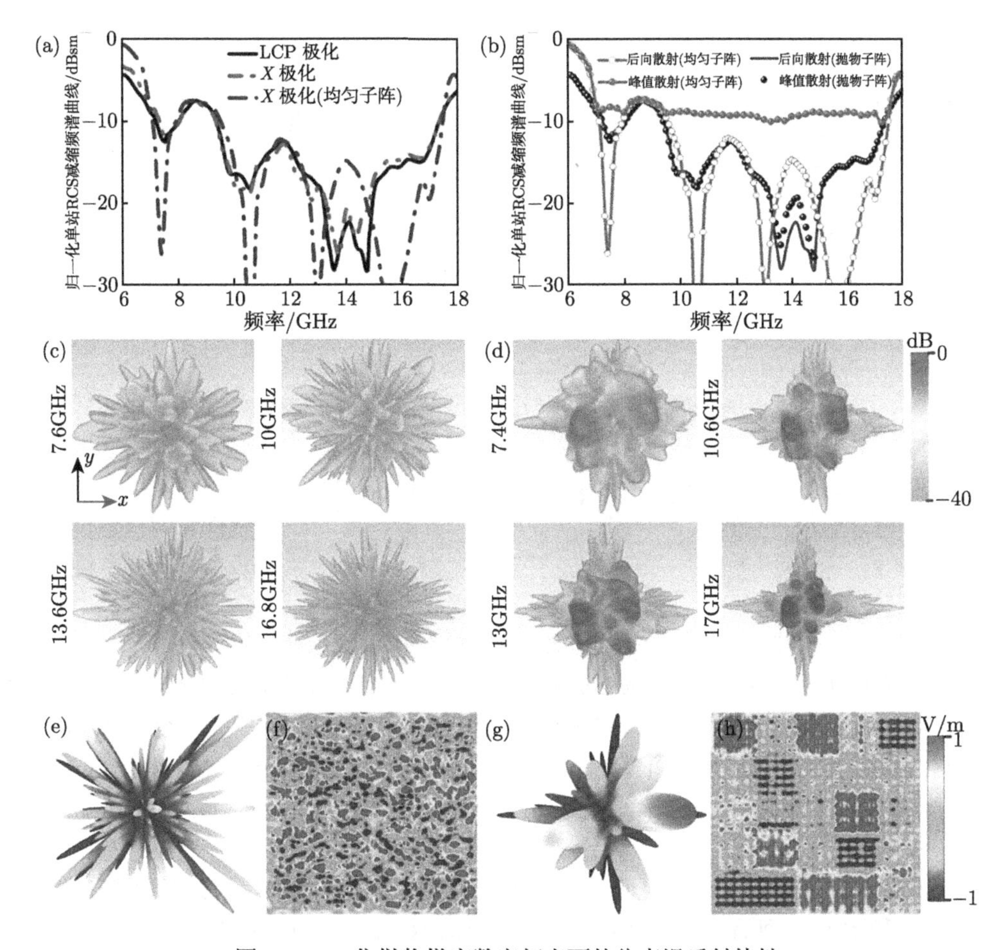

图 6-16 2 位抛物梯度数字超表面的仿真漫反射特性

其结构如图 6-13(b)、(c) 所示；(a) 不同极化下的单站 RCS 减缩特性；(b) 垂直入射时抛物子阵和均匀子阵超表面的最大和后向 RCS 减缩；垂直入射时不同频率处 (c) 抛物梯度子阵与 (d) 均匀子阵超表面的三维散射方向图；天线阵列理论计算的 (e) 抛物梯度子阵与 (g) 均匀子阵数字超表面散射特性；x 极化下垂直入射时 13GHz 处 (g) 抛物梯度子阵与 (h) 均匀子阵数字超表面在 z=5mm 面内的近场 E_x 分布

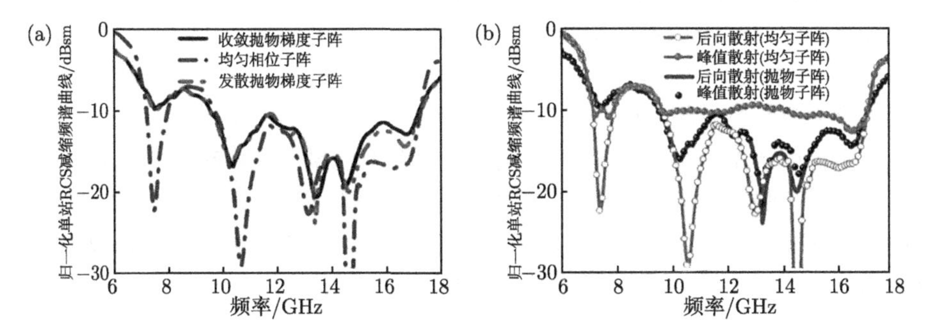

图 6-17　3 位抛物梯度数字超表面的仿真漫反射特性

其结构如图 6-13(b)、(c) 所示。(a) 不同极化下的单站 RCS 减缩特性；(b) 垂直入射时抛物子阵和均匀子阵数字超表面的最大和后向 RCS 减缩；垂直入射时不同频率处 (c) 抛物梯度子阵与 (d) 均匀子阵数字超表面的三维散射方向图；天线阵列理论计算的 (e) 抛物梯度子阵与 (g) 均匀子阵数字超表面散射特性；x 极化下垂直入射时 13.2GHz 处 (g) 抛物梯度子阵与 (h) 均匀子阵数字超表面在 z=5mm 面内的近场 E_x 分布

为对本节方法进行实验验证，对 1 位和 2 位数字超表面进行了加工和测试，如图 6-18 和图 6-20 所示。采用 PCB 加工工艺对两层超表面进行加工，采用胶对两层介质板进行粘接并进行热压，最后在微波暗室中对单站和双站散射行为进行测试。如图 6-18(b) 所示，抛物梯度超表面的测试后向散射在 6.9~17.8GHz 范围内比相同尺寸的金属板低 7dB。7.8GHz，10.8GHz 和 14.6GHz 处明显观察到几个反射谷且 RCS 减少均达到 −25dB，这与 FDTD 仿真结果吻合良好。上述显著的宽带后向 RCS 减缩特性在斜入射下依然保持较好，见图 6-18(c)，当入射角以 15° 步长从 0° 增加到 60° 时，反射谷发生微小移动且 RCS 带宽略微减小，然而 60° 入射时超表面在 7.3~17.8GHz 范围内后向 RCS 减缩均优于 −5dB，验证了抛物梯度超表面的大角度隐身特性。超表面的漫反射特性可进一步参考图 6-18(d)~(i)，可以看出所有极化情形下 H 面内的主极化和交叉极化散射能量被打散在多个方向上，这与金属板的后向强散射形成鲜明对比，还可以看出超表面在 8~10GHz，12~14GHz 和 16~16.2GHz 范围内存在几个反射峰，这与 FDTD 计算频段略有偏差，E 面测试散射能量分布与 FDTD 计算结果显示相似的漫反射特性。

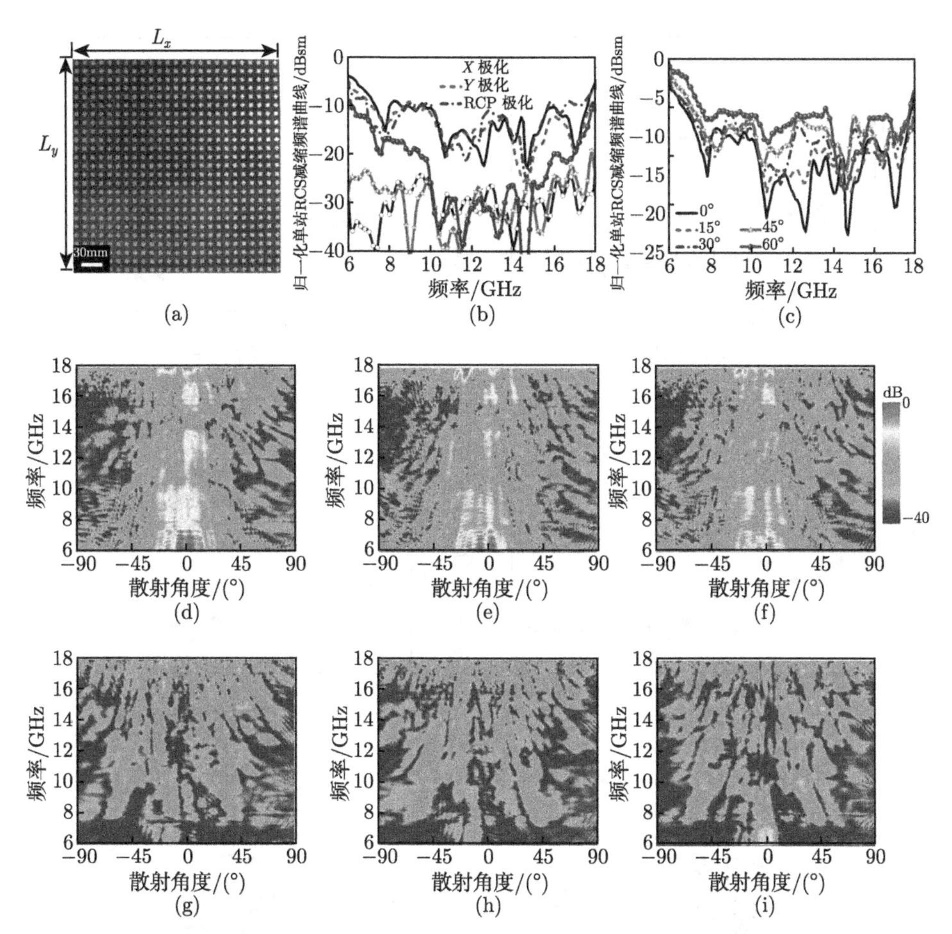

图 6-18　1 位抛物梯度超表面在 (d)，(g)x 极化、(e)，(h)y 极化与 (f)，(i)RCP 波极化下的测试漫反射特性

(a) 制作样品照片；(b) 垂直入射情形下主极化 (线) 与交叉极化 (符号标记) 的单站 RCS 减缩频谱；(c) 斜入射下主极化的单站 RCS 减缩频谱；垂直入射下 H 面内随频率和反射角变化的 (d)∼(f) 主极化与 (g)∼(i) 交叉极化分量 RCS 减缩，测试反射率以 1° 间隔记录在超表面上半空间 $-90° < \theta < 90°$，所有反射均对同样大小的金属背板进行归一化

仿真与测试结果的良好吻合还可以参考图 6-19 中 E 面和 H 面内定量计算的总归一化反射，可以看出 x、y 极化波入射下仿真与测试总反射随频率增大先减小再增大，产生了一个宽频低散射频段。从图 6-19(e)∼(h) 可以进一步看出四个典型频率处的后向 RCS 减缩值均优于 -12.1dB，而且散射波被打散到无穷个俯仰角上，显示了均匀漫反射特性。

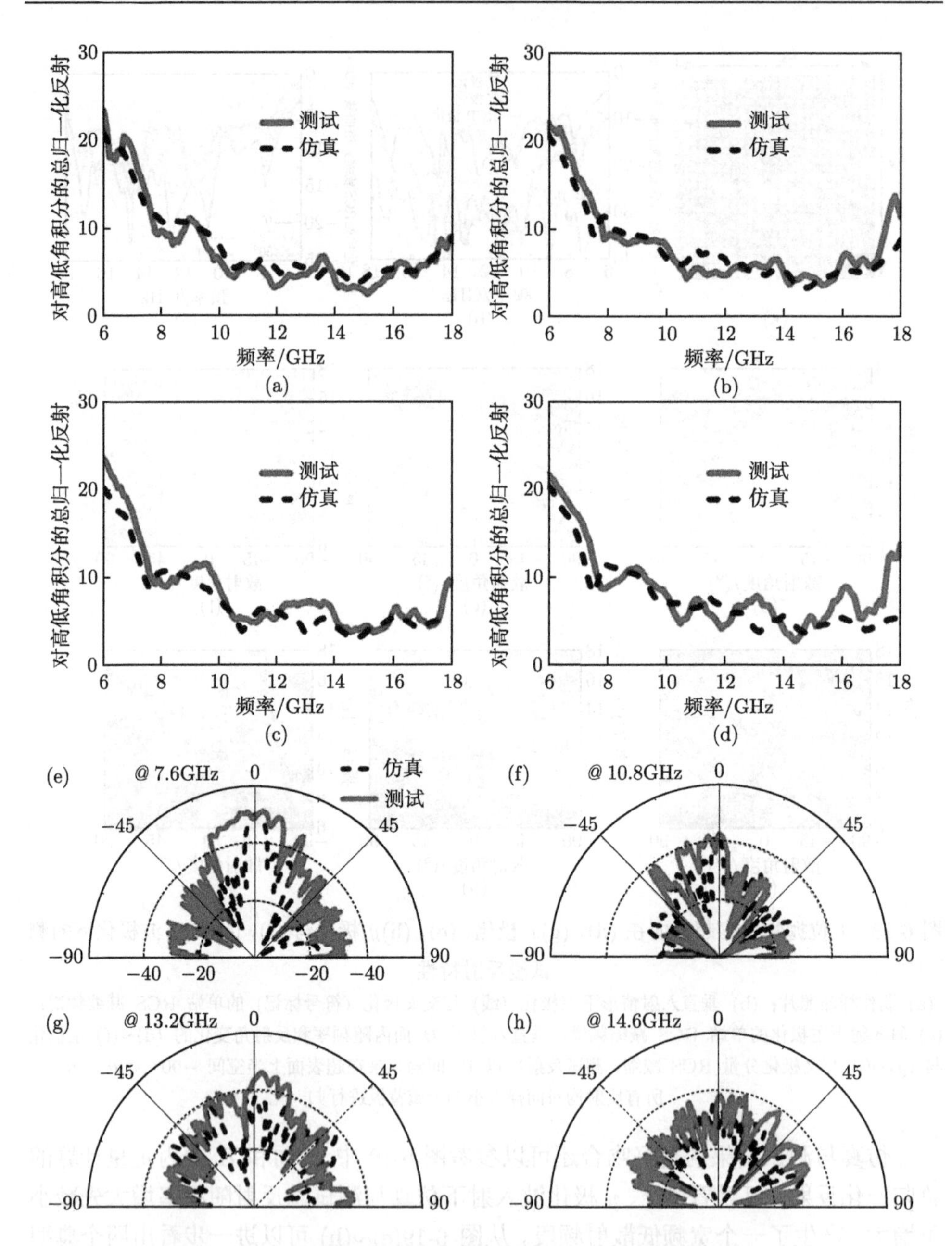

图 6-19　1 位抛物梯度数字超表面的仿真与测试散射特性对比

(a)，(c)x 极化波和 (b)，(d)y 极化波入射下 (a)，(b)E 面和 (c)，(d)H 面内的总归一化反射 $\left(\sum_{\theta=-90^\circ}^{\theta=90^\circ}|S(\theta,\varphi)|\right)$；$x$ 极化波入射下四个频率 (e)7.6GHz，(f)10.8GHz，(g)13.2GHz 和 (h)14.6GHz 处的 H 面散射方向图

如图 6-20 所示，2 位抛物梯度数字超表面的后向散射减缩在 6.9~17.9GHz 范围内均优于 7dB，具有与 1 位抛物梯度超表面相似的散射特性，显示了对极化和编码位很好的不依赖性。线极化波激励下仿真与测试中随极化角不敏感的漫反射行为是由于线极化波可以分解为等幅的左旋和右旋圆极化波，而上述两种旋向圆极化波激励下旋转 PB 相位具有相似的散射特性。而所有抛物梯度超表面中低频、高频边缘频率处相对较大的仿真与测试交叉圆极化分量由扭曲的 PB 相位引起。抛物梯度使得超表面具有非常鲁棒的漫反射特性，既不依赖编码位又不受编码序列影响。

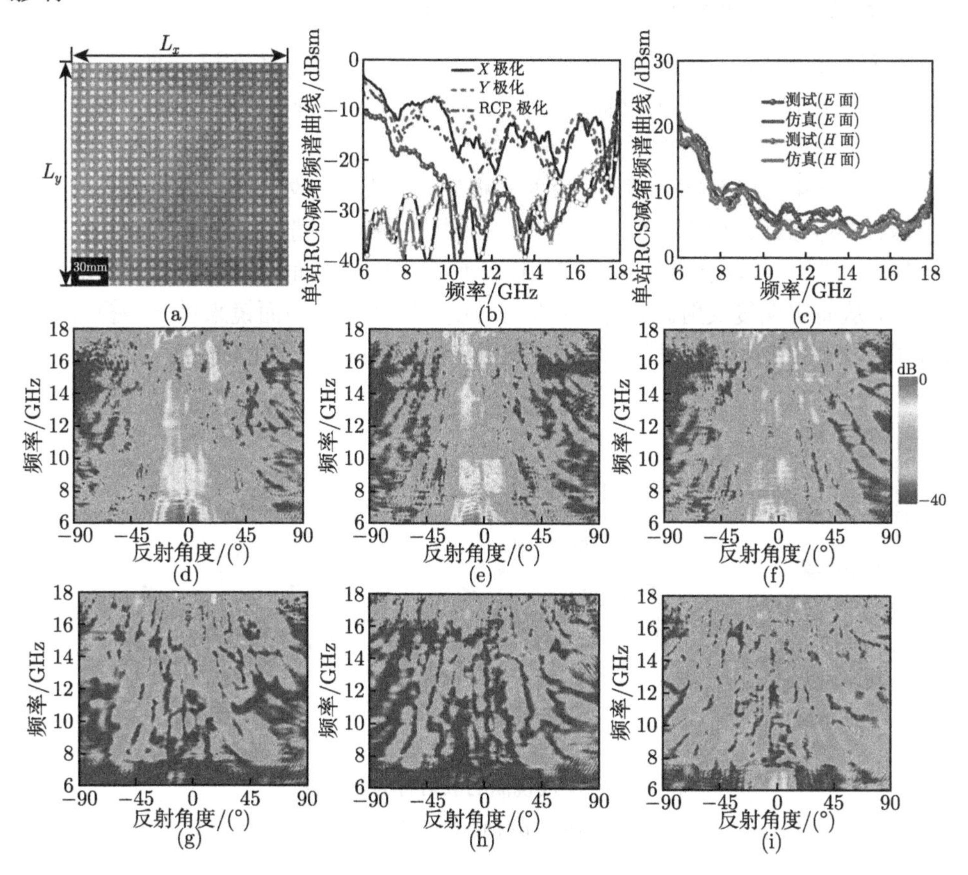

图 6-20 2 位抛物梯度超表面在 (d)，(g)x 极化、(e)，(h)y 极化与 (f)，(i)RCP 波极化下的测试漫反射特性

(a) 制作样品照片；(b) 垂直入射情形下主极化与交叉极化的单站 RCS 减缩频谱；(c)x 极化下 E 和 H 面内的仿真与测试总反射比较；垂直入射下 H 面内随频率和反射角变化的 (d)~(f) 主极化与 (g)~(i) 交叉极化分量 RCS 减缩，测试反射率以 1° 间隔记录在超表面上半空间 $-90° < \theta < 90°$，所有反射均对同样大小的金属背板进行归一化

综上，近场分布、远场散射方向图均表明抛物梯度超表面具有显著的超宽带均匀漫反射电磁隐身特性，该特性不依赖于超表面的编码序列和编码位，具有非常好的鲁棒性，工作带宽由单元结构和超表面子阵相位分布决定，几乎不受子阵的宏观排列和布局影响，同时收敛、发散抛物梯度超表面具有相同电磁散射特性。已有均匀子阵数字超表面的后向散射虽然较小，但其他方向上的散射依然较大，对于双站 RCS 探测依然存在很大的发现概率，为均匀打散电磁波并产生漫反射，需要精心优化并耗费大量时间，但带宽难于保证。

6.2.2　凸凹混合非等焦距抛物梯度数字超表面

下面在 6.2.1 节的基础上，继续探索一种新型抛物梯度数字超表面，力图进一步提升工作带宽。6.2.1 节抛物梯度超表面子阵的工作原理可以通过图 6-21 所示的散射示意图来理解，当平行光束垂直入射到水平镜面时，反射光将沿入射路径返回；当平行光束入射至凹面镜时，反射光将先会聚在焦点处，然后再从焦点处向四周发散；而当平行光束入射到凸面镜时，反射光束将直接散射到四周空间中。基于上述原理，我们可以设计超表面子阵相位，使得平面超表面具有抛物镜面的电磁散射行为，从而实现漫反射。那么，能否同时使用凹面镜和凸面镜来进一步提升漫反射效果和 RCS 减缩带宽呢？带着这个问题，我们开始了下面的研究。

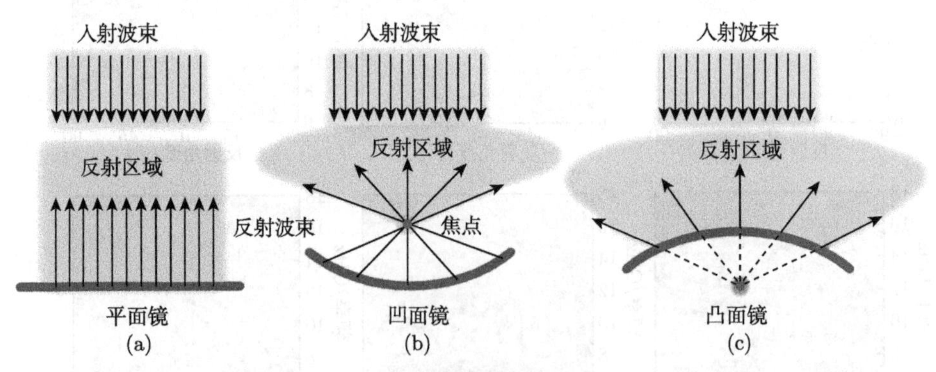

图 6-21　不同镜面的散射行为示意图

(a) 平面镜；(b) 凹面镜；(c) 凸面镜

根据光路轨迹追踪法，凹、凸面镜的抛物相位可以表示为

$$\phi_1(x,y) = -\frac{2\pi}{\lambda_0}\left(\sqrt{x^2+y^2+{L_1}^2}-L_1\right)+\phi_0 \tag{6-18a}$$

$$\phi_2(x,y) = -\frac{2\pi}{\lambda_0}\left(\sqrt{x^2+y^2+{L_2}^2}-L_2\right)+\phi_0 \tag{6-18b}$$

L_1 和 L_2 分别是凹面镜和凸面镜的焦距，ϕ_0 是抛物梯度的中心相位。为验证不同焦距抛物相位梯度引起的不同散射效果，设计了两个凹面镜超表面，两个超表面均由 35×35 个单层反射单元组成，焦距分别为 $0.1D(D=315\text{mm})$ 和 $0.5D$。如图 6-22 所示，仿真结果显示上述两个超表面均能在所设计中心频率处将电磁波打散。同时还可以看出，反射波束的张角和抛物梯度的焦距成反比，也就是说焦距越小，反射波束的张角越大，凸面抛物梯度超表面具有相似的散射行为。

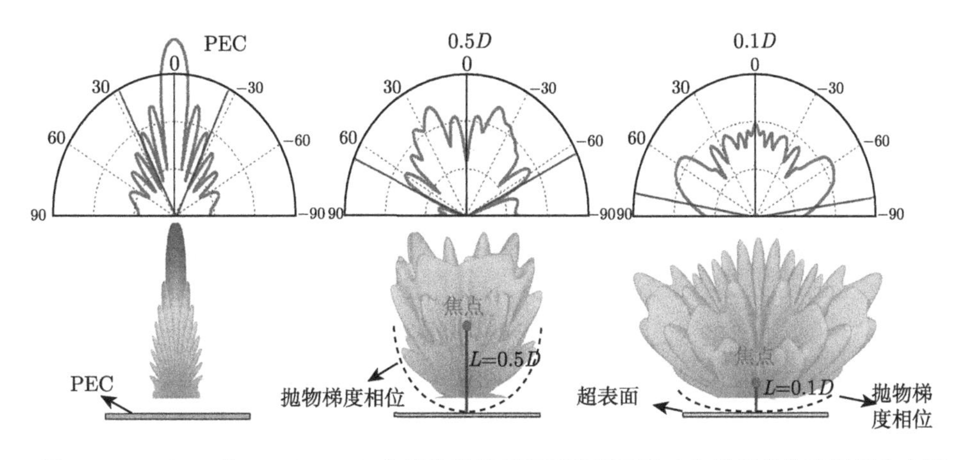

图 6-22 14GHz 处 $0.1D$，$0.5D$ 全抛物梯度超表面和相同尺寸金属板的仿真远场方向图

如图 6-23 所示，单层基本单元由最上层的金属结构，中层介质板和底层金属地板组成。上层金属结构由内外两个金属方环组成，如图 6-23(a) 所示。通过调整两个方形圆环的结构参数和间距可以在低、中、高频激发三个工作模式。例如，当参数 $a=7\text{mm}$ 时，单元分别在 7GHz、16GHz 和 22GHz 处谐振，如图 6-23(b) 所示，通过调整三个模式的频率间距，可级联形成一个宽频工作单元。图 6-23(c) 为单元工作模式下的金属方环电流分布，进一步验证了单元的多个谐振模式和宽带工作能力。此外，由于金属方环具有中心对称性，单元电磁特性具有很好的极化不敏感性。

如图 6-24 所示，建立了凸凹混合非等焦距抛物梯度数字超表面的三步设计方法。第一步，将整块超表面分成几十个具有相同焦距、相同凹凸属性的超表面子阵。第二步，将这些超表面子阵按照棋盘结构布局，使相邻抛物超表面子阵具有不同凹凸属性。第三步，随机赋予这些抛物单元不同焦距，以充分利用上文不同焦距产生不同散射效果的结论。通过该方法，可以将超表面的一致相位彻底打破，从而造成不规则均匀漫反射效果，以实现真正的隐身特性和超宽带工作能力 (10dB RCS 缩减带宽)。

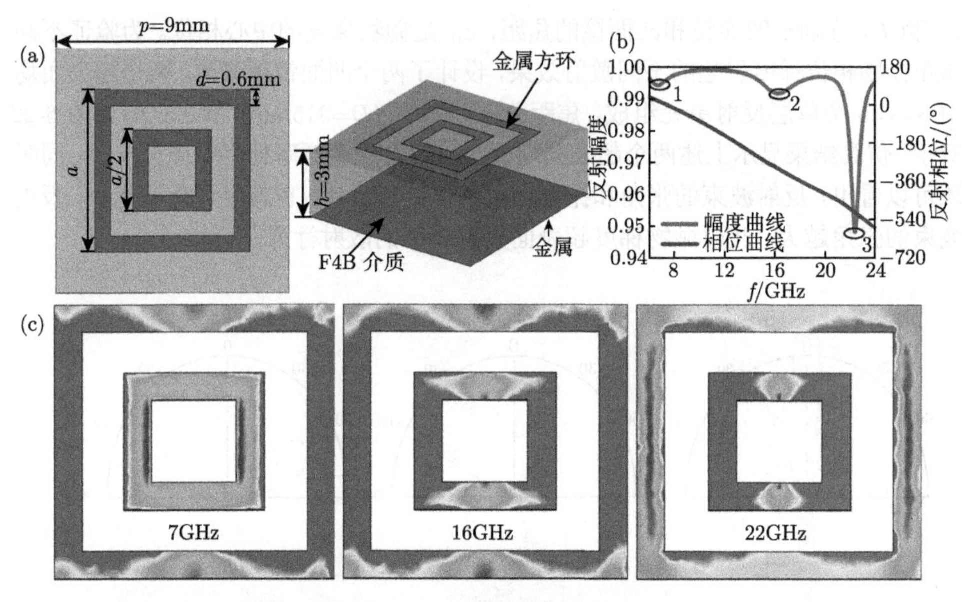

图 6-23　超表面基本单元的结构与电磁特性

(a) 单元结构示意图；(b) 单元幅度和相位响应曲线；(c) 单元在 3 种工作模式下的表面电流图

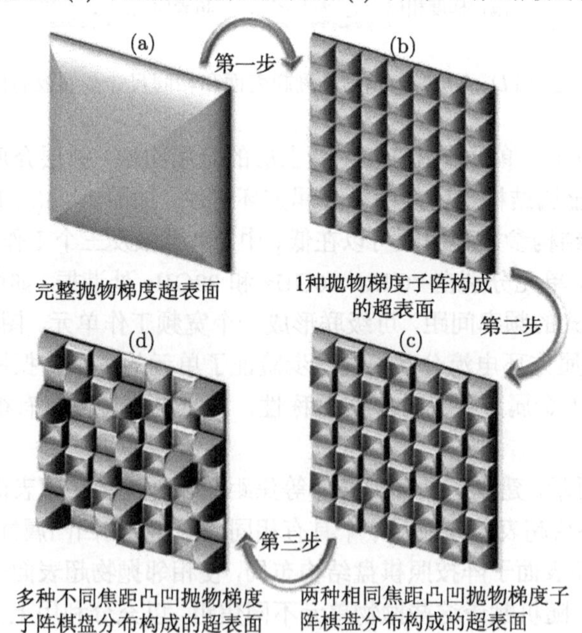

图 6-24　凸凹抛物梯度数字超表面设计步骤流程图

(a) 整块均匀超表面；(b) 由几十个子阵构成的超表面；(c) 不同凹凸属性超表面子阵构成的等焦距棋盘结构超表面；(d) 最终设计的具有随机焦距的棋盘结构超表面

每个超表面子阵的尺寸对整个超表面设计至关重要。对于特定大小的超表面，如果超表面子阵数量太少，那么每个子阵的尺寸就会很大，势必会影响散射效果和工作带宽，如 6.2.1 节讨论。相反，子阵尺寸过小，超表面散射特性将由子阵的全局排列方式决定，而不是由子阵自身的抛物相位梯度主导。因此，这里权衡考虑选择子阵的尺寸为 45mm×45mm(5×5 个基本单元)。焦距 L 的值是影响散射特性和带宽的另一个重要因素。为使超表面设计具有可操作性，选择四种不同焦距的超表面子阵 (5.5mm，10mm，17mm 和 22.5mm) 来构建整个超表面，其相位分布如图 6-25 所示。

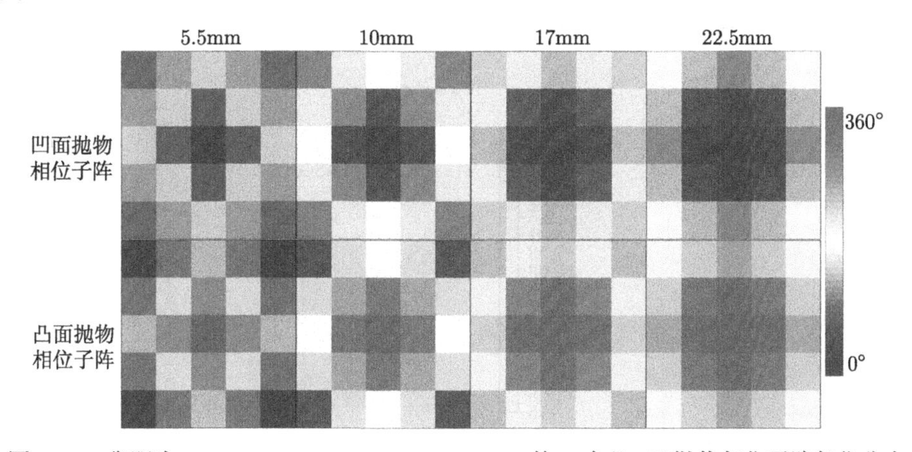

图 6-25 焦距为 5.5mm，10mm，17mm，22.5mm 的 8 个凸、凹抛物相位子阵相位分布

根据上述步骤，最终设计的超表面由 7×7 个超表面子阵组成，尺寸为 315mm×315mm。基于 CST 全波仿真对其散射特性和 RCS 缩减效果进行表征。如图 6-26 所示，在 8.2GHz，10.6GHz，15.2GHz 和 18.8GHz 处，三维远场散射方向图显示超表面可以有效地将反射波打散至空间各个方向，而面积相同的金属板散射完全集中于后向散射，能量非常大，与本书超表面漫反射效果形成鲜明对比。

图 6-27 进一步给出了单站和双站 RCS 减缩曲线图。如图 6-27 所示，本书凸凹混合非等焦距抛物梯度数字超表面具有很宽 RCS 减缩工作带宽，10dB RCS 减缩绝对带宽达 8~22GHz，相对带宽达 93.3%。同时，从双站 RCS 曲线图还可以看出，与理想金属板相比，本书超表面的散射峰值显著降低，验证了所设计超表面的双站 RCS 缩减特性和均匀漫反射特性。

为深入揭示凸凹抛物梯度数字超表面实现漫反射行为的工作机制，图 6-28 给出了超表面的仿真电场和表面电流分布。可以看出，全抛物梯度超表面会先聚焦波束在一点，然后进行发散，这和图 6-21 所示结果一致。而棋盘格编码抛物梯度数字超表面继承了全抛物梯度超表面的波束发散特性，更重要的是能产生不规则电流分布，从而打散了波前一致的等相位面。

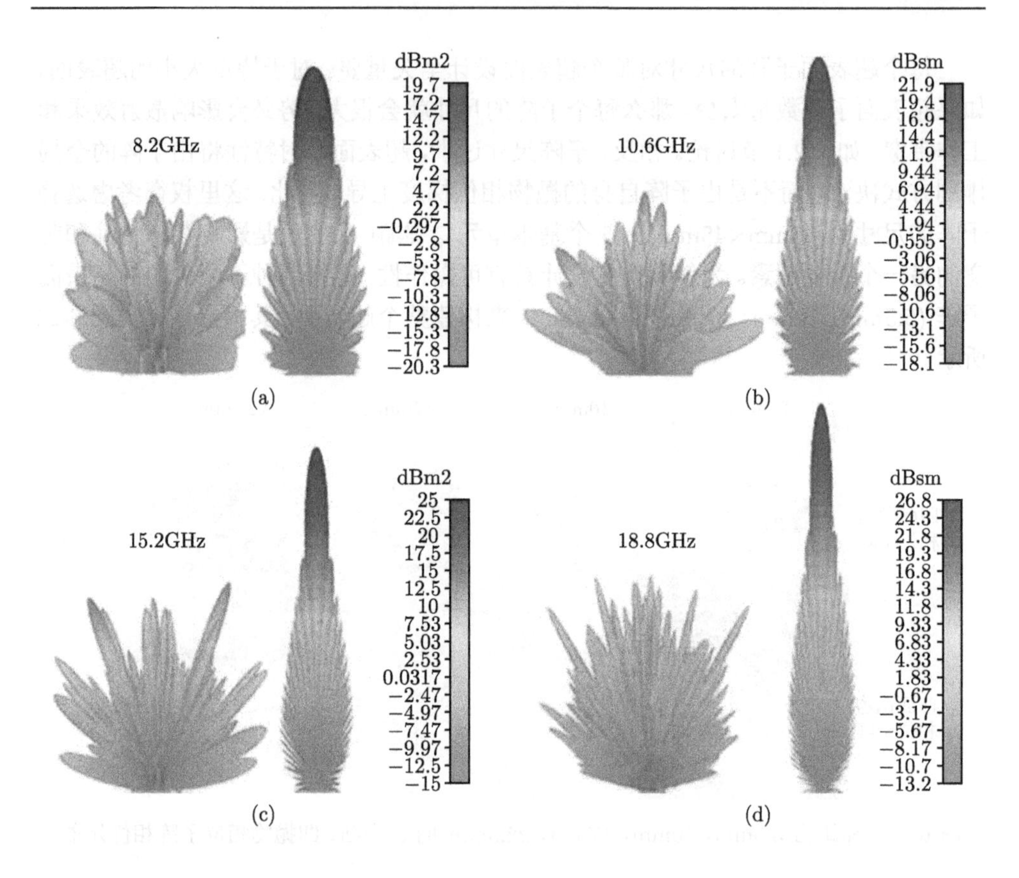

图 6-26　不同频率处凸凹抛物梯度数字超表面和具有相同尺寸金属板的仿真 3D 远场图

(a)8.2GHz；(b)10.6GHz；(c)15.2GHz；(d)18.8GHz

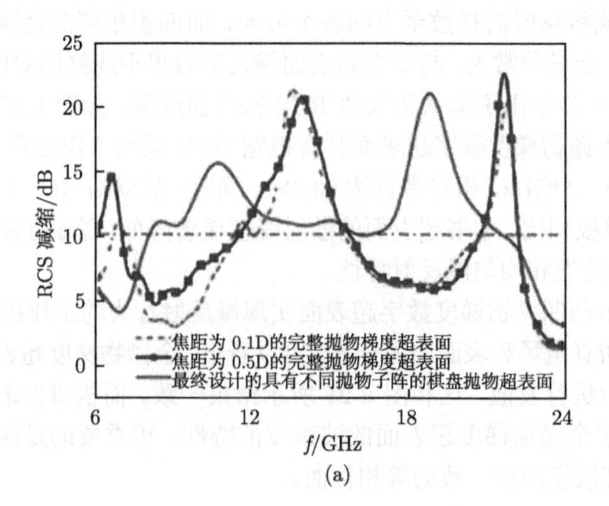

(a)

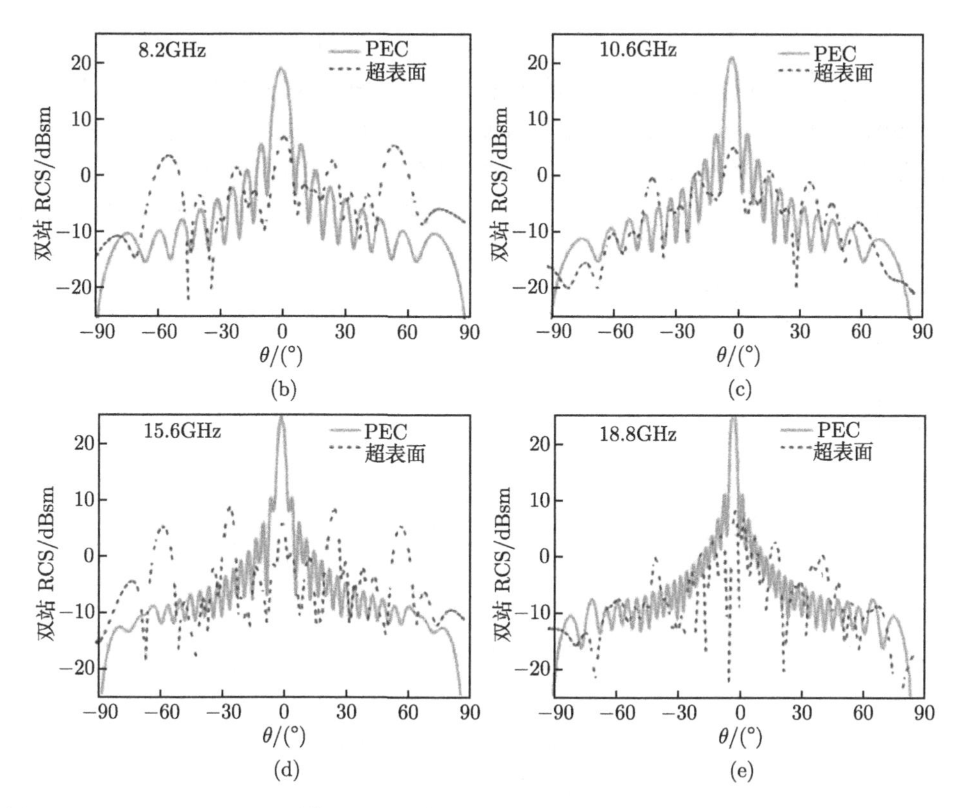

图 6-27 (a)0.1D，0.5D 和最终凸凹抛物梯度数字超表面的 RCS 仿真带宽曲线；(b)8.2GHz，(c)10.6GHz，(d)15.6GHz 和 (e)18.8GHz 处超表面和相同尺寸金属板的仿真双站 RCS 对比图

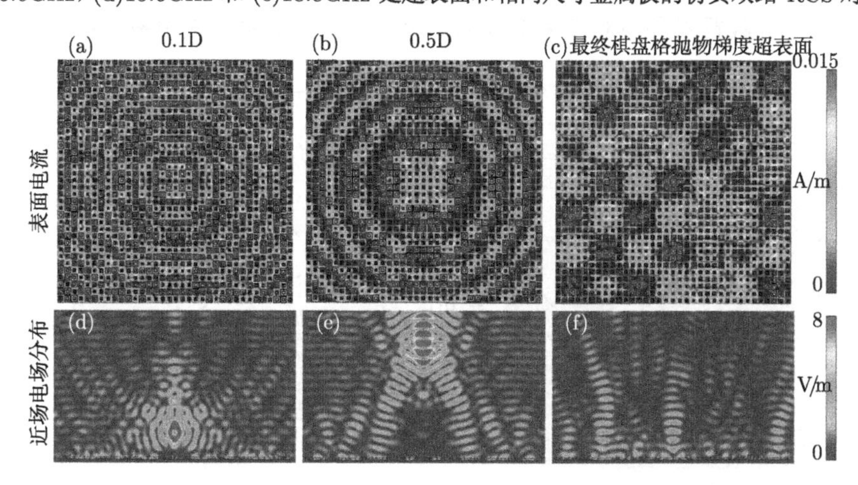

图 6-28 14GHz 处不同情形下抛物梯度超表面的仿真 (a)，(b)，(c) 电流分布与 (d)，(e)，(f) 电场分布

(a)，(d)0.1D 和 (b)，(e)0.5D 全抛物梯度超表面；(c)，(f) 最终棋盘格凸凹抛物梯度超表面

由于超表面单元关于中心对称，所以超表面的散射行为应该具有极化波不敏感特性。为进行验证，在 x、y 极化波激励下对超表面的 RCS 减缩频谱曲线进行仿真，如图 6-29(a) 所示。仿真结果显示两种情形下 RCS 减缩频谱曲线基本重合，证明了所设计超表面的极化不敏感性。同时，对不同入射角下超表面的 RCS 减缩频谱曲线仿真，如图 6-29(b) 所示。可以看出，虽然随着角度的增大带宽和缩减幅度略有下降，但即使入射角达到 45°，RCS 缩减依然优于 7.9dB，证实了所设计超表面具有宽角度入射特性。

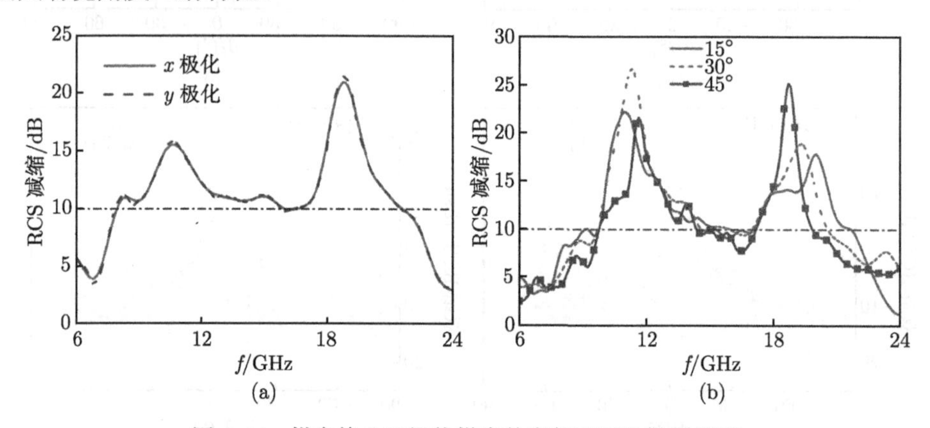

图 6-29　棋盘格凸凹抛物梯度数字超表面的散射频谱

(a) 不同极化情况时的 RCS 仿真曲线；(b) 不同入射角度下的 RCS 仿真曲线

为进行实验验证，加工了一个超表面样品并进行实验表征，样品如图 6-30(a) 所示。为了屏蔽背景环境对结果造成的影响，在微波暗室中采用喇叭在各个角度

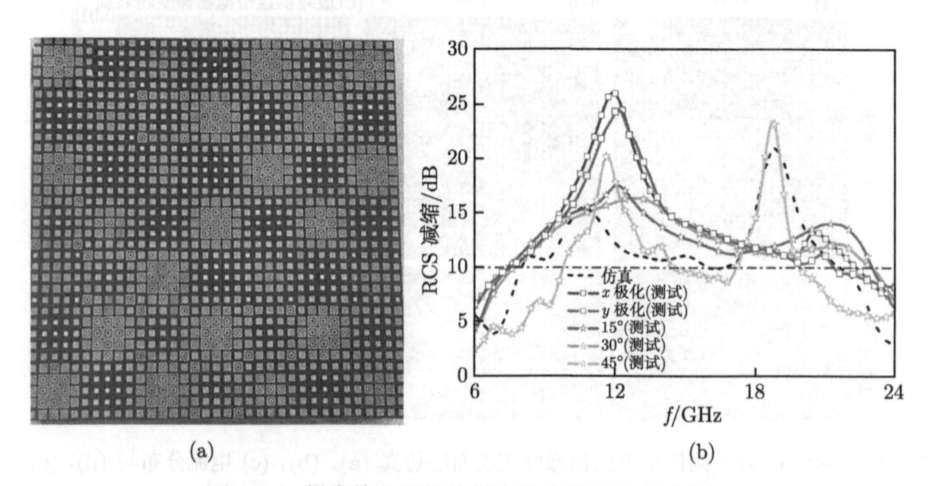

图 6-30　棋盘格凸凹抛物梯度数字超表面实验表征

(a) 超表面加工样品；(b) 不同极化、入射角情形下仿真测试 RCS 减缩频谱对比图

上对散射能量进行测试。仿真、测试 RCS 减缩频谱曲线如图 6-30(b) 所示。可以看出，当入射角为 0° 时本书凸凹抛物梯度数字超表面测试 10dB RCS 带宽达到了 102.7%。即使入射角为 45° 时，9.9~20.2GHz 范围内超表面依然满足 8.4dB 的 RCS 缩减，证实了超表面的宽带特性和宽角度入射特性。

6.3 螺旋编码超表面设计与超宽带、极化不敏感 RCS 减缩

不同于以往基于奇异波束偏折和表面波转化的 RCS 减缩方法，本节提出基于多种线性相位梯度超单元的螺旋编码来解决双站 RCS 检测下的电磁隐身难题，使得入射电磁波入射到超表面后能在各个方向上将电磁散射能量均匀打散在各个方向上；同时利用旋转对称单元实现 RCS 减缩超表面的极化不敏感性问题，使得 RCS 减缩特性不随入射波极化变化而改变，可以是不同极化角的线极化波；最后通过多模级联来实现 RCS 减缩超表面的超宽带工作。本节超宽带、极化不敏感 RCS 减缩特性无需优化，具有鲁棒性好、易加工和厚度薄等优异特性。

6.3.1 宽带、极化不敏感单元与超单元设计

宽带、极化不敏感 RCS 减缩超表面设计的首要问题是设计具有宽频工作和极化不敏感特性的超表面单元，其基本理论依据是：由系列单元构成超表面的群集响应会继承单元的宽带、极化不敏感特性。根据极化转化相关领域知识，要想获得极化不敏感特性，单元必须具有四重旋转对称特性。同时为获得宽频特性，单元反射幅度必须接近 1，相位响应在很宽频率范围内具有线性度好、品质因数低等优异特性。

根据上述分析，我们设计了一种由内部矩形谐振环和外部耶路撒冷十字金属结构组成的多模反射单元结构，如图 6-31 所示。整个单元由上层金属结构、中层介质板和底层金属地板组成，其中介质板采用环氧玻璃布板，其介电常数 $\varepsilon_r=4.3$，电正切损耗 $\tan\sigma=0.001$，厚度为 $h=2\text{mm}$，单元周期为 $p=6\text{mm}$，金属铜箔厚度为 0.036mm。当电磁波垂直入射时，y、x 极化电场作用下会在平行于极化方向上的金属细贴片上产生感应电流，而金属背板与上层结构的耦合作用使得金属背板产生反向电流，介质板中产生位移电流，感应电流和位移电流最终形成闭合回路并产生磁谐振。而上层金属结构与地板的耦合可产生谐振于不同频率的多个不同局域磁谐振回路，即多个磁谐振模式，利用多模级联思想打开单元在边缘频率处的相位，提高单元相位的线性度和随结构参数的相位变化范围 (覆盖大于 360°)，从而最终达到拓展单元工作带宽的目的。同时由于单元具有旋转对称特性，y、x 不同极化电磁波照射到超表面时会产生相同的电磁响应和相似的散射频谱，因此单元电磁散射响应对 y、x 线极化波具有极化不敏感性。

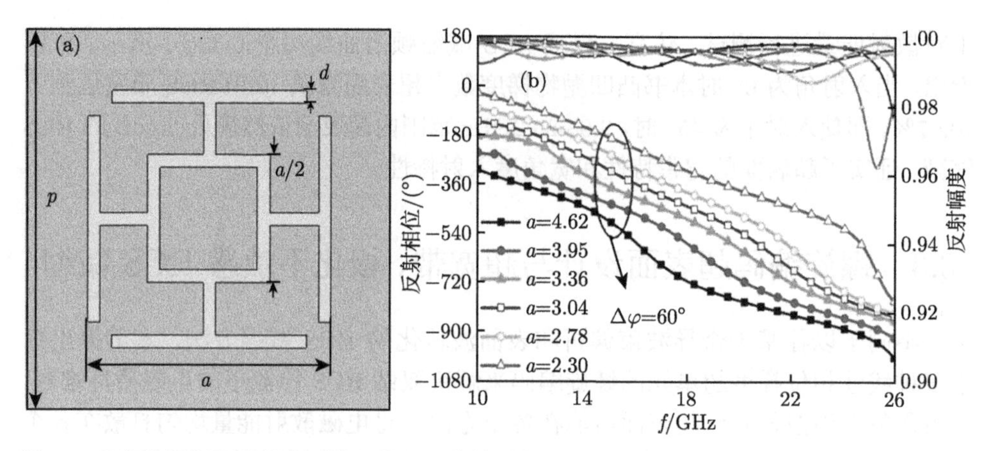

图 6-31　多模谐振级联超表面单元的 (a) 结构图与 (b) 不同尺寸 a 下单元的反射相位频谱图

为使单元相位特性达到最宽，利用商业仿真软件 CST 对单元结构参数进行优化，控制 y、x 极化下各谐振模式的频谱位置从而调谐整个单元的反射相位，使得各谐振模式合理级联，获得 360° 相位覆盖、最佳线性度和宽带相位响应。谐振环和耶路撒冷结构的宽度为 d=0.2mm。通过改变整个金属结构尺寸 a 而保持其他参数不变来获得各单元所需相位梯度。最终超单元由 6 种不同尺寸 a 的单元组成，相位梯度设计在 f_0=15 GHz 处，相位梯度为 60°，6 种单元对应的相位分别为 0°、60°、120°、180°、240° 和 300°，达到了 0° 到 360° 相位覆盖。通过合理选取 6 种单元的尺寸 a，使得各单元的相位特性曲线在 f_0 附近很宽的带宽范围内具有完美的平行度，如图 6-31(b) 所示。最终确定构成线性梯度超单元的 6 种不同单元的结构尺寸分别为 a=4.62mm、3.95mm、3.36 mm、3.04mm、2.78mm 和 2.3mm。

有了基本单元，我们可以基于广义 Snell 反射定律设计任意线性梯度的超单元。$\theta_{\mathrm{i}}=0°$ 时广义 Snell 反射定律如图 6-32 所示，根据广义 Snell 反射定律，当入射波以角度 θ_{i} 入射到超表面时反射主波束的俯仰角 θ_{r} 和方位角 φ_{r} 由下式决定：

$$\theta_{\mathrm{r}}=\arcsin\frac{\sqrt{(k_{\mathrm{i}}\sin\theta_{\mathrm{i}}+\nabla\varphi_x)^2+(k_{\mathrm{i}}\sin\theta_{\mathrm{i}}+\nabla\varphi_y)^2}}{k_0} \tag{6-19}$$

$$\varphi_{\mathrm{r}}=\arctan\frac{k_{\mathrm{i}}\sin\theta_{\mathrm{i}}+\nabla\varphi_y}{k_{\mathrm{i}}\sin\theta_{\mathrm{i}}+\nabla\varphi_x} \tag{6-20}$$

其中 $k_{\mathrm{i}}=\dfrac{2\pi}{\lambda_0}$ 是入射电磁波在真空中的波失；$\nabla\varphi_x=\dfrac{\Delta\varphi_x}{p}$、$\nabla\varphi_y=\dfrac{\Delta\varphi_y}{p}$ 分别为二维平面上 x、y 方向的相位梯度，$\Delta\varphi_x$、$\Delta\varphi_y$ 分别为 x、y 方向上相邻单元之间的相位差，p 为单元周期。上式表明通过合理设计 x、y 方向上的相位梯度，可以任意操控超表面的梯度波矢 k_{a}。而异常反射波矢 k_{r} 是镜反射波矢 k_{r0} 与梯度波矢 k_{a} 的合成，因此通过操控 k_{a} 可以进一步任意操控反射波束的偏折方向 (波束指向)。

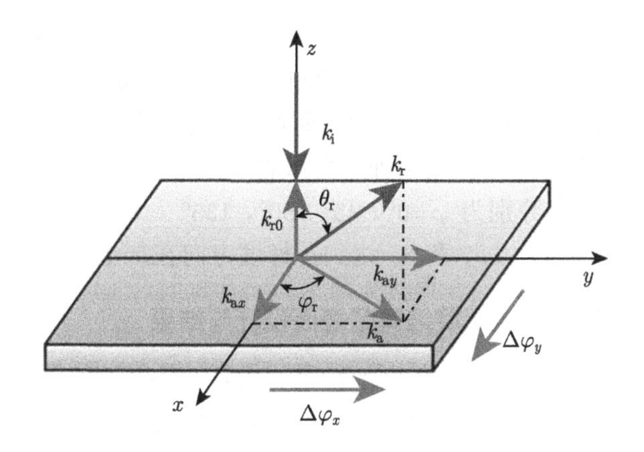

图 6-32 电磁波垂直入射时广义 Snell 反射定律示意图

根据上述理论分析，分别设计了一维梯度超单元和二维梯度超单元。每个线性超单元为二维有限尺寸结构，由 6×6 个具有不同尺寸的上述人工电磁结构单元按线性梯度构成，均完全覆盖 360°，如图 6-33(a) 所示，一维梯度超单元中，相位梯

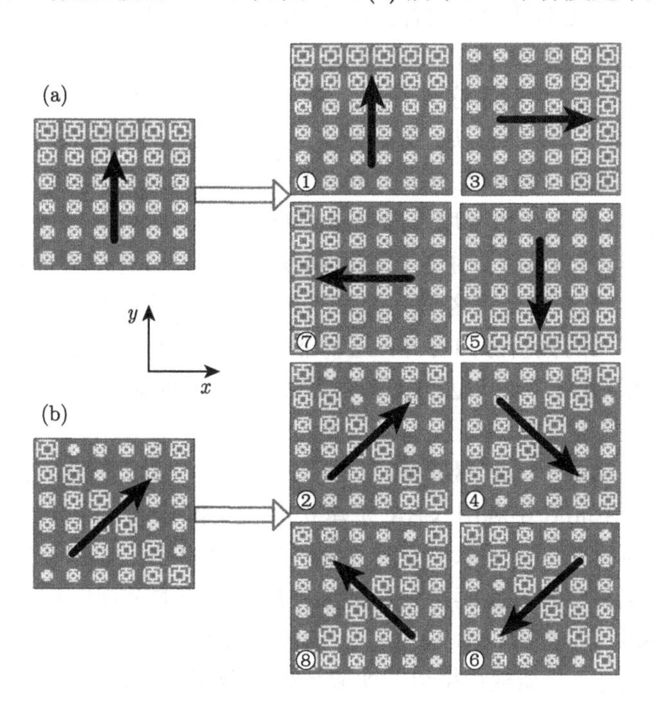

图 6-33 双谐振单元构成的 (a) 一维与 (b) 二维线性梯度相位超单元

其中序号为③，⑤，⑦的超单元表示由超单元①的梯度方向依次旋转 $\pi/4$，序号为④，⑥，⑧的超单元则表示由超单元②的梯度方向依次旋转 $\pi/4$

度仅存在于 x 方向且 $\Delta\varphi_x$ 为 60°，y 方向 $\Delta\varphi_y$ 为 0°。此时梯度方向为 x 方向；二维梯度超单元中，见图 6-33(b)，相位梯度同时存在于 x、y 方向，且 $\Delta\varphi_x$ 和 $\Delta\varphi_y$ 均为 60°。此时梯度方向为 φ=45° 方向。通过对上述一维、二维超单元分别进行 90°、180° 和 270° 旋转，可以生成另外 6 种线性梯度方向不同的超单元，最终获得的 8 种超单元梯度方向分别为 φ=0°、45°、90°、135°、180°、225°、270° 和 315°，依次编号为 1、2、3、4、5、6、7 和 8，达到了梯度方向在二维平面内的 360° 覆盖。

6.3.2 超宽带、极化不敏感螺旋编码超表面设计与结果

下面我们基于 8 种偏折方向不同的超单元来设计合成具有有限尺寸的螺旋编码超表面，最终实现宽带、极化不敏感 RCS 减缩特性。首先确定超表面的尺寸，也即超单元的数量。这里为便于设计，超表面采用方形布局，即 x、y 方向的超单元数量 L 和 M 相同。综合衡量计算时间、样品制作成本与超表面有限尺寸对 RCS 减缩特性的影响，这里超表面中超单元的数量为 $L\times M$=8×8，尺寸为 288mm×288mm。其次确定编码序列，即 8×8 个超单元的排列方式。为最大程度地打散入射电磁波，减小目标在各角度上的散射强度从而降低双站 RCS 检测下的雷达发现概率，超表面中任意相邻超单元的梯度方向各异。基于这种考虑，提出了一种由外而内的单螺旋循环排列方式，即 1234567812345678···，如图 6-34(b) 所示，数字序列代表不同超单元，与图 6-33 中数字序列对应。最终螺旋编码 RCS 减缩超表面的梯度方向分布如图 6-34(a) 所示，箭头代表超单元的梯度方向，通过这种排列方式设计的超表面保证了任意相邻超单元梯度方向各异，从而可以最大限度破坏超表面一致散射的等相位面，达到最大限度打散电磁波的目的。一方面，8 种超单元的偏折方向各异，当平面波垂直照射到由这些相位梯度超单元构成的超表面上时，根据广义 Snell 反射定律，反射波会被这些不同偏折方向的超单元打散；另一方面，螺旋编码使得相邻超单元的偏折方向各异，这种非周期性的排列方式可以使反射波进一步打散，从而实现散射特性以及 RCS 缩减功能，同时螺旋编码使得超单元的排列方式有章可循，是确定的。

根据超单元和超单元单螺旋循环排列方式并通过寻根算法，在商业仿真软件 CST Microwave Studio 中利用 VBA 宏建立由 48×48 个基本单元组成的螺旋编码超表面结构。为验证本发明单螺旋循环编码超表面的优异散射特性，对超表面的散射频谱进行电磁仿真并将其结果与不采用螺旋编码的常规线性相位梯度超表面 (各超单元的梯度方向如图 6-34(c) 所示) 的散射特性进行对比，为公平比较，两种情形下超表面尺寸、介质板规格以及实验条件完全相同。仿真过程中沿 x、y、z 方向的 6 个边界均采用开放边界条件，平面波沿 z 方向垂直入射，分别使用 x、y 极化的线极化波进行垂直照射。如图 6-34(d) 所示，与常规线性相位梯度超表面相比，螺旋编码超表面的后向 RCS 在 14~22GHz 范围内显著减小。

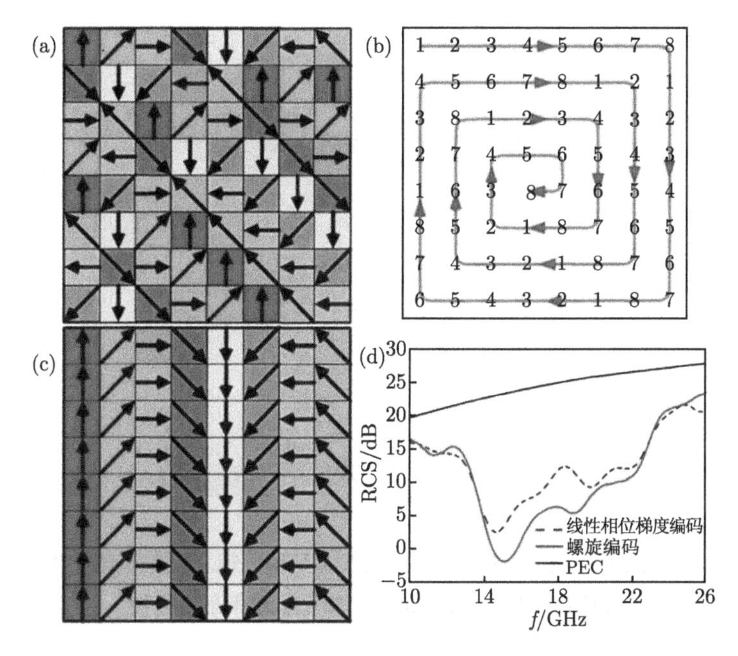

图 6-34 (a) 单螺旋循环编码超表面中各超单元的梯度方向图；(b) 单螺旋循环编码超表面的序列编码图；(c) 线性相位梯度超表面中各超单元的梯度方向图；(d)x、y 极化电磁波照射下单螺旋循环编码超表面的 RCS 频谱曲线图

为验证超表面的双站 RCS 减缩特性，对远区散射场进行仿真，得到超表面的三维散射方向图。图 6-35 分别给出了等尺寸理想金属板、线性相位梯度超表面和单螺旋循环编码超表面在 15.2GHz、18.2GHz 和 22GHz 处的远区三维散射方向图。可以看出，与金属板的镜像强散射相比，单螺旋循环编码超表面能完美地将反射电磁波均匀打散在空间各个方向上，散射能量在各角度上得到了最大平滑和均一化。实现了良好的均匀漫反射特性，而线性相位梯度超表面的散射波主要分布于 3 个方向，对应于 $n=-1$，n=0 和 n=+1 三个散射模式，三个强散射模式的存在使得线性相位梯度超表面在该三个方向上极易被敌方雷达检测发现，不具有隐身特性。

为解释本发明单螺旋循环编码超表面的均匀漫反射机理，图 6-36 给出了单螺旋循环编码超表面与线性相位梯度超表面在 15.2GHz 处的表面电流分布和电场分布。可以看出，单螺旋循环编码超表面比线性相位梯度超表面具有更加碎片化、杂乱无章的电流和近场分布，表明前者的散射一致等相位面被彻底破坏，解释并进一步验证了本发明超表面具有显著打散散射电磁波和均一化空间散射场的能力，而相反线性相位梯度超表面具有比较明显的等相位面，解释了空间特定方向上的强散射。

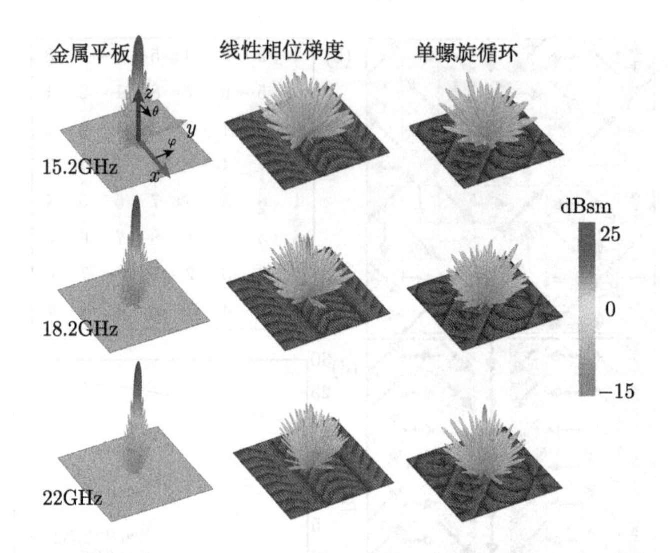

图 6-35　金属平板、线性相位梯度和单螺旋循环编码超表面在垂直入射情形下 15.2GHz、18.2GHz 和 22GHz 的三维散射方向图

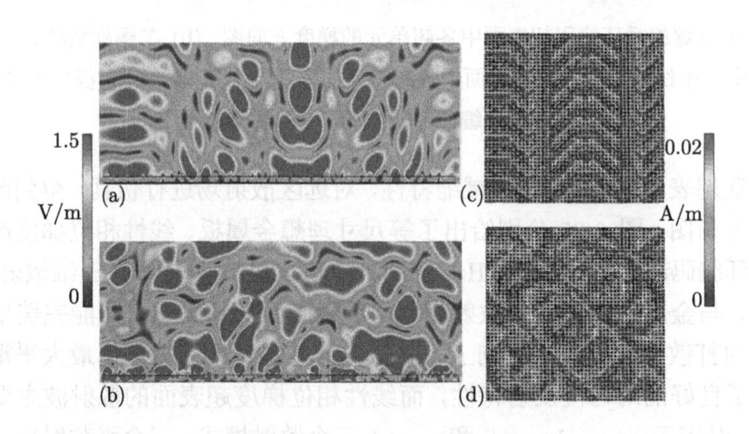

图 6-36　垂直入射下 (b)，(d) 单螺旋循环编码超表面和 (a)，(c) 线性相位梯度超表面的 (a)，(b) 近场分布和 (c)，(d) 表面电流分布

图 6-37 给出了电磁波垂直入射时 $\varphi=0°$，45°，90° 和 135° 平面内的双站仿真 RCS 仿真曲线图。可以看出，$\varphi=0°$ 面内线性相位梯度超表面的最高副瓣值出现在 −31.5°，为 6.49dB，而螺旋编码超表面的最高副瓣值出现在 +34°，为 4.89dB，峰值缩减 1.6dB；$\varphi=90°$ 面内线性相位梯度超表面的最高副瓣值出现在 +36.5°，为 6.16dB，而螺旋编码超表面的最高副瓣出现在 +34°，为 3.35dB，峰值缩减为 2.81dB，$\varphi=45°$ 和 135° 面内具有相似的散射特性。

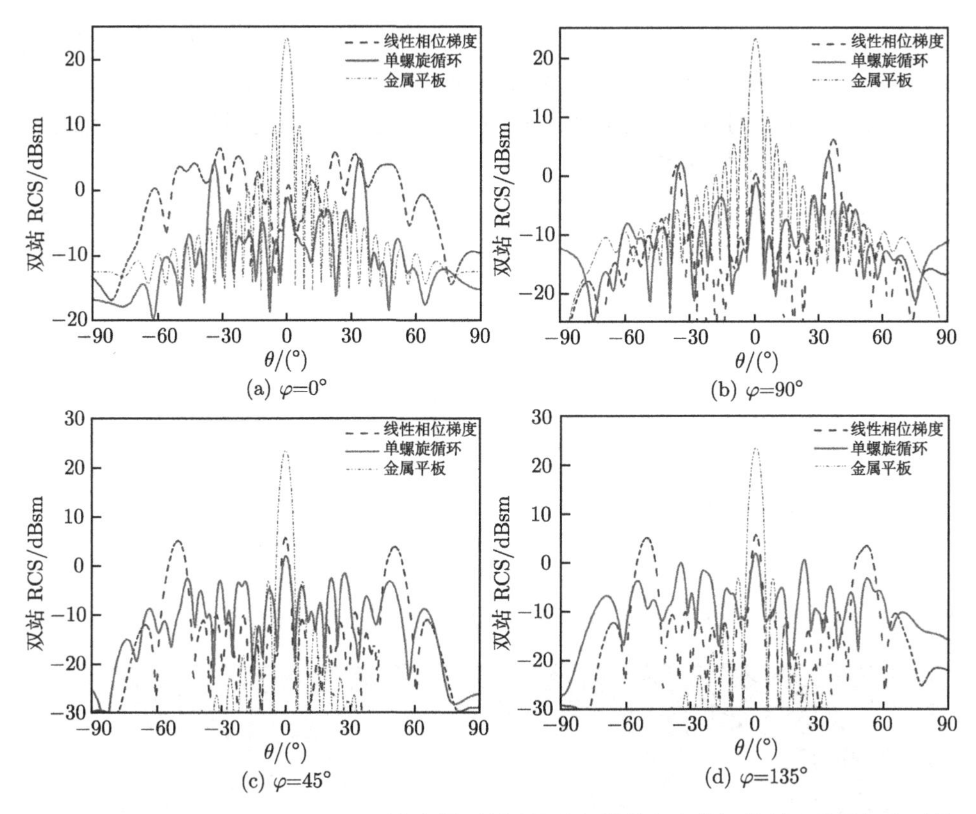

图 6-37 φ=0°，45°，90°，135° 面内金属平板、线性相位梯度和单螺旋循环编码超表面的双站 RCS 分布图

如图 6-38 所示，无论是 x 极化波还是 y 极化波激励，单螺旋循环编码超表面均能很好地降低后向 RCS，具有几乎完全相同的散射频谱响应，验证了本发明超表面的极化不敏感特性。同时，RCS 减缩频谱结果显示单螺旋循环编码超表面在 13~23GHz 范围内具有优异的 RCS 缩减特性，RCS 减缩值均超过 10dB。

为进一步验证本发明方法打散电磁波和实现超宽带 RCS 缩减的能力，加工了一块面积为 288mm×288mm 的单螺旋循环编码超表面样品并在微波暗室中对其散射强度进行了测量。由于被测频段较宽，采用两组共组于不同频段的线极化喇叭对样品的散射强度进行测试。第一组线极化收发喇叭工作于 10~18GHz，第二组线极化收发喇叭工作于 18~26GHz。测试时发射、接收喇叭与待测样品置于同一高度。另外，为衡量超表面在大角度入射情形下 RCS 减缩的鲁棒性，对样品在不同角度斜入射时的散射波也进行了测试。如图 6-39 所示，测试结果与图 6-38 显示的仿真结果吻合良好，所有情形下，超表面均能很好地实现宽带 RCS 缩减。当入射角为 0° 时，螺旋编码超表面的 10dB RCS 缩减仿真带宽为 13~23GHz，测试带宽为 12.2~23.4GHz；入射角为 30° 时，10dB 仿真带宽为 13~23.2GHz，测试带宽为 11~23GHz；入射角为 60° 时，RCS 减缩性能有下降，但均满足 8.7dB 且仿真带宽达 13.2~23.2GHz，测试带宽达到 12~23GHz，超表面依然具有很好的 RCS 缩减特性，对入射角具有很好的鲁棒性。

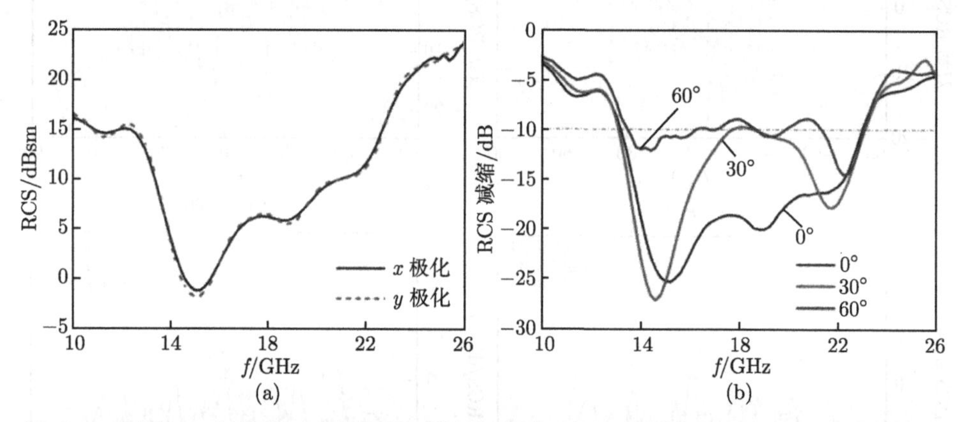

图 6-38　不同 (a) 极化和 (b) 角度斜入射时螺旋编码超表面的仿真后向 RCS 减缩频谱图

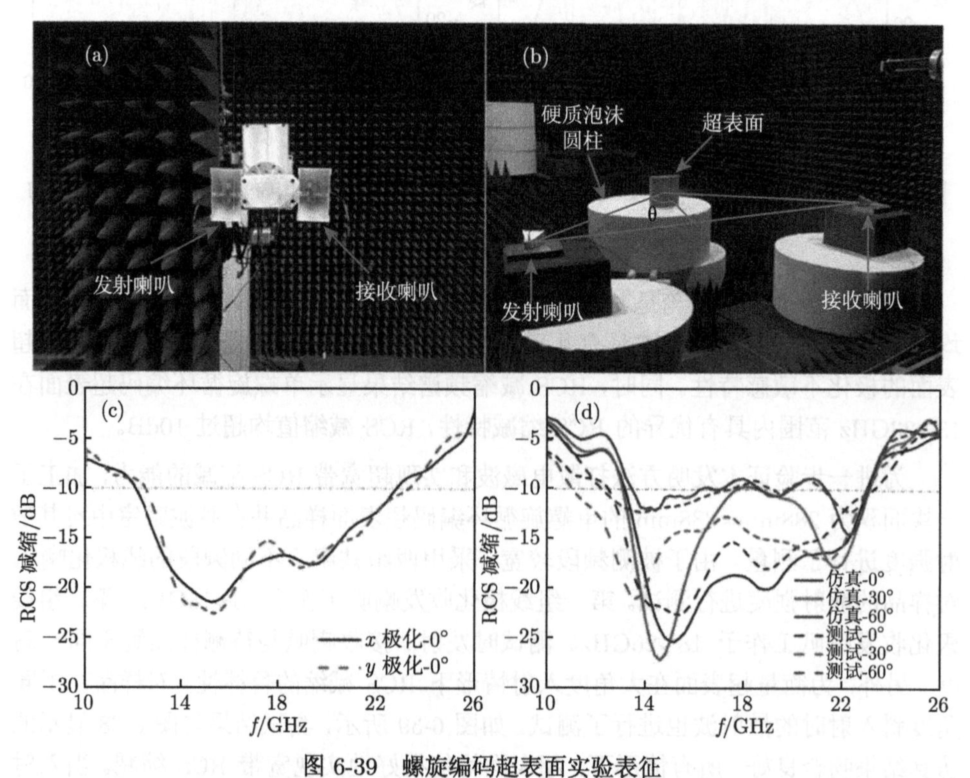

图 6-39　螺旋编码超表面实验表征

(a), (b) 实验装置；不同 (c) 极化和 (d) 角度斜入射时超表面的测试后向 RCS 减缩频谱图

综上，近场分布、远场散射方向图与 RCS 减缩频谱均显示单螺旋循环编码超表面的超宽带、极化不敏感 RCS 减缩特性和均匀打散电磁波能力，上述特性和能力在超过 60° 的大入射角情形下依旧保持得很好。相比于随机编码超表面的耗时优化设计，单螺旋循环编码超表面具有厚度薄、超宽带工作、大角度入射、极化不敏感、易加工等优异特性，同时设计方法简单高效、效果明显、无需优化，解决了现有 RCS 减缩超表面设计需要大量优化而引起的设计效率问题，在雷达电磁隐身领域具有潜在应用前景。

参考文献

[1] Veselago V G. The electrodynamics of substances with simultaneously negative values of ϵ and μ. Soviet Physics Uspekhi, 1968, 10(4): 509-514.

[2] Shelby R A, Smith D R, Schultz S. Experimental verification of a negative index of refraction. Science, 2001, 292(6): 77-79.

[3] Pendry J B. Negative refraction makes a perfect lens. Phys. Rev. Lett., 2000, 85(18): 3966-3969.

[4] Smith D R, Mock J J, Starr A F, et al. Gradient index metamaterials. Phys. Rev. E, 2005, 71: 036609.

[5] Smith D R, Schultz S, Markos P, et al. Determination of effective permittivity and permeability of metamaterials from reflection and transmission coefficients. Phys. Rev. B, 2002, 65(19): 195104.

[6] Pendry J B, Schurig D, Smith D R. Controlling electromagnetic fields. Science, 2006, 312: 1780-1782.

[7] Xu H X, Wang G M, Tao Z, et al. High-directivity emissions with flexible beam numbers and beam directions using gradient-refractive-index fractal metamaterial. Sci. Rep., 2014, 4: 5744.

[8] Xu H X, Wang G M, Ma K, et al. Superscatterer illusions without using complementary media. Adv. Opt. Mater., 2014, 2(6): 572-580.

[9] Engheta N. Antenna-guided light. Science, 2011, 334: 317.

[10] Yu N F, Genevet P, Kats M A, et al. Light propagation with phase discontinuities: generalized laws of reflection and refraction. Science, 2011, 334: 333-337.

[11] Glybovski S B, Tretyakov S A, Belov P A, et al. Metasurfaces: from microwaves to visible. Physics Reports, 2016, 634: 1-72.

[12] Holloway C L, Kuester E F, Gordon J A, et al. An overview of the theory and applications of metasurfaces: the two-dimensional equivalents of metamaterials. IEEE Antennas and Propagation Magazine, 2012, 54(2): 10-35.

[13] Shadrivov I V, Morrison S K, Kivshar Y. Tunable split-ring resonators for nonlinear negative-index metamaterials. Opt. Express, 2006, 14(20): 9344-9349.

[14] Chen H, Wu B, Ran L, et al. Controllable left-handed metamaterial and its application to streerable antenna. Appl. Phys. Lett., 2006, 89(5): 053509.

[15] Zhu H L, Liu X H, Cheung S W, et al. Frequency-reconfigurable antenna using metasurface. IEEE Trans. Antennas Propag., 2014, 62: 80-85.

[16] Hum S V, Perruisseau-Carrier J. Reconfigurable reflectarrays and array lenses for dynamic antenna beam control: a review. IEEE Trans. Antennas Propag., 2014, 62(1): 183-198.

[17] Chang T, Langley R, Parker E. An active square loop frequency selective surface. IEEE Microwave and Guided Wave Letters, 1993, 3(10): 387-388.

[18] Wang J F, Qu S B, Xu Z, et al. A controllable magnetic metamaterial: split-ring resonator with rotated inner ring. IEEE Trans. Antennas Propag., 2008, 56: 2018-2022.

[19] Diaz-Rubio A, Torrent D, Carbonell J, et al. Extraordinary absorption by a thin dielectric slab backed with a metasurface. Phys. Rev. B, 2014, 89: 245123.

[20] Shin D, Urzhumov Y, Jung Y, et al. Broadband electromagnetic cloaking with smart metamaterials. Nat. Commun., 2012, 3: 1213.

[21] Ma G, Yang M, Xiao S, et al. Acoustic metasurface with hybrid resonances. Nature Mater., 2014, 13: 873-878.

[22] Ekmekci E, Topalli K, Akin T, et al. A tunable multi-band metamaterial design using micro-split SRR structures. Opt. Express, 2009, 17(18): 16046-16058.

[23] Vallecchi A, Langley R J, Schuchinsky A G. Voltage controlled intertwined spiral arrays for reconfigurable metasurfaces. Int. J. Antenn. Propag., 2014: 171637.

[24] Krishna S, Shrekenhamer D, Montoya J, et al. Four-color metamaterial absorber THz spatial light modulator. Adv. Optical Mater., 2013, 1: 905-909.

[25] Yoo M, Lim S. Active metasurface for controlling reflection and absorption properties. Appl. Phys. Express, 2014, 7: 112204.

[26] Goldflam M D, Liu M K, Chapler B C, et al. Voltage switching of a VO_2 memory metasurface using ionic gel. Appl. Phys. Lett., 2014, 105: 041117.

[27] Ma F S, Lin Y S, Zhang X H, et al. Tunable multiband terahertz metamaterials using a reconfigurable electric split-ring resonator array. Light: Sci. Appl., 2014, 3: e171.

[28] Kaina N, Dupre M, Fink M, et al. Hybridized resonances to design tunable binary phase metasurface unit cells. Opt. Express, 2014, 22: 18881-18888.

[29] Masud M M, Ijaz B, Ullah I, et al. A compact dual-band EMI metasurface shield with an actively tunable polarized lower band. IEEE Trans. Electromagn. Compat., 2012, 54(5): 1182-1185.

[30] Wakatsuchi H, Kim S, Rushton J J, et al. Circuit-based nonlinear metasurface absorbers for high power surface currents. Appl. Phys. Lett., 2013, 102: 214103.

[31] Wakatsuchi H, Kim S, Rushton J J, et al. Waveform-dependent absorbing metasurfaces. Phys. Rev. Lett., 2013, 111: 245501.

[32] Shadrivov I V, Kapitanova P V, Maslovski S I, et al. Metamaterials controlled with light. Phys. Rev. Lett., 2012, 109: 083902.

[33] Zhu B O, Zhao J M, Feng Y J. Active impedance metasurface with full 360 degrees reflection phase tuning. Sci. Rep., 2013, 3: 3059.

[34] Zhu B O, Chen K, Jia N, et al. Dynamic control of electromagnetic wave propagation with the equivalent principle inspired tunable metasurface. Sci. Rep., 2014, 4: 4971.

[35] Liu S, Xu H X, Zhang H C, et al. Tunable ultrathin mantle cloak via varactor-diode-loaded metasurface. Opt. Express, 2014, 22(11): 13403-13417.

[36] Kong P, Yu X W, Liu Z Y, et al. A novel tunable frequency selective surface absorber with dual-DOF for broadband applications. Opt. Express, 2014, 22(24): 30217-30224.

[37] Saadat S, Adnan M, Mosallaei H, et al. Composite metamaterial and metasurface integrated with non-foster active circuit elements: a bandwidth-enhancement investigation. IEEE Trans. Antennas Propag., 2013, 61: 1210-1218.

[38] Zhang H C, Liu S, Shen X, et al. Broadband amplification of spoof surface plasmon polaritons at microwave frequencies. Laser Photonics Rev., 2015, 9(1): 83-90.

[39] Kang L, Zhao Q, Zhao H, et al. Magnetically tunable negative permeability metamaterial composed by split ring resonators and ferrite rods. Opt. Express, 2008, 16(12): 8825-8834.

[40] Kang L, Zhao Q, Zhao H, et al. Ferrite-based magnetically tunable left-handed metamaterial composed of SRRs and wires. Opt. Express, 2008, 16(22): 17269-17275.

[41] Zhang F, Kang L, Zhao Q, et al. Magnetically tunable left handed metamaterials by liquid crystal orientation. Opt. Express, 2009, 17(6): 4360-4366.

[42] Bi K, Guo Y S, Liu X M, et al. Magnetically tunable Mie resonance-based dielectric metamaterials. Sci. Rep., 2014, 4: 7001.

[43] 黄勇，赵晓鹏，王连胜，等. 全向左手材料树枝模型及其通带的可调谐性. 自然科学进展, 2008, 18(6): 716-720.

[44] Gordon J A, Holloway C L, Booth J, et al. Fluid interactions with metafilms/metasurfaces for tuning, sensing, and microwave-assisted chemical processes. Phys. Rev. B, 2011, 83: 205130.

[45] Ju L, Geng B, Horng J, et al. Graphene plasmonics for tunable terahertz metamaterials. Nature Nanotechnology, 2011, 6(10): 630-634.

[46] Yao Y, Shankar R, Kats M A, et al. Electrically tunable metasurface perfect absorbers for ultrathin mid-infrared optical modulators. Nano Lett., 2014, 14: 6526-6532.

[47] Kats M A, Sharma D, Lin J, et al. Ultra-thin perfect absorber employing a tunable phase change material. Appl. Phys. Lett., 2012, 101: 221101.

[48] Chen P Y, Soric J, Padooru Y R, et al. Nanostructured graphene metasurface for tunable terahertz cloaking. New J. Phys. , 2013, 15: 123029.

[49] Seren H R, Keiser G R, Cao L Y, et al. Optically modulated multiband terahertz perfect absorber. Adv. Optical Mater., 2014, 2: 1221-1226.

[50] Zeng C, Liu X, Wang G. Electrically tunable graphene plasmonic quasicrystal metasurfaces for transformation optics. Sci. Rep., 2014, 4: 5763.

[51] Aieta F, Genevet P, Yu N, et al. Out-of-plane reflection and refraction of light by anisotropic optical antenna metasurface with phase discontinuities. Nano Lett., 2012, 12: 1702.

[52] Ni X, Emani N K, Kildishev A V, et al. Broadband light bendingwith plasmonic nanoantennas. Science, 2012, 335: 333-337.

[53] Kildishev A V, Boltasseva A, Shalaev V M. Planar photonics with metasurfaces. Science, 2013, 339: 1232009.

[54] Sun S L, He Q, Xiao S Y, et al. Gradient-index meta-surfaces as a bridge linking propagating waves and surface waves. Nature Mater., 2012, 11: 426-431.

[55] Sun S, Yang K, Wang C, et al. High-efficiency broadband anomalous reflection by gradient meta-surfaces. Nano Lett., 2012, 12: 6223.

[56] Huang L, Chen X, Muhlenbernd H, et al. Dispersionless phase discontinuities for controlling light propagation. Nano Lett., 2012, 12: 5750.

[57] Cui T J, Qi M Q, Wan X, et al. Coding metamaterials, digital metamaterials and programmable metamaterials. Light Sci. Appl., 2014, 3(10): e218.

[58] Liu S, Cui T J, Zhang L, et al. Convolution operations on coding metasurface to reach flexible and continuous controls of terahertz beams. Adv. Sci., 2016, 3(10): 1600156.

[59] Yin X B, Ye Z L, Rho J, et al. Photonic spin hall effect at metasurfaces. Science, 2013, 339: 1405-1407.

[60] Xu H X, Tang S, Ma S, et al. Tunable microwave metasurfaces for high-performance operations: dispersion compensation and dynamical switch. Sci. Rep., 2016, 6: 38255.

[61] Xu H X, Wang G M, Cai T, et al. Tunable Pancharatnam-Berry metasurface for dynamical and high-efficiency anomalous reflection. Opt. Express, 2016, 24(24): 27836-27848.

[62] Pors A, Bozhevolnyi S I. Plasmonic metasurfaces for efficient phase control in reflection. Opt. Express, 2013, 21: 27438-27451.

[63] Wang J, Qu S, Ma H, et al. High-efficiency spoof plasmon polariton coupler mediated by gradient metasurfaces. Appl. Phys. Lett., 2012, 101: 201104.

[64] Tang K, Qiu C Y, Ke M Z, et al. Anomalous refraction of airborne sound through ultrathin metasurfaces. Sci. Rep., 2014, 4: 6517.

[65] Zhang X, Tian Z, Yue W, et al. Broadband terahertz wave deflection based on C-shape complex metamaterials with phase discontinuities. Adv. Mater., 2013, 25: 4567-4572.

[66] Wei Z Y, Cao Y, Su X, et al. Highly efficient beam steering with a transparent metasurface. Opt. Express, 2013, 21: 10739-10745.

[67] Goldflam M D, Driscoll T, Barnas D, et al. Two-dimensional reconfigurable gradient index memory metasurface. Appl. Phys. Lett., 2013, 102: 224103.

[68] Khorasaninejad M, Capasso F. Metalenses: versatile multifunctional photonic components. Science, 2017, 358: 1146.

[69] Aieta F, Genevet P, Kats M A, et al. Aberration-free ultrathin flat lenses and axicons at telecom wavelengths based on plasmonic metasurfaces. Nano Lett., 2012, 12: 4932.

[70] Ni X, Ishii S, Kildishev A V, et al. Ultra-thin, planar Babinet-inverted plasmonicmetalenses. Light: Sci. Appl., 2013, 2: e72.

[71] Li X, Xiao S, Cai B, et al. Flat metasurfaces to focus electromagneticwaves in reflection geometry. Optics Lett., 2012, 37: 4940-4942.

[72] Pors A, Nielsen M G, Eriksen R L, et al. Broadband focusing flat mirrors based on plasmonic gradient metasurfaces. Nano Lett., 2013, 13: 829-834.

[73] Chen X Z, Huang L, Muhlenbernd H, et al. Dual-polarity plasmonic metalens for visible light. Nat. Commun., 2012, 3: 1198.

[74] Chen K, Feng Y, Monticone F, et al. A reconfigurable active Huygens' metalens. Advanced Materials, 2017, 29: 1606422.

[75] Li Y, Liang B, Gu Z Y, et al. Reflected wavefront manipulation based on ultrathin planar acoustic metasurfaces. Sci. Rep., 2013, 3: 2546.

[76] Wan X, Jiang W X, Ma H F, et al. A broadband transformation-optics metasurface lens. Appl. Phys. Lett., 2014, 104: 151601.

[77] Dianmin L, Pengyu F, Hasman E, et al. Dielectric gradient metasurface optical elements. Science, 2014, 345: 298-302.

[78] Aieta F, Kats M A, Genevet P, et al. Multiwavelength achromatic metasurfaces by dispersive phase compensation. Science, 2015, 347: 1342-1345.

[79] Hu J, Liu C H, Ren X, et al. Plasmonic lattice lenses for multiwavelength achromatic focusing. ACS Nano, 2016, 10: 10275-10282.

[80] Avayu O, Almeida E, Prior Y, et al. Composite functional metasurfaces for multispectral achromatic optics. Nat. Commun., 2017, 8: 14992.

[81] Arbabi E, Arbabi A, Kamali S M, et al. Multiwavelength polarization-insensitive lenses based on dielectric metasurfaces with meta-molecules. Optica, 2016, 3: 628-633.

[82] Khorasaninejad M, Shi Z, Zhu A, et al. Achromatic metalens over 60nm bandwidth in the visible and metalens with reverse chromatic dispersion. Nano Letters, 2017, 17: 1819-1824.

[83] Wang S, Wu P C, Su V C, et al. Broadband achromatic optical metasurface devices. Nat. Commun., 2017, 8: 187.

[84] Xu H X, Ma S, Luo W, et al. Aberration-free and functionality-switchable metalenses based on tunable metasurfaces. Appl. Phys. Lett., 2016, 109: 193506.

[85] Genevet P, Yu N, Aieta F, et al. Ultrathin plasmonic optical vortex plate based on phase discontinuities. Appl. Phys. Lett., 2012, 100: 013101.

[86] Karimi E, Schulz S A, Leon I D, et al. Generating optical orbital angular momentum at visible wavelengths using a plasmonic metasurface. Light: Sci. Appl., 2014, 3: e167.

[87] Maguid E, Yulevich I, Veksler D, et al. Photonic spin-controlled multifunctional shared-aperture antenna array. Science, 2016, 352: 1202-1206.

[88] Mehmood M Q, Mei S, Hussain S, et al. Visible-frequency metasurface for structuring and spatially multiplexing optical vortices. Advanced Materials, 2016, 28: 2533-2539.

[89] Chen S M, Cai Y, Li G X, et al. Geometric metasurface fork gratings for vortex-beam generation and manipulation. Laser Photon. Rev., 2016, 10(2): 322-326.

[90] Zhang L, Liu S, Li L L, et al. Spin-controlled multiple pencil beams and vortex beams with different polarizations generated by Pancharatnam-Berry coding metasurfaces. ACS Applied Materials & Interfaces, 2017, 9(41): 36447-36455.

[91] Yi X, Ling X, Zhang Z, et al. Generation of cylindrical vector vortex beams by two cascaded metasurfaces. Opt. Express, 2014, 22: 17207-17215.

[92] Pfeiffer C, Grbic A. Controlling vector Bessel beams with metasurfaces. Phys. Rev. Appl., 2014, 2(4): 044012.

[93] Yu S, Li L, Shi G. Dual-polarization and dual-mode orbital angular momentum radio vortex beam generated by using reflective metasurface. Applied Physics Express, 2016, 9: 082202.

[94] Xu H X, Liu H, Ling X, et al. Broadband vortex beam generation using multimode Pancharatnam-Berry metasurface. IEEE Trans. Antennas Propag., 2017, 65: 7378-7382.

[95] Yu N F, Aieta F, Genevet P, et al. A broadband background-free quarter-wave plate based on plasmonic metasurfaces. Nano Lett., 2012, 12: 6328.

[96] Liu L , Zhang X, Kenney M, et al. Broadband metasurfaces with simultaneous control of phase and amplitude. Adv. Mater., 2014, 26: 5031-5036.

[97] Arbabi A, Horie Y, Bagheri M, et al. Dielectric metasurfaces for complete control of phase and polarization with subwavelength spatial resolution and high transmission. Nat. Nanotechnol., 2015, 10: 937.

[98] Mueller J P B, Rubin N A, Devlin R C. Metasurface polarization optics: independent phase control of arbitrary orthogonal states of polarization. Phys. Rev. Lett., 2017, 118(11): 113901.

[99] Li J, Chen S, Yang H, et al. Simultaneous control of light polarization and phase distributions using plasmonic metasurfaces. Adv. Func. Mater., 2015, 25: 704-710.

[100] Wu P C, Tsai W Y, Chen W T, et al. Versatile polarization generation with an aluminum plasmonic metasurface. Nano Letters, 2017, 17: 445-452.

[101] Ni X, Wong Z J, Mrejen M, et al. An ultrathin invisibility skin cloak for visible light. Science, 2015, 349: 1310-1314.

[102] Yang Y, Jing L, Zheng B, et al. Full-polarization 3D metasurface cloak with preserved amplitude and phase. Advanced Materials, 2016, 28: 6866.

[103] Huang C, Yang J, Wu X, et al. Reconfigurable metasurface cloak for dynamical electromagnetic illusions. ACS Photonics, 2018, 5: 1718-1725.

[104] Gao L H, Cheng Q, Yang J, et al. Broadband diffusion of terahertz waves by multi-bit coding metasurfaces. Light: Sci. Appl., 2015, 4: e324.

[105] Dong D S, Yang J, Cheng Q, et al. Terahertz broadband low-reflection metasurface by controlling phase distributions. Adv. Opt. Mater., 2015, 3: 1405-1410.

[106] Chen K, Feng Y, Yang Z, et al. Geometric phase coded metasurface: from polarization dependent directive electromagnetic wave scattering to diffusion-like scattering. Sci. Rep., 2016, 6: 35968.

[107] Su P, Zhao Y, Jia S, et al. An ultra-wideband and polarization-independent metasurface for RCS reduction. Sci. Rep., 2016, 6: 20387.

[108] Xu H X, Ma S, Ling X, et al. Deterministic approach to achieve broadband polarization-independent diffusive scatterings based on metasurfaces. ACS Photonics, 2018, 5: 1691-1702.

[109] Xu H X, Zhang L, Kim Y, et al. Wavenumber-splitting metasurfaces achieve multi-channel diffusive invisibility. Adv. Opt. Mater., 2018, 6: 1800010.

[110] Pan W, Huang C, Pu M, et al. Combining the absorptive and radiative loss in metasurfaces for multi-spectral shaping of the electromagnetic scattering. Sci. Rep., 2016, 6: 21462.

[111] Xu H X, Cai T, Zhuang Y Q, et al. Dual-mode transmissive metasurface and its applications in multibeam transmitarray. IEEE Trans. Antennas Propag., 2017, 65: 1797-1806.

[112] Zhang L, Wan X, Liu S, et al. Realization of low scattering for a high-gain fabry-perot antenna using coding metasurface. IEEE Trans. Antennas Propag., 2017, 65: 3374-3383.

[113] Liu Y, Li K, Jia Y, et al. Wideband RCS reduction of a slot array antenna using polarization conversion metasurfaces. IEEE Trans. Antennas Propag., 2015, 64: 326-331.

[114] Zhao Y, Cao X, Gao J, et al. Broadband low-RCS metasurface and its application on antenna. IEEE Trans. Antennas Propag., 2016, 64: 2954-2962.

[115] Zhu H L, Cheung S W, Liu X H, et al. Design of polarization reconfigurable antenna using metasurface. IEEE Trans. Antennas Propag., 2014, 62: 2891-2898.

[116] Germain D, Seetharamdoo D, Burokur S N, et al. Phase-compensated metasurface for a conformal microwave antenna. Appl. Phys. Lett., 2013, 103: 124102.

[117] Yurduseven O, Smith D R. Dual-polarization printed holographic multibeam metasurface antenna. IEEE Antennas Wireless Propag. Lett., 2017, 16: 2738-2741.

[118] Bossard J A, Werner D H. Metamaterials with angle selective emissivity in the near-infrared. Opt. Express, 2013, 21: 5215-5225.

[119] Wu Q, Scarborough C P, Werner D H, et al. Inhomogeneous metasurfaces with engineered dispersion for broadband hybrid-mode horn antennas. IEEE Trans. Antennas Propag., 2013, 61: 4947-4956.

[120] Zhao Y, Alu A. Tailoring the dispersion of plasmonic nanorods to realize broadband optical meta-waveplates. Nano Lett., 2013, 13: 1086-1091.

[121] Monticone F, Estakhri N M, Alu A. Full control of nanoscale optical transmission with a composite metascreen. Phys. Rev. Lett., 2013, 110: 203903.

[122] Estakhri N M, Alu A. Manipulating optical reflections using engineered nanoscale metasurfaces. Phys. Rev. B, 2014, 89: 235419.

[123] Luo J, Yu H, Song M, et al. Highly efficient wavefront manipulation in terahertz, based on plasmonic gradient metasurfaces. Opt. Lett., 2014, 39(8): 2229-2231.

[124] Farahani M F, Mosallaei H. Birefringent reflectarray metasurface for beam engineering in infrared. Opt. Lett., 2013, 38: 462-464.

[125] Cheng J R, Mosallaei H. Optical metasurfaces for beam scanning in space. Opt. Lett., 2014, 39: 2719-2722.

[126] Pfeiffer C, Zhang C, Ray V, et al. High performance bianisotropic metasurfaces: asymmetric transmission of light. Phys. Rev. Lett., 2014, 113: 023902.

[127] Pfeiffer C, Grbic A. Metamaterial Huygens' surfaces: tailoring wave fronts with reflectionless sheets. Phys. Rev. Lett., 2013, 110: 197401.

[128] Pfeiffer C, Emani N K, Shaltout A M, et al. Efficient light bending with isotropic metamaterial Huygens' surfaces. Nano Lett., 2014, 14: 2491-2497.

[129] Luo W, Sun S, Xu H X, et al. Transmissive ultrathin Pancharatnam-Berry metasurfaces with nearly 100% efficiency. Physical Review Applied, 2017, 7: 044033.

[130] Cai T, Wang G, Tang S, et al. High-efficiency and full-space manipulation of electromagnetic wave fronts with metasurfaces. Physical Review Applied, 2017, 8: 034033.

[131] Yang Y, Wang W, Moitra P, et al. Dielectric meta-reflectarray for broadband linear polarization conversion and optical vortex generation. Nano Lett., 2014, 14: 1394-1399.

[132] Pu M, Chen P, Wang C, et al. Broadband anomalous reflection based on gradient low-Q meta-surface. AIP Advances, 2013, 3: 052136.

[133] Pors A, Nielsen M G, Bernardin T, et al. Efficient unidirectional polarization-controlled excitation of surface plasmon polaritons. Light: Sci. Appl., 2014, 3: e197.

[134] Huang L, Chen X, Bai B, et al. Helicity dependent directional surface plasmon polariton excitation using a metasurface with interfacial phase discontinuity. Light: Sci. Appl., 2013, 2: e70.

[135] Huang L, Tan Q, Jin G, et al. Three-dimensional optical holography using a plasmonic metasurface. Nat. Commun., 2013, 4: 2808.

[136] Lin J, Mueller J P B, Wang Q, et al. Polarization-controlled tunable directional coupling of surfaceplas monpolaritons. Science, 2013, 340: 331.

[137] Hao J, Yuan Y, Ran L, et al. Manipulating electromagnetic wave polarizations by anisotropic metamaterials. Phys. Rev. Lett., 2007, 99: 063908.

[138] Hasman E, Kleiner V, Biener G, et al. Polarization dependent focusing lens by use of quantized Pancharatnam-Berry phase diffractive optics. Appl. Phys. Lett., 2003, 82: 328.

[139] Zheludev N I, Kivshar Y S. From metamaterials to metadevices. Nat. Mater., 2012, 11: 917-924.

[140] Chen H, Hou B, Chen S, et al. Design and experimental realization of a broadband transformation media field rotator at microwave frequencies. Phys. Rev. Lett., 2009, 102: 183903.

[141] Chin J Y, Gollub J N, Mock J J, et al. An efficient broadband metamaterial wave retarder. Opt. Express, 2009, 17: 7640-7647.

[142] Ye Y, He S. 90 polarization rotator using a bilayered chiral metamaterial with giant optical activity. Appl. Phys. Lett., 2010, 96: 203501.

[143] Han J, Li H, Fan Y, et al. An ultrathin twist-structure polarization transformer based on fish-scale metallic wires. Appl. Phys. Lett., 2011, 98: 151908.

[144] Wei Z, Cao Y, Fan Y, et al. Broadband polarization transformation via enhanced asymmetric transmission through arrays of twisted complementary split-ring resonators. Appl. Phys. Lett., 2011, 99: 221907.

[145] Mutlu M, Ozbay E. A transparent 90 polarization rotator by combining chirality and electromagnetic wave tunneling. Appl. Phys. Lett., 2012, 100: 051909.

[146] Gansel J K, Thiel M, Rill M S, et al. Gold helix photonic metamaterial as broadband circular polarizer. Science, 2009, 325: 1513-1515.

[147] Zhao Y, Belkin M A, Alù A. Twisted optical metamaterials for planarized ultrathin broadband circular polarizers. Nat. Commun., 2012, 3: 870.

[148] Mutlu M, Akosman A E, Serebryannikov A E, et al. Asymmetric chiral metamaterial circular polarizer based on four U-shaped split ring resonators. Opt. Lett., 2011, 36: 1653-1655.

[149] Ma X, Huang C, Pu M, et al. Multi-band circular polarizer using planar spiral metamaterial structure. Opt. Express, 2012, 20: 16050-16058.

[150] Xu H X, Wang G M, Qi M Q, et al. Dual-band circular polarizer and asymmetric spectrum filter using ultrathin compact chiral metamaterial. Progress in Electromagnetics Research, 2013, 143: 243-261.

[151] Xu H X, Wang G M, Qi M Q, et al. Compact dual-band circular polarizer using twisted Hilbert-shaped chiral metamaterial. Opt. Express, 2013, 21: 24912-24921.

[152] Yan S, Vandenbosch G A. Compact circular polarizer based on chiral twisted double split-ring resonator. Appl. Phys. Lett., 2013, 102: 103503.
[153] Hao J, Ren Q, An Z, et al. Optical metamaterial for polarization control. Phys. Rev. A, 2009, 80: 023807.
[154] Sun W, He Q, Hao J, et al. A transparent metamaterial to manipulate electromagnetic wave polarizations. Opt. Lett., 2011, 36: 927-929.
[155] Grady N K, Heyes J E, Chowdhury D R, et al. Terahertz metamaterials for linear polarization conversion and anomalous refraction. Science, 2013, 340: 1304-1307.
[156] Yu N, Aieta F, Genevet P, et al. A Broadband, background-free quarter-wave plate based on plasmonic metasurfaces. Nano Lett., 2012, 12: 6328-6333.
[157] Pfeiffer C, Grbic A. Millimeter-wave transmitarrays for wavefront and polarization control. IEEE Trans. Microw. Theory Tech., 2013, 61: 4407-4417.
[158] Cheng Y Z, Withayachumnankul W, Upadhyay A, et al. Ultrabroadband reflective polarization convertor for terahertz waves. Appl. Phys. Lett., 2014, 105: 181111.
[159] Ma H F, Wang G Z, Kong G S, et al. Independent controls of differently-polarized reflected waves by anisotropic metasurfaces. Sci. Rep., 2015, 5: 9605.
[160] Luo W, Xiao S, He Q, et al. Photonic spin hall effect with nearly 100% efficiency. Adv. Opt. Mater., 2015, 3: 1102-1108.
[161] Qin F, Ding L, Zhang L, et al. Hybrid bilayer plasmonic metasurface efficiently manipulates visible light. Sci. Adv., 2016, 2: e1501168.
[162] Zheng G, Mühlenbernd H, Kenney M, et al. Metasurface holograms reaching 80% efficiency. Nat. Nanotech., 2015, 10: 308-312.
[163] Chen H T, O'Hara J F, Azad A K, et al. Active terahertz metamaterial devices. Nature, 2006, 444: 597-600.
[164] Withayachumnankul W, Fumeaux C, Abbott D. Planar array of electric-resonators with broadband tenability. IEEE Antennas Wireless Propag. Lett., 2011, 10: 577-580.
[165] Lee J, Jung S, Chen P, et al. Ultrafast electrically tunable polaritonic metasurfaces. Adv. Opt. Mater., 2014, 2: 1057-1063.
[166] Sievenpiper D F, Schaffner J H, Song H J, et al. Two-dimensional beam steering using an electrically tunable impedance surface. IEEE Trans. Antennas Propagat., 2003, 51: 2713-2722.
[167] Jiang T, Wang Z, Li D, et al. Low-DC voltage-controlled steering-antenna radome utilizing tunable active metamaterial. IEEE Trans. Microw. Theory Tech., 2012, 60: 170-178.
[168] Hand T H, Cummer S A. Reconfigurable reflectarray using addressable metamaterials. IEEE Antennas Wireless Propag. Lett., 2010, 9: 70-74.
[169] Miao Z Q, Wu X L, He Q, et al. Widely tunable terahertz phase modulation with gate-controlled graphene metasurfaces. Phys. Rev., 2015, 5: 041027.

[170] Ding X M, Monticone F, Zhang K, et al. Ultrathin Pancharatnam–Berry metasurface with maximal cross-polarization efficiency. Adv. Mater., 2015, 27: 1195-1200.

[171] Chen X Z, Chen M, Mehmood M Q, et al. Longitudinal multifoci metalens for circularly polarized light. Adv. Optical Mater., 2015, 3: 1201-1206.

[172] Zhou M, Sørensen S B, Kim O S, et al. The generalized direct optimization technique for printed reflectarrays. IEEE Trans. Antennas Propag., 2014, 62: 1690-1700.

[173] Zhou M, Sørensen S B, Kim O S, et al. Direct optimization of printed reflectarrays for contoured beam satellite antenna applications. IEEE Trans. Antennas Propag., 2013, 61: 1995-2004.

[174] Erdil E, Topalli K, Esmaeilzad N S, et al. Reconfigurable nested ring-split ring transmitarray unit cell employing the element rotation method by microfluidics. IEEE Trans. Antennas Propag., 2015, 63(3): 1163-1167.

[175] Euler M, Fusco V F. Frequency selective surface using nested split ring slot elements as a lens with mechanically reconfigurable beam steering capability. IEEE Trans. Antennas Propag., 2010, 58: 3417-3421.

[176] Huang J, Pogorzelski R J. A Ka-band microstrip reflectarray with elements having variable rotation angles. IEEE Trans. Antennas Propag., 1998, 46(5): 650-656.

[177] Martynyuk A E, Martinez-Lopez J I, Martynyuk N A. Spiraphase-type reflectarrays based on loaded ring slot resonators. IEEE Trans. Antennas Propag., 2004, 52: 142-153.

[178] Strassner B, Han C, Chang K. Circularly polarized reflectarray with microstrip ring elements having variable rotation angles. IEEE Trans. Antennas Propag., 2004, 52: 1122-1125.

[179] Phillion R H, Okoniewski M. Lenses for circular polarization using planar arrays of rotated passive elements. IEEE Trans. Antennas Propag., 2011, 59(4): 1217-1227.

[180] Yu A, Yang F, Elsherbeni A Z, et al. An offset-fed X-band reflectarray antenna using a modified element rotation technique. IEEE Trans. Antennas Propag., 2012, 60: 1619-1624.

[181] Zamudio J R, Martinez-Lopez J I, Cuevas J R, et al. Reconfigurable reflectarrays based on optimized spiraphase-type elements. IEEE Trans. Antennas Propag., 2012, 60: 1821-1830.

[182] Fan S, Suh W, Joannopoulos J D. Temporal coupled-mode theory for the Fano resonance in optical resonators. J. Opt. Soc. Am. A., 2003, 2: 569-572.

[183] Enoch S, Tayeb G P, Sabouroux N G, et al. Metamaterial for directive emission. Phys. Rev. Lett., 2002, 89: 213902.

[184] Jiang Z H, Wu Q, Werner D H. Demonstration of enhanced broadband unidirectional electromagnetic radiation enabled by a subwavelength profile leaky anisotropic zero-index metamaterial coating. Phys. Rev. B, 2012, 86: 125131.

[185] Xu H X, Wang G M, Cai T. Miniaturization of 3-D anistropic zero-refractive-index metamaterials with application to directive emissions, IEEE Trans. Antennas Propag., 2014, 62: 3141-3149.

[186] Kundtz N, Smith D R. Extreme-angle broadband metamaterial lens. Nature Mater., 2010, 9: 129-132.

[187] Ma H F, Cui T J. Three-dimensional broadband and broad-angle transformation-optics lens. Nat. Commun., 2010, 1: 124.

[188] Pors A, Albrektsen O, Radko I P, et al. Gap plasmon-based metasurfaces for total control of reflected light. Sci. Rep., 2013, 3: 2155.

[189] Kats M A, Genevet P, Aoust G, et al. Giant birefringence in optical antenna arrays with widely tailorable optical anisotropy. Proc. Natl. Acad. Sci., 2012, 109: 12364-12368.

[190] Shaltout A, Shalaev V, Kildishev A. Homogenization of bianisotropic metasurfaces. Opt. Express, 2013, 21: 21941-21950.

[191] Quarfoth R, Sievenpiper D. Broadband unit-cell design for highly anisotropic impedance surfaces. IEEE Trans. Antennas Propag., 2014, 62: 4143-4152.

[192] Ma X, Pu M, Li X, et al. A planar chiral meta-surface for optical vortex generation and focusing. Sci. Rep., 2015, 5: 10365.

[193] Xu H X, Sun S, Tang S, et al. Dynamical control on helicity of electromagnetic waves by tunable metasurfaces. Sci. Rep., 2016, 6: 27503.

[194] Florencio R, Encinar J A, Boix R R, et al. Reflectarray antennas for dual polarization and broadband telecom satellite applications. IEEE Trans. Antennas Propag., 2015, 63: 1234-1245.

[195] Encinar J A, Zornoza J A. Three-layer printed reflectarrays for contoured beam space applications. IEEE Trans. Antennas Propag., 2004, 52: 1138-1148.

[196] Nayeri P, Yang F, Elsherbeni A Z. Design and experiment of a single-feed quad-beam reflectarray antenna. IEEE Trans. Antennas Propag., 2012, 60: 1166-1171.

[197] Hasani H, Peixeiro C, Skrivervik A K, et al. Single-layer quad-band printed reflectarray antenna with dual linear polarization. IEEE Trans. Antennas Propag., 2015, 63: 5522-5528.

[198] Encinar J A, Datashvili L, Zornoza J A, et al. Dual-polarization dual-coverage reflectarray for space applications. IEEE Trans. Antennas Propag., 2006, 4: 2827-2837.

[199] Abdelrahman A H, Elsherbeni A Z, Yang F. Transmission phase limit of multilayer frequency-selective surfaces for transmitarray designs. IEEE Trans. Antennas Propag., 2014, 62: 690-697.

[200] Rogaeheva A V, Fedotov V A, Sehwaneeke A S, et al. Giant gyrotropy due to electromagnetie-field coupling in a bilayered chiral structure. Phy. Rev. Lett., 2006, 97:177401.

[201] Paquay M, Galarregui J C I, Ederra I, et al. Thin AMC structure for radar cross-section reduction. IEEE Trans. Antennas Propag., 2007, 55: 3630-3638.

[202] Galarregui J C I, Pereda A T, de Falcón J L M, et al. Broadband radar cross-section reduction using AMC technology. IEEE Trans. Antennas Propag., 2013, 61: 6136-6143.
[203] Edalati A, Sarabandi K. Wideband, wide angle, polarization independent RCS reduction using nonabsorptive miniaturized-element frequency selective surfaces. IEEE Trans. Antennas Propag., 2014, 62: 747-754.
[204] Chen W G, Balanis C A, Birtcher C R. Checkerboard EBG surfaces for wideband radar cross section reduction. IEEE Trans. Antennas Propag., 2015, 63: 2636-2645.
[205] Pan W B, Huang C, Pu M B, et al. Combining the absorptive and radiative loss in metasurfaces for multispectral shaping of the electromagnetic scattering. Sci. Rep., 2016, 6: 21462.
[206] Li Y F, Zhang J Q, Qu S B, et al. Wideband radar cross section reduction using two-dimensional phase gradient metasurfaces. Appl. Phys. Lett., 2014, 104: 221110.
[207] Wang K, Zhao J, Cheng Q, et al. Broadband and broad-angle low-scattering metasurface based on hybrid optimization algorithm. Sci. Rep., 2014, 4: 5935.
[208] Zhao Y, Cao X Y, Gao J, et al. Jigsaw puzzle metasurface for multiple functions: polarization conversion, anomalous reflection and diffusion. Opt. Exp., 2016, 24: 11208-11217.
[209] Zhao Y, Cao X Y, Gao J, et al. Broadband diffusion metasurface based on a single anisotropic element and optimized by the simulated annealing algorithm. Sci. Rep., 2016, 6: 23896.
[210] Pors A, Ding F, Chen Y T, et al. Random-phase metasurfaces at optical wavelengths. Sci. Rep., 2016, 6: 28448.
[211] Zhang Y, Liang L J, Yang J, et al. Broadband diffuse terahertz wave scattering by flexible metasurface with randomized phase distribution. Sci. Rep., 2016, 6: 26875.
[212] Hou Y C, Liao W J, Tsai C C, et al. Planar multilayer structure for broadband broad-angle RCS reduction. IEEE Trans. Antennas Propag., 2016, 64: 1859-1867.
[213] Liu T, Cao X Y, Gao J, et al. RCS reduction of waveguide slot antenna with metamaterial absorber. IEEE Trans. Antennas Propag., 2013, 61: 1479-1484.
[214] Pan W B, Huang C, Chen P, et al. A low-RCS and high-gain partially reflecting surface antenna. IEEE Trans Antennas Propag., 2014, 62: 945-949.
[215] Yang P, Yan F, Yang F, et al. Microstrip phased array in-band RCS reduction with a random element rotation technique. IEEE Trans. Antennas Propag., 2016, 64: 2513-2518.

附录　与本书内容相关的已发表学术论文和发明专利

1. 已发表学术论文

[1] **Xu H X***, Zhang L, Kim Y J, Wang G M, Zhang K X, Sun Y M, Ling X H, Liu H W, Chen Z N , Qiu C W*. Wavenumber-splitting metasurfaces achieve multi-channel diffusive invisibility. Advanced Optical Materials, 2018，6: 1800010.

[2] **Xu H X***, Ma S J, Ling X H, Zhang X K, Tang S W, Cai T, Sun S L, He Q, Zhou L*.Deterministic approach to achieve broadband polarization-independent diffusive scatterings based on metasurfaces. ACS Photonics, 2018,5(5): 1691-1702.

[3] **Xu H X***, Tang S W, Sun C, Li L L, Liu H W, Yang X M, Yuan F, Sun Y M. High-efficiency broadband polarization-independent superscatterer using conformal metasurfaces. Photonics Research, 2018，6(7): 782-788.

[4] **Xu H X***, Liu H W, Ling X H, Sun Y M, Yuan F. Broadband vortex beam generation using multimode Pancharatnam-Berry metasurface. IEEE Trans. Antennas Propag., 2017, 65(12): 7378-7382.

[5] **Xu H X***, Cai T, Zhuang Y Q, Peng Q, Wang G M, Liang J G. Dual-mode transmissive metasurface and its applications in multibeam transmitarray. IEEE Trans. Antennas Propag., 2017, 65(4): 1797-1806.

[6] **Xu H X***, Tang S W, Ling X H, Luo W J, Zhou L*. Flexible control of highly-directive emissions based on bifunctional metasurfaces with low polarization cross-talking. Annalen der Physik, 2017，529(5), DOI 10.1002/andp.201700045. (Selected as the back cover and highlighted by Advanced Science News)

[7] **Xu H X***, Tang S W, Ma S J, Luo W J, Cai T, Sun S L, He Q, Zhou L*. Tunable microwave metasurfaces for high-performance operations: dispersion compensation and dynamical switch. Sci. Rep., 2016，6: 38255.

[8] **Xu H X***, Ma S J, Luo W J, Cai T, Sun S L, He Q, Zhou L*. Aberration-free and functionality-switchable meta-lenses based on tunable metasurfaces. Appl. Phys. Lett., 2016，109: 193506.

[9] **Xu H X**, Tang S W, Wang G M, Cai T, Huang W X, He Q, Sun S L , Zhou L*. Multifunctional microstrip array combining a linear polarizer and focusing metasurface. IEEE Trans. Antennas Propag., 2016, 64(8): 3676-3682.

[10] **Xu H X***, Sun S L, Tang S W, Ma S J, He Q, Wang G M, Cai T, Li H P, Zhou L*.

注：* 通信作者。

Dynamical control on helicity of electromagnetic waves by tunable metasurfaces. Sci. Rep., 2016，6: 27503.

[11] **Xu H X***, Wang G M, Cai T, Xiao J, et al. Tunable Pancharatnam-Berry metasurface for dynamical and high-efficiency anomalous reflection. Opt. Express, 2016，24(24): 27836-27848.

[12] Cai T, Wang G M, **Xu H X***, Tang S W, Li H P, Liang J G, Zhuang Y Q. Bifunctional Pancharatnam-Berry metasurface with high-efficiency helicity-dependent transmissions and reflections. Annalen der Physik, 2018: 1700321. (Selected as the front cover)

[13] Cai T†, Wang G M, **Xu H X†**, Tang S W, Liang J G. Polarization-independent broadband meta-surface for bifunctional antenna. Optics Express, 2016，24(20):22606-22615.

[14] Cai T, Tang S W, Wang G M, **Xu H X**, He Q, Sun S L, Zhou L*. High-performance bifunctional meta-surfaces in transmission and reflection geometries. Adv. Opt. Mater., 2016，5:1600506.

[15] Cai T, Wang G M, Tang S W, **Xu H X**, Duan J W, Guo H J, Guan F X, Sun S L, He Q, Zhou L*. High-efficiency and full-space manipulation of electromagnetic wave fronts with metasurfaces. Physical Review Applied, 2017，8: 034033.

[16] Luo W J, Sun S L, **Xu H X**, He Q, Zhou L*. Transmissive ultra-thin Pancharatnam-Berry metasurfaces with nearly 100% efficiency. Physical Review Applied, 2017，7: 044033.

[17] Yuan F, Wang G M, **Xu H X***, Cai T, Zou X J , Pang Z H. Broadband RCS reduction based on spiral-coded metasurface. IEEE Antennas Wireless Propag. Lett., 2017, 16: 3188-3191.

2. 受理和授权的国家发明专利

[1] **许河秀**，梁建刚，王光明，蔡通. 一种基于层叠三维人工手征超材料的多频圆极化器. 发明专利：201610000858.7（已授权）.

[2] **许河秀**，蔡通，王光明，梁建刚. 基于超表面的四波束微带透射阵天线及其设计方法. 发明专利：201610306821.7（已授权）.

[3] **许河秀**，蔡通，王光明，庄亚强. 基于各向异性超表面的双极化多功能器件及设计方法. 发明专利：201610318574.2（已授权）.

[4] **许河秀**，孙树林，何琼，汤世伟，周磊. 一种基于可调超表面的圆极化旋向调控器及其设计方法. 受理号：201510654641.3.

[5] **许河秀**，汤世伟，马少杰，蔡通，孙树林，周磊. 基于可调梯度超表面的反射电磁波调制器及其设计方法. 受理号：201510658064.5.

[6] **许河秀**，汤世伟，蔡通，周磊. 一种基于超表面的变极化多功能微带阵天线. 受理号：201510788705.9.

注：* 通信作者；† 共同第一作者。

[7] **许河秀**，罗伟杰，蔡通，周磊. 一种基于梯度超表面的可调线极化波束分离器. 受理号：201510882672.4.

[8] **许河秀**，罗伟杰，周磊. 超宽带全极化全角度旋转抛物梯度电磁隐身超表面及其设计方法. 发明专利：201611110799.5.

[9] 罗伟杰，孙树林，**许河秀**，何琼，周磊. 基于超表面透射几何贝尔相位的高效微波涡旋光激发装置. 发明专利：201610211830.8.

[10] **许河秀**，梁建刚，王光明，蔡通. 可调超表面的抛物线相位梯度修正方法及变/定焦距透镜. 发明专利：201610056430.4.

[11] **许河秀**，王光明. 超宽带微波涡旋超表面及其设计方法. 发明专利：201610946871.1.

[12] **许河秀**，罗伟杰，蔡通，周磊. 超宽带全极化全角度旋转抛物梯度电磁隐身超表面及其设计方法. 发明专利：201611110799.5.

[13] **许河秀**，王光明，袁方，彭清. 超宽带、极化不敏感螺旋编码 RCS 减缩超表面及其设计方法. 发明专利：201710603567.1.

编 后 记

《博士后文库》（以下简称《文库》）是汇集自然科学领域博士后研究人员优秀学术成果的系列丛书。《文库》致力于打造专属于博士后学术创新的旗舰品牌，营造博士后百花齐放的学术氛围，提升博士后优秀成果的学术和社会影响力。

《文库》出版资助工作开展以来，得到了全国博士后管委会办公室、中国博士后科学基金会、中国科学院、科学出版社等有关单位领导的大力支持，众多热心博士后事业的专家学者给予积极的建议，工作人员做了大量艰苦细致的工作。在此，我们一并表示感谢！

《博士后文库》编委会